実測術

サーベイで都市を読む・建築を学ぶ

陣内秀信・中山繁信 編著

学芸出版社

まえがき——フィールド調査への誘い

大学で長年、建築を教えていて、教室やゼミ室でどんなに頑張るよりも、実際のフィールド調査に学生たちと出掛け、ある期間、建築や都市空間のハードな調査を一緒に行う方がずっと効果があがる、ということを近年ますます感じている。

建築を学ぶには、心と頭と身体のどれもが必要だ。それには、実際の建物に触り、空間を感じ、そこに暮す人たちと交流するという、まさにトータルな経験ができるフィールド調査が威力を発揮するのは当然だろう。建築へのセンスを磨く。建築が真に好きになるきっかけをつかむ。歴史をもった家や環境への関心を膨らませる。人に優しくなれる等々。

人々によって生きられた環境の中に体ごと飛び込んで行う、こうしたフィールド調査から得られるものは、実に大きく、また深い。

私が教鞭をとる法政大学の建築学科には幸い、こうしたフィールド調査に熱っぽく取り組むというよき伝統がある。まずは、一九六〇年代後半から七〇年代初めにかけて、宮脇ゼミのデザインサーベイの活動が繰り広げられた。若くて格好いい建築家、宮脇檀さんが、自ら先頭に立って学生を引っ張り、日本の伝統的な美しい造形や空間構成を見せる集落や町並みを次々に実測し、見事に図面化して、その魅力を解いて見せた。建築雑誌に続々と発表されるその新鮮な調査成果は、建築を志す若い世代に大きな影響を与えたのである。

私といえば、自分の学んだ大学にはそうした動きがなかっただけに、宮脇ゼミの活動に一種の憧憬を抱いていた。その後、イタリアに留学し、建築の分野に「都市を読む」方法とその面白さを持ち込もうと、自分なりの道を歩んできたが、不思議な縁で、帰国後すぐに、この法政大学で教えることになった。すでに宮脇氏は法政を退き、そのゼミが解散して久しい頃であった。そんな中、私は東京というまったく違った対象を選び、異なる発想でフィールド調査を開始した。「法政大学東京のまち研究会」と銘打って。以来、試行錯誤を繰り返し、東京に色々な角度からチャレンジし、そしてまた海外へとフィールド調査の対象を広げてきた。

宮脇ゼミと陣内ゼミ。活動の時期が異なり、それだけ日本の建築や都市が置かれている状況の違いも大きい。従って、熱き思いをもって選ぶ調査の対象も、それを料理する方法も違っている。でも、その根底に流れている思想や情熱には、共通するものが多い。

本書は、図らずも同じ大学を舞台に活動したこの二つのゼミの仕事を紹介しながら、フィールド調査の面白さ、その意味を、建築を学ぶ若い世代にメッセージとして伝えたい、という思いから生まれた。とりわけ、宮脇ゼミの残した膨大な仕事は、個々のサーベイについては当時の雑誌に発表されたものの、その全体像を記録する機会が今までなかっただけに、パイオニアとしてデザインサーベイを担った人たちに、過去を振り返って、宮脇流の迫力あるフィールド調査の実像を再現し、意味づけていただいた。これからフィールド調査を始める人たちにとって、価値ある道標となるに違いない。

一方、遅れてスタートした陣内ゼミでは、より現代的な視点に立って、フィールド調査に取り組んでおり、その背後にある発想、問題意識を世界の様々な具体例を通して読者にお伝えできればと考えた。といっても、本書は、その全体像や研究成果を紹介するものではない。「ケーススタディ①海外編　陣内ゼミ」では、私の研究室で学び、海外のフィールド調査に参加した人たちに、どんな思いで現地に入り込み、何を感じながら、いかに調査したか、そして何を学び取ったかを、個人的な体験を通じて自由に執筆してもらった。

この本と出会った多くの方々が、フィールド調査という豊かな世界に飛び込んでいかれることを、心から期待したい。

陣内秀信

目次

サルデーニャ
アルコス
ギョイヌック
マラケシュ
ダマスクス
レッチェ
アマルフィ
カシュガル
北京
平遥
蘇州
厦門
バンコク
クルンクン

ケーススタディ❷ 国内編 宮脇ゼミ

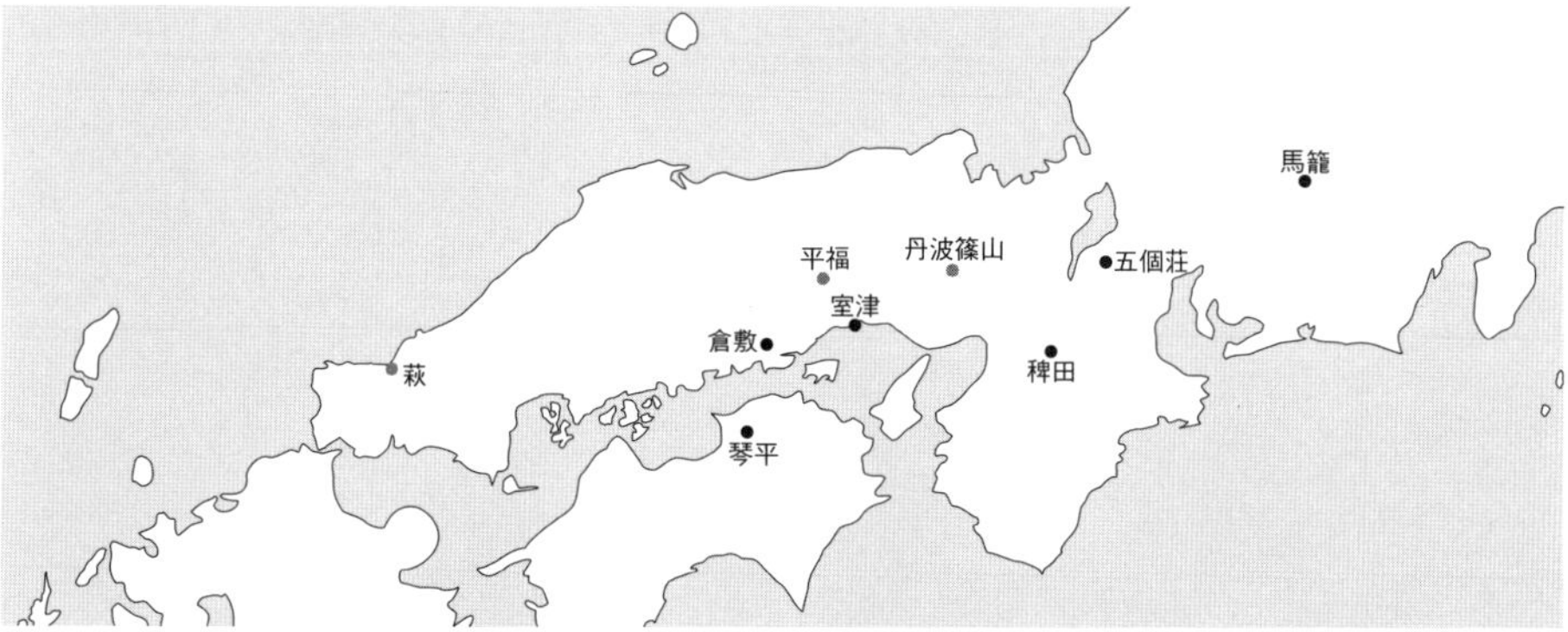

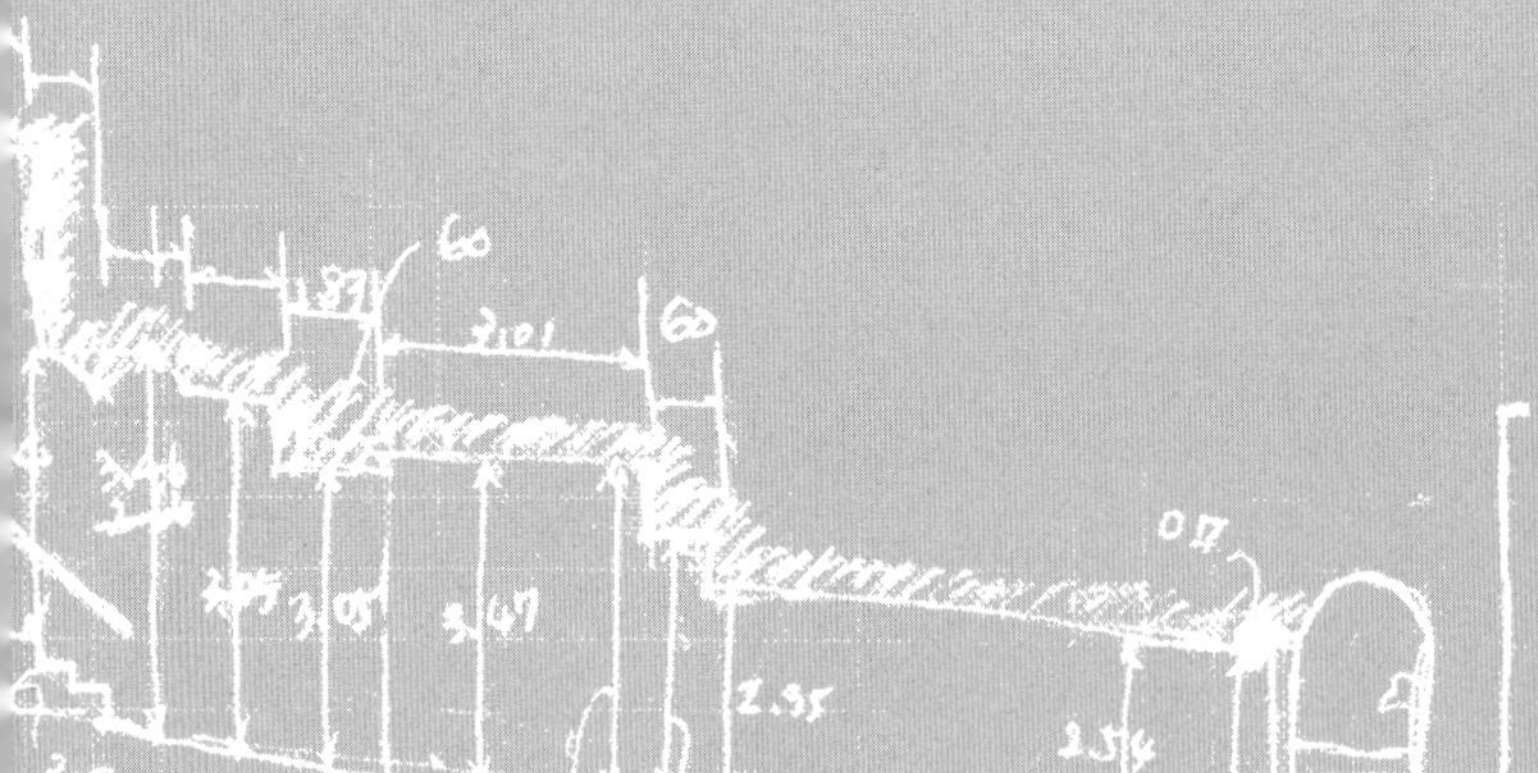
3.47
2.35
3.56
2.61
4,20
7.78
4.44

ケーススタディ❶
海外編——陣内ゼミ

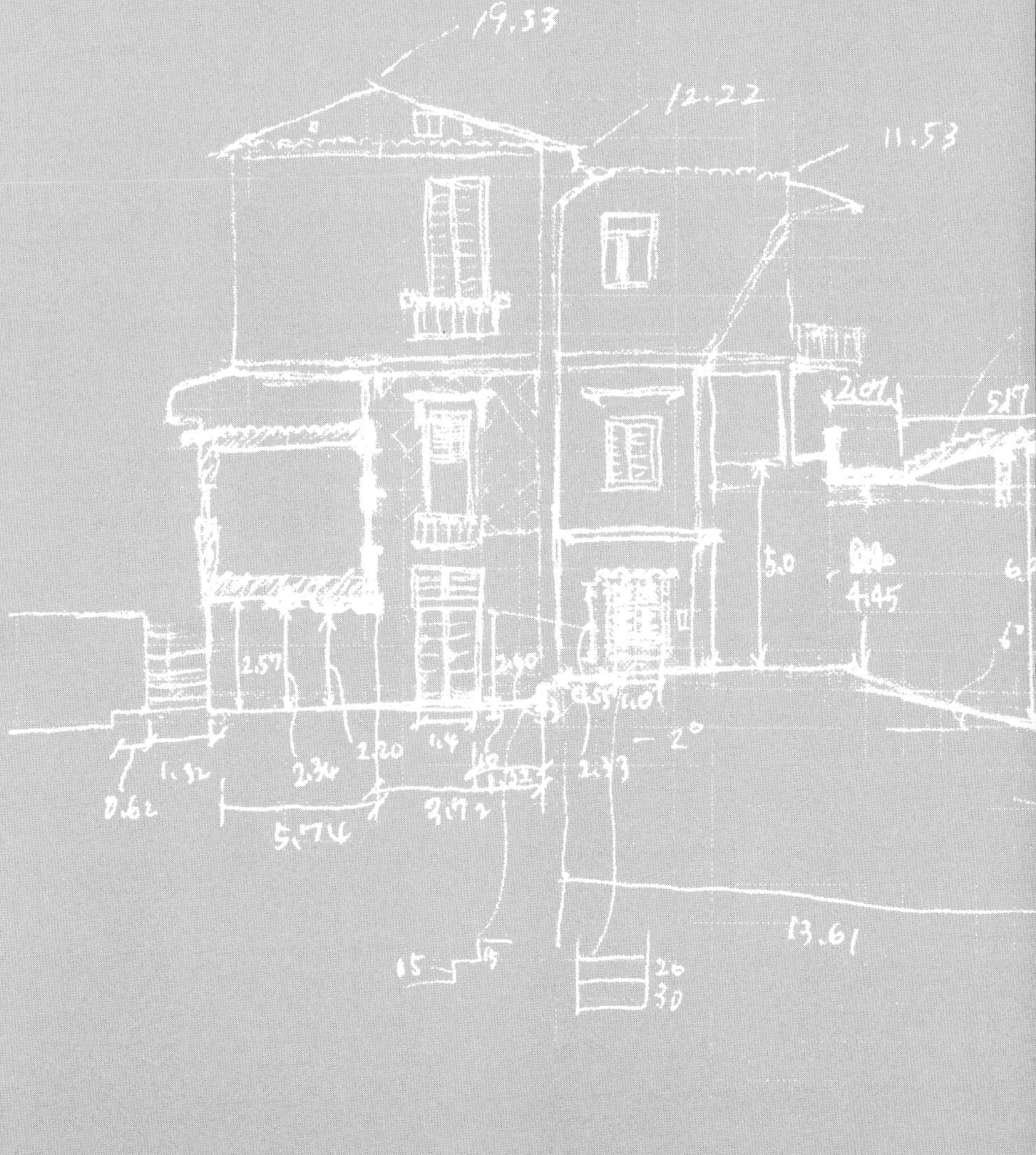

実測を通して都市を読む――

陣内秀信

南イタリア都市との出会い

街を実測する面白さに初めて私が出会ったのは、南イタリアの丘上にある白い小さな迷宮都市、チステルニーノでのこと。二六年ほど前の話だ。

その頃、私は、コンクリート・ジャングルと化し、面白みを失っていた東京を脱出して、ヴェネツィアに留学していた。日本の大学で教わる近代の発想の建築や都市計画に疑問を抱き、歴史に包まれたイタリアの街に暮らしながら、人々の生き生きとした営みと深く結びついた都市空間のフィールド調査を通して、自分なりに建築を根本から学び直そうと思っていたのだ。

カメラ、スケッチブック、詳細な地図を手に、この「水の都」の迷宮空間を徘徊しながら、建物や広場、路地、運河をゆっくり観察してまわる毎日は、実に楽しかった。自分が生命感を取り戻すような喜びさえも感じていた。

とはいえ、この魅力的なヴェネツィアも、あまりに大きく、複雑だ。全体を自分で調べ尽くした、という実感が持ちにくい。いかにもイタリアらしく個性的で、しかも全体が把握できる可愛らしい街をぜひ探したい、と私は考えていた。

そんな折、南のプーリア地方で開かれたあるシンポジウムにヴェネツィアの先生や友人達と参加した際に、隣に素敵な街があるから行ってみろと勧められ、訪ねたのが、このチステルニーノだった。丘の上の城塞都市で、真っ白な住宅がぎっしり詰まった迷宮状のこの街に、私はすっかり惚れ込んでしまった。

城門をくぐり、旧市街に一歩踏み込んだ時の衝撃を、私は今も忘れない。まるで雪で築き上げられたような大きな迷宮の世界に彷徨い込んだ感じだった。道は狭くて曲がりくねっている。両側の建物の壁は歪み、すべて石灰で白く塗られている。袋小路と外階段、バルコニー、トンネルと、変化に富んだ空間が次々に展開するこの白い街は、その中に身を置くだけで心が踊る。建築を学ぶ若者にとっては、その空間を片っ端から実測し、図面化してみたいという衝動に駆り立てられるのも当然だった。

この街をヴェネツィアに次ぐ研究テーマにしようと心に決め、以来、私のチステルニーノ詣でが始まった。延々とヴェネツィアから夜行列車で通う。日本人はほとんど来ない南イタリアの小さな街の人たちは、本当に親切だった。地元の神父、郷土史家、測量士、小学校の先生、市長といったキーパーソンの方々と親しくなり、色々と助けてもらいながら、この白い街の実測を中心とする調査に取り組んだ。こんな田舎町なのに、一〇〇〇分の一の詳しい地図がすぐ手に入ったのには、驚かされた。さすが都市の国、イタリアだ。

チステルニーノ
外階段が立ち上がる変化に富んだ袋小路。近隣の人々の交流のサロンとなる。

チステルニーノのあるこのプーリア地方は、世界にあっても、最も「石の建築」文化の発達した所といえよう。何せここでは、どんな庶民の住宅でも、壁は石で厚くつくられ、室内にも堂々たる石のヴォールト天井がゆったりと架かる。そんな本格的な石づくりの堂々たる建物の内部、そしてそれが連なる迫力満点の街路空間を実測するのは、自分にとってまさに初めての経験だった。しかも個人でのささやかな調査だから、こちらは一人だけ。

でも、訪ねるどの家でも人々は親切だった。エスプレッソ・コーヒーやアルコールをご馳走になるばかりか、奥さんや子供達に巻尺の端をもってもらうことも多かった。さすが石造りの壁構造の家だけあって、部屋の隅が直角になるはずがなく、どれも歪んでいる。そのため、実測はどうしても部屋の対角線をも測らなければ、作図ができない。断面を書くのにヴォールト天井の高さが欲しい。しかも、垂直方向に三階も四階も重なって、異なる家族が上下に住んでいる。石灰岩を積み上げた壁の厚さは平均五〇センチに及ぶが、隣同士で壁を共有して連なる建物の壁厚を正確に測るのが意外と難しい。

ともかく試行錯誤を繰り返しつつ、楽しみながら、何回もチステルニーノに通い、コツコツと実測の作業を積み上げていった。こうして人々と出会い、自分なりに工夫しつつ体得した都市を実測しながら研究することの面白さは、その後もずっと自分の身体の内部に生き続けることになる。

「都市を読む」ことの面白さ

中世に形成されたチステルニーノは、いわゆるヴァナキュラー（土着的）な都市・集落に共通する迫力のある建築や街路の造形美をもっている。しかもそれがコミュニティの生活と密接に結びつく魅力もある。そういった観点に立って、ヴァナキュラーな都市・集落の特徴を主に造形的な面から調査し、図化するデザインサーベイは、地中海世界をも対象にすでに行われていた。感動的な美しい都市や集落の風景が、図面やスケッチとして記録されてきた。

だが、私がここでやりたかったのは、それをさらに一歩つっこんで、〈時間〉というファクターを入れながら、「都市を読む」という新しい試みにチャレンジすることだった。不思議な構造をもち、複雑に織り成されるチステルニーノの建物や街がどんなプロセスを経て成長・発展してきたのかを考え、同時に、その結果、いかなる空間の〈構成原理〉が成り立っているのかを明らかにするのだ。

モノそのものを観察・記録し、分析しながら、街の形成の歴史を読み解く。また、いわゆる近代の計画とはいささか異なる次元で、人々の暮らし、生業、人間関係などと深く結びつきながら居心地がよく、使いやすい生活空間ができ上がっていく仕組みを解明する。それは今の我々の環境づくりにも大きなヒントを与えてくれるはずだ。こういった建築分野の新たな知の領域を切り開くことを目指そう、と私は考えた。

後に、「都市を読む」という言い方が日本でもポピュラーになったが、実は先ず文学の分野から始まって、やがて建築にも広がった。それに対し、さすがイタリア。この国では七〇年代初めに、すでに大学の建築教育の中で大いに論じられ、私もその洗礼を受けたのである。

そもそも「都市を読む」という発想は、過去に縛られることを嫌い、白紙の更地に何の拘束も受けず自由に計画、設計することを理想と考える日本の建築や都市計画の世界には、馴染みの薄いものだった。私が建築を学び始めた頃、日本ではまだ、建築といえば、新しい建物を創造性豊かに設計し、つくり上げることだけが意義のある仕事とみなされ、古い建物がつまった歴史的な都市の面白さには、人々はあまり関心を示さなかった。むしろ前近代的で、遅れた存在と思われていたのだ。

だが、六〇年代末から七〇年代の初めにかけて、建築の世界でも価値観が大きく転換した。大学における価値の問い直しの機運の中で、近代が生み出した都市や建築に誰もが素直に疑いをもつようになったのだ。若くて血気盛んな我々は、なおさらだった。

これまで否定され破壊され続けてきた古い都市空間に実は、人々が長い歴史の中で蓄積してきた豊かな価値が織り込まれているのではないか。近代が創造した都市より過去の都市の方が人間を感動させる魅力をもっているのは何故か。

そんな思いが自分の中で強まり、私は結局、イタリアへの留学という道を選ぶことになった。初めて接するヴェネツィア建築大学の教育は、何もかもが新鮮だった。そもそも大学のキャンパスも、回廊の巡る中庭を中心とするルネサンスの修道院建築を修復再生した建物にとられている。そこに格好いい男女の学生達が、大きな図面ケースや筒をもって集まってくる。それが何とも自然で、お洒落なのだ。「さすが歴史が重なった国だ」と感心することの連続だった。日本で言えば建築の計画・設計をカバーする重要な領域は、当時イタリアでは、composizione architettonica、つまり「建築のコンポジション」と呼ばれていたが、新しい建築を計画・設計する理論・方法を教えるばかりか、まさにコンポジションの研究にふさわしく、すでに存在している都市の中の建築と建築の関係、あるいは建築内部の構成にも大きな関心を向けていた。文化の成熟度の違いを思い知らされた。

私が師事したのは、戦後すぐ*Venezia minore*（小さなヴェネツィア）, Milano, 1948という名著を著し、ヴェネツィアの名もない小建築が、この独特の都市空間の中で、周辺の環境を考えていかにうまくつくられているかを論じた女性研究者、エグレ・トリンカナート教授で、実にエレガン

ヴェネツィア
大運河の渡し舟の船着き場。水の環境と一体となった魅力的な都市空間が形成されている。

トな先生だった。個々の建築を見るのに、運河、路地、広場といった周囲の環境との結びつきが重要であることを、私は彼女から学んだ。長い歴史をかけ有機的に形成されたヴェネツィアという街が、そういった発想を育ててくれたのだろう。近代都市計画がすっかり忘れていたことを、この街は思い起こさせてくれる。一つ一つの建築を実測し、その内部空間や外観の特徴を味のあるスケッチで示す方法をいち早く示したのも、彼女だった。

トリンカナート教授からも紹介を受け、当時、イタリアで「都市を読む」方法を確立し、さっそうと活躍していたローマのジャンカルロ・カニッジャ教授を何度も訪ねた。目の前に色々な街の実測図面を広げ、建築の空間構成を読みながら、都市の発展過程をどんどん解明して見せてくれるその鮮やかな手法に感激したのを、昨日のように思い出す。その方法は建築の類型学（ティポロジア）と呼ばれ、イタリアの建築学生なら誰もが身につけるものとなりつつあった。

東京にチャレンジ

一九七六年の秋に帰国してみると、いわゆる七三年のオイルショックの影響で、日本でも社会の価値観がずいぶん変化しているのに驚かされた。時代の気分が明らかに変わっていたのだ。「のんびり行こうよ僕たちは…」というTVコマーシャルの歌が流れ、「緑と水」の重要性が叫ばれたり、「量より質」を求める声が強まっていた。〈景観〉、〈都市美〉、〈アメニティ〉、〈町並み〉といった言葉が、大いにもてはやされていたのだ。「これならば、イタリアで学んだことが生かせるかもしれない」。そう考えて、日本の都市にチャレンジし始めた。

帰国の翌日から私は、法政大学の建築学科で非常勤講師として教壇に立つことになっていた。しかも二つの講義を担当。帰りの飛行機の中で、泥縄でメモをつくり、何とか若さの勢いだけで急場をしのいだ。幸い毎回の授業で、最前列に元気のいい学生達が陣取り、質問を次々にぶつけてくる。それならこのエネルギーを生かして、東京を対象にフィールドワークをしようと思い立ち、当時助手を勤めていた板倉文雄氏とともに法政建築学科の中に「東京のまち研究会」を結成。「書を捨てよ、町に出よう」という寺山修司のアジテーションにも乗っかって、皆で東京のまちに繰り出した。実際に街に出て、現実の中に豊かさを発見することが、建築を学び創る者にとって最も有効で手堅い方法だと考えたのだ。

もし、我々のグループにお金があったら、地方の美しいよく保存された町並みを選んだかもしれないし、もっと条件が整っていれば、最初から海外に出ていたかもしれない。

東京の下谷・根岸
旧街道沿いに伝統的な町並みが残る。祭りの日には東京とは思えない華やいだシーンが展開する。

駆け出しの弱小グループだったことが幸いして、安上がりな地元の東京を選ぶことになり、それが我がグループの大きな特徴となっていった。

六〇年代の後半から七〇年代の初めにかけて、地方の個性ある小都市や集落を実測し、美しい図面でその魅力をアピールしたデザインサーベイのグループの仕事とも、また、よく残っている地方の伝統的な町並みを対象とする保存を目的とした一連の調査とも一味違う、我々独自のフィールド調査が、こうして東京を舞台にスタートした。

当時の東京はまだ、「東京砂漠」とか「コンクリート・ジャングル」と形容され、歴史も自然も失った、個性もない、住むに値しない街のように考えられていたように思う。もちろん、「タウンウォッチング」とか「路上観察」といった響きのいい言葉も存在しなかった。「東京なんか調べて何になるのだ」と、友人からも馬鹿にされたものだ。

でも、「都市を読む」という方法をもって、東京にぶつかっていくと、その面白さが次々にわかってきた。日大の山口廣研究室の方々の協力も得て、幸い、台東区の下谷・根岸という魅力的な下町と出会う。ここで我々を待ち受けていたのは、歴史の中で築き上げられてきた住居・街区・まちのもつ魅力的な空間構成であり、またそれと密接に結びついた人間味あふれる生活形態だった。先ずは旧街道に沿って表側に並ぶ町家に、そして奥へ何本も入り込む路地に面する長屋、さらには背後に広がる緑の多い住宅地に分布する屋敷に注目し、それぞれ「都市を読む」方法を応用しながら調べていった。もちろん実測が最大の武器。

といっても、具体的にその作業に取り組んでみるまでは、地方の小都市とは違い東京のような自己中心主義の強い大都市で、果たして人々の間に入って地域の生活構造を描くような調査が可能だろうか、という一抹の不安があった。だが実際に下谷・根岸の家々を訪ねた私たちは、どこでも驚くほどに暖かく迎えられたのだ。よりによって調査が小雪の舞う寒い日にぶつかった時にも、路地裏の長屋の一軒一軒で大歓迎を受け、一同大いに感動したことを思い出す。二～三人の小グループごとに、手分けして実測、聞き取りの調査を進めるから、昼休みや夕方、合流してそれぞれの成果を報告することが重要になる。一軒一軒訪ね、自分たちの体験したことを学生達が目を輝かせて生き生きと報告し合う姿を見て、「これは東京のフィールド調査も行けるぞ」と私は直感した。実測の面白さを誰もが体感したようだった。

東京調査の第二ラウンドでは、ちょっと趣向を変え、範囲をずっと大きくとって、江戸の「山の手」全体の空間構造を読む、という大胆な作業にチャレンジしてみた。まるで住宅の野外博物館のように色々なタイプの伝統的住宅を残す下谷・根岸での調査経験から、東京の住宅の空間構成はおおむねわかったとして、ここでは、建物の実測にはこだわらず、むしろ山の手の地形、植生などの自然条件、尾根道と谷道といった道路のあり方、寺社の聖なる空間のでき方、土地利用の形式、そして敷地の割り方、敷地内での建物の配置などに注目し、古地図（尾張屋版切絵図）をもって徹底的に歩き、観察するという方法をとったのだ。これがまた発見が多く、実に楽しかった。

イタリアの都市では、中世やルネサンスの建物がたくさん受け継がれ、そのまま歴史が視覚化されている。古地図をもって歩けば、まさにそのまま変わらぬ姿が目の前に次々に現われることになる。それに対し、東京では、百年前の建物にさえめったにお目にかかれない。だが、地上の建物は新しいものに置き替わっていても、実は、地形はほとんど変化しないし、道路のルートもその幅も、案外変わっていないのだ。敷地割りだって、基本的には受け継がれていることが多い。欧米の都市とはまったく異なる日本の都市独特の気配が随所に感じられるというのも、そのことに由来する。

東京では、情報満載の現在の地図は、家探しには便利でも、地域の骨格や本質的な特徴については、何ら教えてくれない。ところが、江戸時代の地図を手に、足裏感覚を大切にして歩けば、地形の起伏を生かした都市の基本構造が今も受け継がれていることがよくわかり、変わらない地域の空間的な骨格が理解できるのだ。背後に潜んでいる歴史の構造をこうして浮き上がらせる東京の街歩きは、ヨーロッパ都市と比べ、それだけずっと知的で、よりスリリングな面白い体験となる。

だがこうした発見を可能にしてくれたのも、歴史の重なりに注目し、個々の建物・敷地から街区・地区全体までの形成をダイナミックに扱う、イタリア流の「都市を読む」方法だった。

いざ海外調査へ

東京に関しては次々に面白いテーマが浮上してきた。「水の都市」東京に船で繰り出し、水上から街を観察するのも興味深い研究となった。いかにも日本的な盛り場の変遷を、実際に迷宮空間を徘徊しながら読むことも、スリリングなテーマであった。「東京が読めれば、日本の、そして世界のどんな都市も、もはやこわくない」といささか気負って豪語したのも、この頃だった。

だが、私にとって本来の原点である実測の感動を、しばらく忘れていたのもまた事実だった。しかも、東京の都市空間が近代的な改造でより均一化し、ますます場所の力を失っていく。若い建築学生にとって、建築や街路の実測を通じてインパクトのある経験ができる場が、東京には残念ながら見つけにくくなっていった。

一方で私は、自分自身が若い頃、経験した海外の魅力ある都市や集落を実測する醍醐味を学生達にも経験してもらいたい、と長年考えていた。そして研究室の仕事としても、グループで調査ができれば、オリジナリティの高い価値ある成果が得られるに違いない。幸い、そんな夢が、意外に早くかなえられることになった。日本の国が豊かになり、円が強くなったことが後押ししてくれたのは言うまでもない。

一九八〇年代の末、はからずもほぼ同じ時期に、中国と中東・北アフリカのイスラーム世界の両方に出掛け、実測をベースとするフィールド調査を開始することになった。

そもそも、私の心の中には、西ヨーロッパ中心主義の考え方から抜け出したいという気持ちが強かった。建築の思想も技術も、そして都市や建築の歴史も長らく、近代をリードした西ヨーロッパの価値観から発想され、研究されてきた。特に都市となると、アジアやアラブ世界には、市民の自治は発達せず真の都市文化は発達しなかった、といった言い方さえあった。だが幸い、文化人類学者などの活躍で、世界の各地に固有の興味深い文化が存在し、それぞれを高く評価すべきだという考え方が強まっていた。都市だって同じはずだ。後進的で都市としての成熟がなかったと見られていた江戸東京についても、その独自の面白さや価値を描くことができたのだから、それと同様に、居住に関する長い歴史の経験をもつ非西欧世界の都市を調べていけば、必ずや固有の文化、独自の空間構造が見出せ、その魅力の秘密が解き明かせるはずである。私はそう考えた。

先ず中国だが、私がこの国を初めて訪れたのは一九八四年の秋である。早稲田大学の篠塚昭次氏を団長とする環境問題の視察団の一員として中国の主要都市を公式訪問する機会に恵まれた。その中国に私はすっかりはまってしまっ

江南の水郷鎮・周庄
水と共に生きる街の中心にかかる橋。そのまわりに茶館、床屋などのコミュニティ施設の象徴的な建物がつくられた。

た。特に蘇州と上海に魅せられて帰り、しばらくの間、学生達に中国都市の面白さを熱を込めて語り続けていた。それが功を奏してか、一人の女子学生が中国に惚れ込み、上海の同済大学に留学することになった。後に中国の園林（庭園）研究のエキスパートとなる木津（当時は旧姓の久保田）雅代さんである。

　蘇州を舞台に園林を研究する彼女が、その江南地方に古くから数多く存在してきた水の街（水郷鎮）の面白さを見逃すはずがなかった。八八年の春、研究室のメンバーを誘って私は再び中国を訪ね、留学中の彼女の案内で、蘇州に加え、同里、朱家角、周庄という三つの典型的な水郷鎮を見て回った。どこの街でも私は、学生の頃に初めてヴェネツィアを訪ねた時の感動と、まさに同じ感動を覚えたのだ。西洋の「水の都」ヴェネツィアと比較する意味でも、この東洋を代表する中国・江南地方の水郷の街をぜひとも調査したいという気持ちに駆られた。それは、東京をはじめとする日本の水の都を考えるにも、大いに意味があると思われたのだ。

　その夏、研究室の面々による最初の本格的な現地調査が行われた。住宅、市場や商店、宗教施設、文化施設、そして運河、広場、街路など、都市空間を構成するすべての要素を実測するのだ。空間の使い方や人々にとっての場所の意味を知るために、聞き取りを重視することにも努めた。水辺の舞台は、そこを歩くだけでも感動する空間だ。それを実測し、さらに人々の暮らしの場である住宅の奥まで入り込んで調査するという体験は、若い学生達の心を躍らせた。

　こうして当時、大学院の修士課程に入ったばかりだった高村雅彦君がすっかり中国に魅せられ、我々の研究室の二人目の中国への留学生として、やはり上海の同済大学で学ぶことになった。彼はこの江南地方の水郷鎮を自分の研究対象に選び、地元の住民の中に深く入り込んでフィールド調査を精力的に続け、独創的で魅力あふれる研究成果を見事にまとめ上げた（高村雅彦『中国江南の都市とくらし』

山川出版社、二〇〇〇年)。

海外の調査をぜひ、地元の研究者たちと一緒にやってみたいと考えていた私に、絶好のチャンスが訪れた。一九八四年にボストンのマサチューセッツ工科大学(MIT)での国際会議で一緒になり、意気投合し、以来交流を深めていた北京の清華大学の朱自煊教授と共同で、北京の旧市街に関する調査(一九九三—九四年)を行うことになったのだ。私にとっては、東アジアを代表する首都であるこの北京を東京との比較で研究できるのだから、願ってもないことだった。

実は、東京で江戸の「切絵図」(一九世紀半ば)を使って、山の手や水辺を歩き、手ごたえを感じていた頃、乾隆帝の時代の北京をそのディテールまで詳細に描いた「乾隆京城全図」(一七五〇年)という素晴らしい地図があることを知り、東京での経験とも比較しながら、いつか北京のフィールド調査を実現したいと、心の中に長い間、暖めていたのだ。

東京と北京の間で手紙、電話のやり取りを綿密に行って、テーマの確定、調査方法の検討、調査地区の選定などを進めた。幸い、朱先生と我々の都市を見る目が驚くほどに共通しており、準備段階から共同作業がスムーズに進んだ。

現地調査は、九三年と九四年の夏休みに行った。法政のスタッフは北京の都心にある四合院住宅を改造した松園賓館に宿泊し、大学の宿舎から毎朝駆けつける清華大学のスタッフと合流して、実測を中心とする調査を進めた。四合院住宅、近代の集合住宅、商店、宗教施設、旅館、商人の会館、あげくは元遊廓の粋な建物まで、価値のありそうな建物を探し、敷地や街区との関係を見ながら実測していった。中国側のメンバーは皆、北京をよく知っているはずだったが、古地図をもち、なめるように都市の細部を観察していく我々流の作業によって、次々に面白い対象が発見されていくことに、誰もが驚きを見せていた。

毎朝、毎晩、綿密なミーティングを行いながら調査を進めていったが、陣内研究室には幸い、留学を経験し中国語が堪能なメンバーに加え、中国からの留学生もそろっていたため、コミュニケーションは大変うまくいった。海外調査にとって、語学が堪能な人材がいるかどうかが鍵になるのは、言うまでもない。

こうして江南地方や北京での厳しくも楽しい現地調査に参加し、その面白さの虜になって、中国留学を決意する学生が、うれしいことに次々に現れた。やはり書物を読んでいるだけでは、その国の本当の面白さはわからない。現地で空気を吸い、人々と触れ合い、さらには建物を実測するといった生きた体験は、何にもまして価値がある。本来、イタリアを専門とする私の研究室が、こうして若い人達のパワーで中国研究をぐいぐい推進できたのは、自分にとっても幸運であった。

イスラームの迷宮都市を調べる

それと平行して取り組んできたのが、中東・北アフリカのイスラーム世界の都市である。地中海世界を研究のフィールドとする自分にとって、イスラームの都市は重要な存在だ。しかも、そもそも「西欧の中のオリエント都市」とも言われるヴェネツィアの研究からスタートした私にとって、イスラームの都市は、親近感のある存在だった。

私とイスラーム世界との出会いは古い。ヴェネツィア留学時代、イランのテヘランに一年間、研究のために滞在されたイスラーム建築史の第一人者、石井昭先生からお声がかかり、一ヶ月にわたるイラン国内の建築調査に参加させていただくという幸運に恵まれた。パーレビー国王時代の最後にあたる一九七四年の晩秋のことだ。敬虔なムスリム(イスラーム教徒)であるイラン人運転手のジープで移動するこの旅の間、石井先生から、行く先々でイランの建築と都市の魅力についてたっぷりと教えを受けたのだ。その後も、さまざまな機会に中東各地のイスラーム都市を巡り、ますます私はその魅力に取り憑かれることになった。

このようなイスラーム都市の面白さは、建築の分野では比較的早くから注目されてきた。しかしそれは、ヴァナキュラーな空間としての面白さの次元にとどまることが多かったと思う。西欧の明快な概念をもった都市、あるいは近代の都市計画でつくられた都市を見慣れた目には、合理性から外れたかのようなイスラーム都市が新鮮に写った。

しかし、東京の中に、都市を組み立てる論理を発見した後には、私の目に、イスラーム都市も違って見えてきた。渾沌としてゴチャゴチャしているように思えて、実は逆に、全体から部分に至るまで、秩序をもちながら見事に組織化された都市なのだ。世界の都市文明の歴史からすれば、西欧はむしろ新参者。中東を中心とする世界にこそ高度に発達した都市が形成されたのであり、それを受け継ぐイスラームの都市には、独自の社会の仕組みと高度な文化がつくられたのだ。複雑で迷路のように見える都市にも、実はそのことが反映されているに違いない。西欧的な都市の発想に縛られない自由な立場で、イスラーム都市の原理を見直す必要があるのだ。ちょうど東京の原理を発見していったように。

そもそも都市は、すぐれて学際的な研究対象だ。そのフィジカルな構造、形態、景観といったハードな面から、社会の仕組み、制度、経済活動、人間関係、宗教のあり方などのソフトな面まで、あらゆる観点からのアプローチが求められる。特に、イスラームの活気に満ちた都市を巡っていると、我々の建築の分野を越えて、さまざまな視点から見てみたくなる。そんな思いでいた頃、文部省の重点領域研究として、「イスラームの都市性」に関する学際的な研究プロジェクトが実施され（一九八八年から三年間）、幸い私もそれに参加して、多くの刺激を得ることができた。

それも大きな契機となって、この一〇年ちょっとの間、私は研究室の学生達と、地中海周辺のイスラーム世界の都市を巡っている。アラブ圏では特に、中庭をもつ伝統的な住まいと、それが複雑に入り組んで構成される住宅地のつくり方が面白い。そんな迷路の中の家を一つ一つ訪ね、実測をして、その建築的な特徴を調べる。同時にまた、家族や生活に関する聞き取りを行うのだ。外の街路は壁ばかりが続き、閉鎖的で鬱陶しいのに、一歩内部に入ると、別世界のように美しく快適な中庭の空間が待ち受けていることがよくある。そんな中庭で、コーヒーやお茶をご馳走になってのんびり過ごすのは、最高の気分だ。うれしいことに、イスラーム世界では、どこでも人々はもてなしの心を示してくれる。これも文明の高さの表れだろう。

「調査に行ってみたい」という強い願いをもっていると、その機会が不思議と巡ってくるものだ。先ずは、雑誌『プロセスアーキテクチュア』から、トルコ都市を紹介する特集を組んでほしい、という願ってもない依頼を受けた。我が研究室でのイスラーム都市に関する最初の調査は、こうしてトルコから始まった。一九八九年の夏のことだ。

石井昭先生の弟子で、イスタンブール工科大学に留学し、オスマン建築研究をきわめた谷水潤氏にコーディネーターをお願いし、彼と共同でひと夏かけてトルコ国内を巡る長い調査旅行を実施し、この仕事をまとめた。各都市で、チャンスがあれば、できるだけ家の中に入って、実測調査をすることを心がけた。同じアナトリア半島でも、場所によって気候・風土が異なり、街の表情も家のつくりも変化するのが興味深い。人の顔つきも生活スタイルも違っている。まさに空間人類学として見ると、トルコは興味が尽きないのだ。私の研究室から、その後、イスタンブール工科大学に三人も留学することになった。

トルコのサフランボル
世界遺産にもなっている緑に包まれた美しい斜面都市。外に開く木造の住宅が特徴である。

マラケシュ
スークのすぐ裏手に迷宮状の住宅地が広がる。そこに現代の人々の暮らしがある。

次のイスラーム都市調査の機会も、面白いいきさつで生まれた。教え子の今村文明君が、脱サラをして、青年海外協力隊の隊員としてモロッコのラバトに住んでいた。彼が自分なりに調べたことをぶ厚いレポートにしてしょっちゅう送ってくる。私もモロッコにはだいぶ前に個人的な旅行で行って、強烈な印象を受けてはいたが、そんなに彼が熱心なのなら、我々の研究室として調査に出掛けようということにあいなった。彼のポンコツのルノーと列車に分乗して移動しながら、モロッコの主要都市をいくつか見て回った。彼は独特の動物的嗅覚をもっているようで、このモロッコの複雑きわまりない迷宮状のメディナ（旧市街）をどこも熟知しており、自分の庭のようにスイスイと歩いて案内してくれたのには、驚かされた。モロッコ都市に比べると、わがヴェネツィアも、ずいぶんわかりやすく思えてしまう。

その複雑な空間がどう成り立っているかを読み解くべく、マラケシュの中心部である街区を詳しく調査した。トルコでは広域を巡るジェネラル・サーベイに終わり、つっこみが足らず、欲求不満が残っていた。ある街区を表から裏までしっかり調べたい。マラケシュでは、それにこだわった。幸い、今村君が自分の役所を通して地図を入手していたので、面白そうな場所へのあたりが付けやすかった。メインのスーク（市場の通り）のすぐ裏手に広がる迷宮状の住宅地を選び、袋小路の奥へ、奥へと入っていき、何軒もの中庭型住宅を訪ねることができた。表側のスークの喧騒が嘘のように、そのすぐ裏手に静かで落ち着いた近隣住民や家族の生活空間が広がっているのにびっくり。なかなか巧妙にできた都市だと一同、感心した。この調査では、実測の醍醐味もたっぷり味わえた。

数多くの家を訪ねると、家族の名前を覚えるのが大変だ。そこで我々は、その家や家族の特徴をもとにニックネームを付けることにした。「亀の家」「シェフの家」「ハリウッドの家」「ブルーハウス」等々。これは大成功で、簡単に家の名前を記憶でき、仲間と調査データを交換し、比較分析、考察を進めるにも大いに役立った。以来、どの国で都市の調査を行っても、こうして家にニックネームを付けることにしている。その出来栄えは、毎回、参加者のセンスによってかなり左右されるのだが。

そうこうしているうちに、我が研究室にアブダラ・アラジン君というシリアのダマスクスからの留学生が入ってきた。彼の家族にすっかりお世話になって、一九九一年の一〇月、大規模なダマスクス調査を実施。この年、私は在外研究のためヴェネツィアに滞在しており、そこからシリアに駆けつけた。アブダラ家からの紹介で、シリア人の有能な通訳・コーディネーターの協力が得られ、またアラジン君の弟、友達も助っ人に来てくれて、言葉の問題はうまくクリアーできた。幸い、政府の考古局から正式の調査許可書も得られたし、フランス・アラブ研究所では、貴重な文献に加え、一九三〇年頃にフランス統治下で作成された五〇〇分の一の詳細な不動産地図をコピーでき、それに基づいてこの複雑なダマスクスの旧市街を系統的に調べることができた。

これまでのトルコ、モロッコでの経験を生かしながら、それまでできなかった、一つの都市に絞ってじっくり調査することにチャレンジしたのだ。幸いパワフルな大勢のメンバーが参加したから、三～四つのグループに分かれて、ある種、お互いに競い合って調査に励んだ。収穫はグループによって様々で、豊富な実測データを得るばかりか、遅くなって引き止められ、夕食をご馳走になって幸せそうな顔で帰ってくる連中もいた。

入手した詳しい地図には、中庭に噴水、樹木があるかどうかも記され、それぞれの家の規模や構成の見当がついたし、地区の人たちからどこに面白い住宅があるかも、教えてもらえた。ダマスクスの人たちのホスピタリティもたい

ダマスクス
噴水と緑のある地上の楽園のような中庭で人々はくつろぐ。閉鎖的な街路に対し、内側に表情豊かな生活の場がある。

したもので、どこの家族も我々を歓待してくれた。こうなれば住宅調査はしめたもの。貴族的な階級や宗教者の豪邸から庶民の小さな家まで、様々なタイプの住宅を調べることができた。またムスリムばかりか、キリスト教徒の家もずいぶん訪ね、宗教による人々のライフスタイルの違いを観察することができたのも、大きな収穫だった。

ただ、ムスリムの上流階級の家では、実測するのに困ることがあった。女性は今でも、外部から来た男の客に対し、顔を見せてはいけない。皆すぐに、二階の私的な部屋に隠れてしまう。こういう立派な邸宅では、上の階は男性では入れないことになる。そこで苦肉の策として、この調査に参加していた私の女房に頼み、二階に上がって写真をとったり、簡単なスケッチをしてもらったのである。イスラーム世界ばかりか、どんな文化圏でも、調査グループに女性が参加していると、家族の中に入りやすく、大いに力を発揮できるのだ。

このダマスクス調査も、一つの大きな成果を生んだ。すっかりシリアの虜になった研究室の新井勇治君が、ダマスクス大学に留学し、アラブ都市研究のエキスパートとなる道を選んだのだ。美しく居心地のよい伝統的な中庭型住宅の二階の一角に暮らしながら、彼は三年間、文字通り旧市街の内側からダマスクスの都市研究に打ち込むことになった。

再び南イタリアへ

こうしてアラブ都市の専門家も育ちつつあるので、私は自分自身の原点であるイタリアに再び戻り、研究室の面々を率いて、調査にこの八年、毎年のように出掛けている。イスラーム都市を知った後に南イタリアの都市を訪ねると、見慣れたはずの対象がまた新鮮に目に映るようになったから不思議だ。比較研究が有効なのを実感する。

先ず最初に取り組んだのは、太古の歴史を残す神秘に包まれたサルデーニャ。やはりこの州都、カリアリから留学生のマッシモ・アルヴィート君がやってきたのがその切っ掛けになった。文化人類学が専門の彼との話が弾んで、サルデーニャの調査が企画された。柳瀬有志君が特に頑張り、三年間も毎夏、この暑くて乾燥した孤島の内陸部で、私と一緒にフィールド調査に奮闘した。海の美しさでヨーロッパの金持ち達を引きつける高級リゾート地、コスタ・ズメラルダ（エメラルド海岸）などは見向きもしないで。

イタリア本土から孤立した島のサルデーニャは、独自の文化を育み、しかも現在に至るまで古い伝統、習慣をよく残しているから、建築的にも、民俗学的にも、きわめて興味深い研究対象なのだ。有名な蛆虫チーズを食べる経験など、調査中には驚かされることがしばしばだった。夏に各地で催される聖人の祭礼の後の宴に我々も招かれ、美味しいワインや料理をご馳走になることもよくあった。

この島では、調査に人類学や民俗学の発想も取り入れてみた。小麦栽培を中心に農場を経営する南部のカンピダーノ平野と、羊飼いが主役の牧畜経済をもった中部の山間地帯のバルバージャ地方の対比が興味深い。気候・風土と結びついた生業の違いが、そのまま家や街の構造の違いとなって現われる。南の平野では、中庭をもつ大きな地主の家を実測し、かつての農場経営についてもヒヤリングする。戦前までは貨幣経済がなく、小作の農民に現金でなくパンや小麦の種を現物支給していたという。一方、山間の斜面に発達した羊飼いの街は、平等社会で、どの家にもパン焼き釜がある。庭をもたず垂直に上に延びる構成をとり、地上階に家畜小屋を設け、その体温で暖房代わりにしたという。

サルデーニャのオリエーナ
羊飼いの街の袋小路を囲う住宅群。外階段と木製のバルコニーに特徴がある。

古層が生きるサルデーニャには、地霊（ゲニウスロキ）が宿る特別な意味をもった場所が随所に見出せる。古代の巨石文化を示すヌラゲの遺構、泉、洞窟の墓、そしてかつての集落跡にぽつりと残る「田園の教会」などが、聖なる場所として崇められ、重要な価値をもつことが多い。現在もなお、人々の暮らしの中で生き続けるこうした聖なる場所を実測するのは、身が引き締まり、どこか晴れがましい気持ちにもなる。

南イタリアにあっても、有名で華やかな都市も調査したいと思っていたところに、バロック都市として名高いレッチェを調査する機会が巡ってきた。チステルニーノと同じプーリア地方の魅力あふれる都市だ。私と同様、この地方に惚れ込んだ研究室の菅沢彰子さんが、近くのバーリ大学建築学部に留学。彼女のコーディネートで、レッチェ調査が一九九七年の三月に実現した。

このレッチェのバロック空間が面白い。法王庁のお膝元のローマがその権力をバックに直線道路を通し、広場にオベリスクを立てて、明快に見通せる街路網をつくりあげたのとは対照的に、いかにも地中海世界らしい迷宮空間の中

アマルフィ
斜面を上り詰めると、高台の住宅からは海洋都市の見事なパノラマが開ける。

に、個々の建築の表層を飾り、まるで舞台装置のような変化に富んだ街路空間を実現した。歩く者の目をこれほど楽しませてくれる街も少ない。だが同時に、実は住宅内部にも、いかにも地中海世界らしく、居心地のよい素敵な中庭や庭園がゆったりとられ、生活の豊かさを示している。美しいパラッツォに今なお優雅に住み続ける上流階級の家族が多いのにも、驚かされた。レッチェは実にエレガントな街だ。しかも、住宅建築の空間構成も豊かなバリエーションに富んでいて、実測していても、また図面化し、分析していても面白い。

　このレッチェ調査の中心メンバーの一人として活躍した中橋恵さんは、すっかり南イタリアが気に入り、ナポリ大学に留学することになった。

　そしてこの三年、我が研究室の地中海グループは、ナポリの南にある中世の海洋都市として名を馳せたアマルフィの調査に打ち込んでいる。毎回、調査地を選ぶには、もちろんそれなりの理屈がある。このアマルフィは、まず自分が取り組んできたヴェネツィアと同じ、中世に形成された海洋都市国家だということ。そして、イスラーム諸国との交流のもと、その文化的な影響を受けてでき上がったという点に魅力がある。しかも、アラブ都市とよく似た地中海的な迷宮構造をもっているのだ。比較研究としても格好の素材といえる。さらに、強烈な斜面都市であることも、地中海世界の都市の特質を考えさせてくれる。急な階段を苦労して上り詰めた所からぱっと開けるパノラマの美しさは、筆に尽くせない。

　アマルフィは、イタリア人なら誰もが行ってみたい、太陽と歴史のイメージが一杯の素敵な海辺の観光地。これだけ魅力的で知名度の高い街なのに、こと専門的な建築や都市空間の調査となると、これまでほとんど行われなかったというのが実情なのだ。市立図書館の中に設けられたアマルフィ歴史文化研究センターを訪ねると、「ぜひ、皆さんの手で、旧市街の都市調査をして下さい。自分たちはどんなサポートもします」とのこと。以来、毎年続けて夏にアマルフィに学生達と通っている。地元の郷土史家、ジュセッペ・ガルガーノ氏は、まるで中世のアマルフィに生きているかのように、彼の頭にはその時代のすべてのデータが詰まっていて、何を尋ねても即座に答えてくれる。彼と組んで、我々はアマルフィ旧市街の中の歴史的、建築的に価値のあるスポットを次々に実測し、まちの構造、景観をヴィジュアルに示す仕事に取り組んでいる。コンピュータに強い学生も増えてきたので、テクニックを駆使して立体的な図をたくさん作成しつつある。

毎年、滞在しているから、道を歩いていても、大勢の住民が挨拶してくれるし、馴染みのお菓子屋からは、しばしば差し入れがある。調査を色々経験してみて、やはり一箇所に腰を落ち着けて、長い期間継続することの重要性を今、感じている。

アルコス
アンダルシアの真っ白な街。日が傾いた夕方、涼を求めて人々が家の前の路上に椅子を出して集う。

目下、アマルフィと平行して、この二年間、スペイン・アンダルシア地方のアルコスという小都市を調べている。やはり地中海世界の斜面都市であるし、中世にアラブ人の手で都市がつくられたという歴史的経験をもつ興味尽きない街なのだ。アマルフィとの比較が面白いのだが、こちらは中庭（パティオ）をもつ住宅に特徴があり、アラブ世界と同様、まるで地上の楽園のように美しいその居心地のよい空間に魅せられる。

地中海世界には、このように長い都市文明を背景として、さまざまな住宅の形式、住み方の知恵や演出が存在しているから、実測をする我々の美意識、センスも大いに鍛えられる。設計やデザインの道に進む若者にとっても、貴重な空間体験となるだろう。

このように我が研究室では、様々な出会いを大切にしてきた結果、海外では中国、中東・北アフリカのイスラーム世界、そして南イタリアとアンダルシアの都市を調査する経験を積むことができた。昨年からはそれに加え、講師の高村雅彦君のリーダーシップのもと、東南アジアのバリ島の小さな街クルンクン、そしてアジアが誇る水の都、バンコクの調査が始まっている。

最近では西ヨーロッパ中心の思想はずいぶん弱まった。

若い人たちの間に、自然な感覚でアジアへの関心が高まっている。欧米の価値観に縛られながら建築や都市を見てきたこれまでの発想から、自由になりつつある。そもそも日本の文化の基層には、稲作や仏教をはじめ、アジアの各地からもたらされた要素が幾重にも見出されるし、自然との共生、共同体や儀礼の大切さなど、共通する感覚や価値観がたくさんある。我々が近代化の過程で失ったものが、アジアの地域にまだ生き続けているのを見て、日本の社会のあり方を見直すきっかけを得ることも、しばしばある。また、異なる民族や宗教の人々が同じ都市に共に生活しているアジアの多元的社会のあり方からは、我々も学ぶことが多い。そして、何よりも活気があり、エクサイティングな都市は我々を惹きつける。

生きた建築教育の現場としての実測調査

これらの経験を振り返ってみると、どの調査地にも共通する三つのポイントが浮かび上がるのが興味深い。まず、何と言っても、建築や都市の空間が面白いこと。場所や空間が力をもち、建築を学ぶ我々に発想のインスピレーションを与えてくれるのである。

そして、何度も述べてきた通り、住民がホスピタリティをもっていること。住宅を一軒一軒訪ね、内部の実測やヒヤリングをする我々には、これが欠かせない条件となる。さらには、料理が美味しいこと。調査を元気に精力的に進めるには、これも実は重要な条件となる。これまで調査地に選んだ所は、どれも我々の期待に応えるものばかりだった。

これら三つが揃っているのは偶然の一致ではなさそうだ。古い歴史をもつ地域には、自然の条件と深く結びついた文化的なアイデンティティの強い空間が形成されていて、我々を感動させてくれる。また、成熟した都市環境の中に住む人々には、日本のような華やかな消費文化はないが、自然の恵みを生かし、人と人とのつながりを大切にし、マイペースで暮らしを楽しむ心の豊かさがある。独特のゆとりがあり、他者に排他的にならない。生活文化を大切にするから、もちろん料理は美味しい。どれもが文明の高さを示すバロメーターといえよう。

幸い我々は、こうした好条件に恵まれ、どの地域の調査でも大きな収穫を手にすることができた。近代を乗り越え、真の意味で豊かな環境をめざすのに、そこから得る示唆は多い。

それぞれの調査に参加する個々のメンバーにとっても、学ぶことは多いはずだ。人々のゆとりある生き方そのものも、現代の日本の生活を振り返る切っ掛けを与えてくれよう。また、こうした環境の中に入り込み、生活の内側に肌で触れながら、スケールのよい空間を実測していく経験は、建築を学ぶ若者には、かけがえのない体験となるに違いない。

そして何よりも、異文化のもとで人々と接し、身振り手振りと片言の現地の言葉で、何とか工夫してコミュニケーションをとりつつ調査を進める経験は、相手の文化を知ると同時に、自分自身をよく知り、また日本という国を見直す絶好の機会でもある。今後、国際人として活躍していく自信も得られるだろう。実測調査は、まさに生きた建築教育の現場なのだ。

この二〜三〇年の間に、都市への見方、あるいは都市計画の方法がすっかり変わってきた。鳥瞰的な目で、道路や鉄道をはじめとするインフラストラクチャーや社会施設の配置を計画し、土地利用を決定する行政のある種、権力的な「都市計画」が色あせ、むしろ住民の意志が尊重され、地域の歴史や個性が重視される柔らかな視点に立つ「まちづくり」へと大きく変化してきただろう。フィールドの中に入り込み、人々の暮らしにも触れながら、街の空間の特徴をサーベイし、その魅力を表現するという建築や都市の調査・研究の経験が、大きく生かされる時代がきているともいえる。実際、こうした調査を体験した多くの卒業生が、各地でアイデアを発揮し、まちづくりの様々な場面で活躍しているのがうれしい。

既存のものを壊してはつくることを繰り返し、拡大発展ばかりを求めた時代は終わりつつある。それに代わり、自然や歴史のストックを魅力的に活かし、眠っている街や地域の個性を引き出しながら、質の高い開発を行って、居心地のよい個性的な環境を形成する時代が到来している。都市の魅力や個性を、そして一方では問題点をも発見し、意味付けるフィールド調査は、成熟した時代を迎える日本の社会において、ますますその価値を高めていくに違いない。

レッチェ（イタリア）

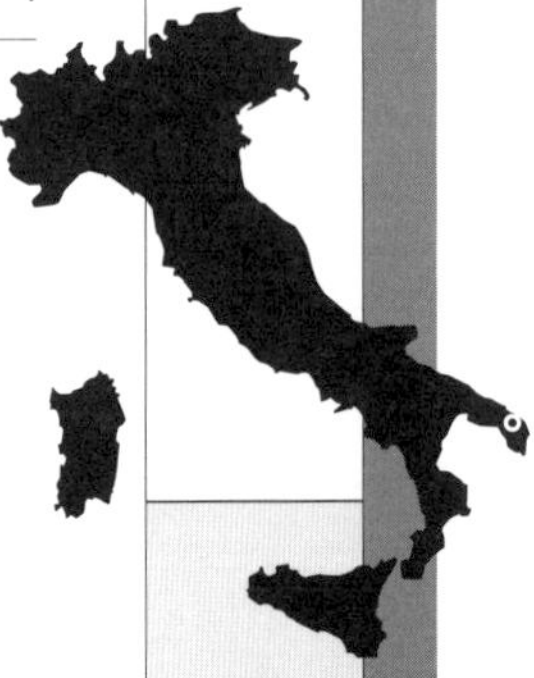

南イタリアの調査は夏がいい

中橋　恵

私が初めて都市調査に参加したのは、イタリア半島の踵にあるプーリア州の街レッチェである。陣内研究室が調査をすると聞き、すぐに参加を希望し、金沢から調査のメンバーに加わった。実際に海外の都市へ出掛け、フィールドワークで実測をして学んでいくという方法に憧れてはいたが、到着するまでどうしたらいいのか見当もつかなかった。しかしこれをきっかけとして、その後都市や建築の魅力にすっかりとりつかれ、ナポリ留学まで果すことになるとはこの時は想像すらしなかった。

ドゥオーモ教会と鐘楼
目抜き通りが交差する、街のほぼ中央に位置している。ジュゼッペ・ジンバロによって、1659年から10年の歳月をかけて、現在の壮大なバロック様式へと改築された。広場右手には、セミナリオ（神学校）があり、内部の中庭には美しいポルティコ（柱廊）が巡らされている。夜は広場全体がライトアップされ、さらに幻想的だ。

■バロックの街をどうとらえるか

私達がこのバロックの街、レッチェを訪れたのは、一九九七年三月であった。バロック装飾が施された建物が連続し、街は小さいながらも優雅だ。私達はカメラと地図をもって、じっくりと観察しながら街の特徴をつかんでいくことに決めた。

レッチェの街が、現在の姿であるバロック様式に変わったのは、一五〇〇年の協定でスペインが南イタリアを支配し始めてからである。スペイン総督であるカルロ五世は、レッチェをオスマン帝国に対する玄関口とし、城、城壁、宗教施設を整備した。つまり軍事と品位をもつ都市へと生まれ変わったのだ。
ピエトラ・レッチェーゼ（レッチェの石）と呼ばれる薄黄色をした細粒子からなる石灰岩は、そのバロック彫刻に深い表情を可能にした。夕焼けをあび、一段と黄金の輝きを増すファサードは、神々しく、カトリック権力の強さを誇示するかのようだ。力強いが優雅さをもつ街レッチェ。調査の重点はバロック様式ではなく、その背後にある住宅である。

私達は上を見ながら、全員が大きな一眼レフカメラを持って歩いているので、すれ違うイタリア人も何ごとかと、立ち止まって同じように上を見ていく。イタリア人が好奇心旺盛というのは、本で読んだ通りであった。

■コーヒーは歓迎の証

大らかな南イタリア人の気質も手伝って、実測のための住宅は、簡単に承諾を得ることができた。方眼紙に図面をとる人、距離を測る人、インタビュ

バルコニーのメンソーレ
メンソーレとは、イタリア語でバルコニーを支える持ち送りのことである。レッチェでは、このメンソーレにバロックの表現として様々な装飾がついていることが多い。写真は、女神や怪獣など空想上の動物が並ぶバルコニーである。近くで下から見上げると、少々グロテスクに感じるくらいだ。レッチェでは、大きなパラッツォ（邸宅）だけでなく、路地にあるような中流家庭の住宅にもこうした装飾が見られる。

空中庭園
２階に空中庭園があるわよ、というシニョーラ（婦人）の誘いで、細い階段を私達はあがった。小さなスペースにレモンの木を植え、さながら楽園のようだ。上品なシニョーラは私達にコーヒーをふるまってくれた。
家の住み方というのは、本当に住んでいる人の雰囲気がよく反映している。

庶民的なエノテカで昼間から飲んでいる老人達
調査の途中にこの店を見つけ、私達もワイン一杯と揚げ物で休憩した。
仲間に内緒で自分だけ飲む時が一番おいしい。ここでは、老人達がただ静かに座ってワインをちびちびやっていた。文盲の老人が多いことに、少しショックを受けた。

ーする人と分担する。少し引け目を感じるが、トイレや寝室にも入れてもらい作業を続ける。順に部屋へ入っていくと、外からは見ることのできない空中庭園、ヴォールト天井、壁画を発見することがある。感激する私達を見て、家主も誇らしげにさらに奥へと案内してくれるのだ。どの家も華麗なバロックファサードの奥には、信仰心の厚い堅実で素朴な生活があった。

　庭からはレモンやオレンジの木の香りが漂い、歴史を感じるヴォールト天井の下で暮らし、窓にふと目をやるとドゥオーモの鐘楼が見える。おそらくここ二〇〇年は何の変化もない光景であろう。

　週末は家族全員で食事をした後、濃いエスプレッソを飲んでくつろぎ、その後は散歩へ出かけたり親戚の家を訪問する。南イタリアの伝統主義、古典的な家族主義のライフスタイルは、私達には新鮮だ。南イタリアの調査で家庭を訪問すると、「コーヒーを一緒にいかがですか？」とすすめられることがある。突然の訪問にも躊躇することなく、温かくもてなしてくれるのだ。その瞬間からお互いの緊張の糸がほぐれてくる。

　インタビューは住宅に関することから、時には戦争中の苦しい時期の話、移民として外国へ行った話などにも及ぶことがあり、こちらも胸がつまってくることもしばしばであった。それは後に調査をするアマルフィもそうであったし、留学先のナポリでも同じであった。

■庶民と貴族を隔てるもの

　ヨーロッパでは、階級が生活圏だけでなく人々の将来までを左右すること

ミニャーノと呼ばれるバルコニー
前庭形式の住宅の入口の上に設けられたバルコニーのことで、思わず登ってみたくなる構造だ。日が暮れるまで何度も調査をお願いしたが、断わられ続けた。

サンタ・クローチェ教会と路地
教会のバロックファサードに圧倒されるが、教会脇から裏へと路地が続いていた。裏には、教会の壮大さとは対照的な庶民的な小規模住宅が続いている。中華料理レストランもあり、上海からやってきたという中国人が2階のバルコニーから話しかけてきた。

が多い。貧富の差がさほど大きくない日本のような国から来ると、そんな彼らの生活やメンタリティが時代錯誤にさえ見えて、不思議である。伝統的であるということは、悪い風習もいい風習も受け継いでいることがよくある。

　南イタリアで実測調査をしていると、豪華なパラッツォ（邸宅）に住む貴族の末裔から、シンプルな一部屋に暮らす人までとその差がとても激しいことに驚く。特にナポリは最もその差が大きい。レッチェの貴族のパラッツォは、美しい裏庭をもっていたり、地下に昔のオリーブ製造所があるところまであった。一方、中流階級以下の人達は、自分の家の中庭やバルコニーだけでなく、近所の小広場、袋小路を積極的に利用し、家の境界線など全く気にしていない。

　相手がインタビューに答えるうちに、興奮してきてしまい、私の方がすっかり圧倒されてしまうこともしばしばで

美しい交差ヴォールト天井
年老いた兄妹が2人で住んでいた。このヴォールト天井の下には、大きなベッドがあり、何でも思い出のベッドで、普段は使わないという。
ヴォールト天井は、幾何学的な計算に基づいて造られている。つまり、複雑なヴォールト天井になればなるほど、石で積まれたたくさんのアーチが天井で交差している。

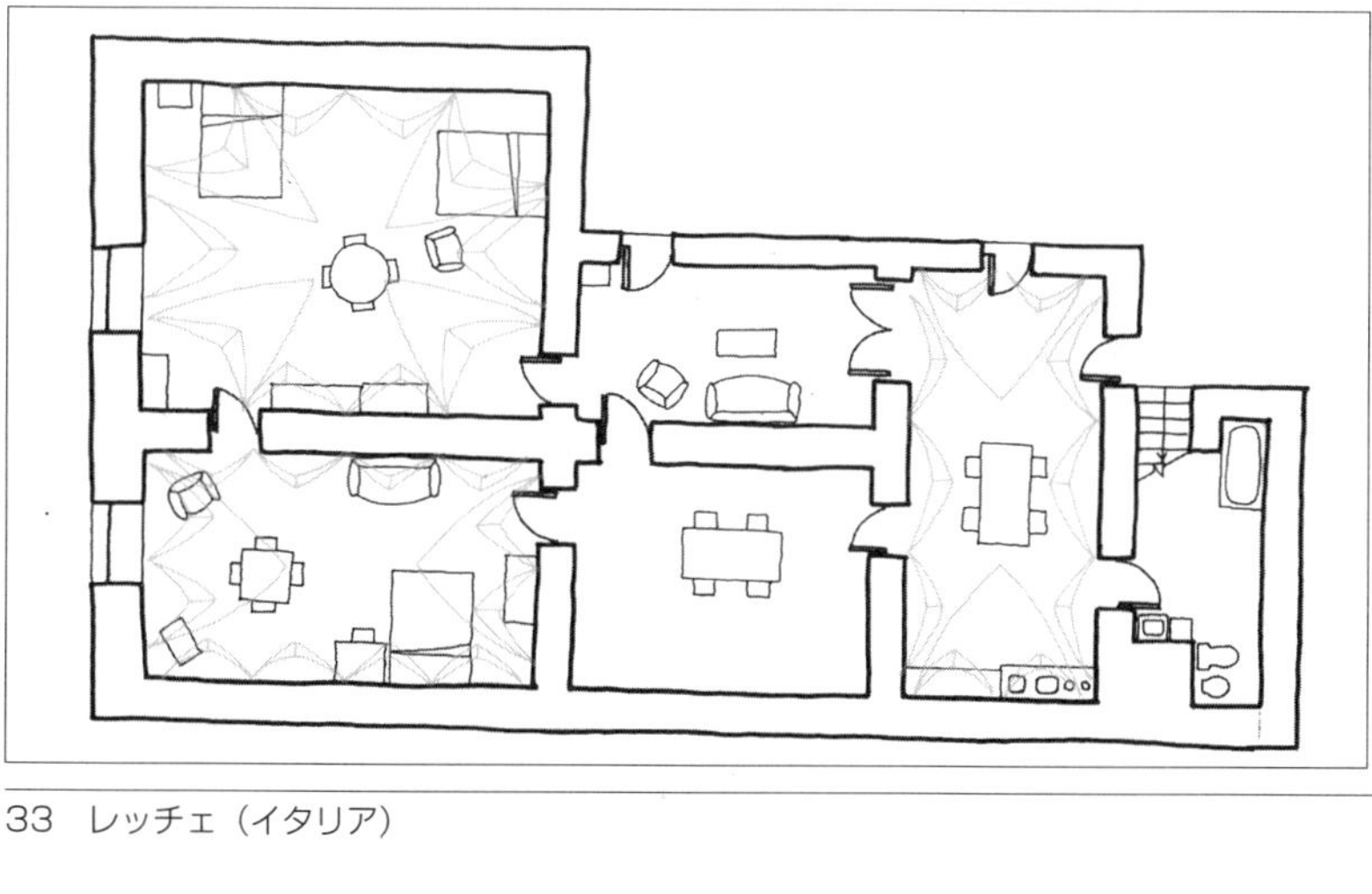

ヴォールト天井のある住宅図
ヴォールト天井は全ての部屋にあるとは限らない。アーチの組み方によって、ヴォールトの種類も様々である。シンプルな半円形から、筒型、ドーム状、交差ヴォールトと、どれも美しい構造である。

アンドローネから中庭を見る
貴族の中庭型住宅を、門と入口通廊（アンドローネ）から見る。奥には、裏庭があるのも見える。イタリアの午後は、昼食のために人が家に戻るので、いっきに街に人影が少なくなる。このパラッツォ（邸宅）の中庭も、ひっそりとしていた。

ある。階級に関わらず、パラッツォや中流住宅の中庭は、同じような利用の仕方である。

こうした家族主義、近隣の結びつきが強い南イタリアでも、身寄りのないお年寄り達がいる。私達が偶然出会ったのは、教会が運営する老人ホームである。旧市街の最も古い地区に位置し、パラッツォ内部をパネルで何部屋にも区切り、そこに老人が共同生活をしていた。一階には礼拝空間も備えてあり、屋上からはレッチェの街全体が見渡せる。アマルフィで実測をさせてもらった老人ホームも、街の中心であった。路地から響いてくる学校帰りの子供達の声や、近所の音などに耳を傾けながら、老人達の邪魔にならぬよう静かに実測をさせてもらった。何より印象的だったのは、どの老人のベッドの上にも、ロザリオと呼ばれるキリスト教のじゅずのようなお守りが掛けられていたことであった。ここには最新医療器具などはないが、家庭的で信仰に基づいた老人達の生活があった。

■南イタリアの調査は夏がいい

レッチェの調査を終えて一年半後に、

貴族のパラッツォ（邸宅）の中にあるサロン
どこの上流階級の家も、いつも部屋は博物館のように整理されている。裕福な家の住人達は自分達では掃除をせず、移民などのお手伝いさんを週に二、三日雇うのが普通だ。実測調査中も、物を壊さないように絶えず注意が必要であった。

私は念願のナポリ大学工学部建設学科へ留学することになった。ナポリに滞在して数カ月後の一二月に入ってふと

思い立ち、高速バスに乗って、調査後初めてレッチェを訪問した。同じ宿に行ってみると、偶然にも以前調査で一週間滞在した同じ部屋に通された。街はクリスマス用に飾り付けられているが、その日が雨降りだったこともあってか、地中海らしさは全く感じられない。春に調査した同じ街とは思えないほど、小さく感じた。道行く人も足早で、どことなく冷たい。

多くの南イタリアの友人は、夏が一番好きだという。太陽があり、海で泳ぎ、街の広場ではコンサートが開かれる。レストランも夜は遅くまで人で一杯だ。人も興奮しさらに大胆になる。家のドアも明けっ放しにし、テラスや中庭にテーブルを出してくつろいでいる。人だけでなく、都市も建築も大らかになるのは夏が一番だ。イタリア都市の調査を最も効果的に行うのなら、断然夏をお薦めする。

中流家庭が住む小規模なパラッツォ
貴族のパラッツォも迫力があるが、中流のパラッツォは、小さくても中庭に緑を多く取り入れたり、手入れが行き届いており、どんな人が住んでいるのか興味をかきたてられる。

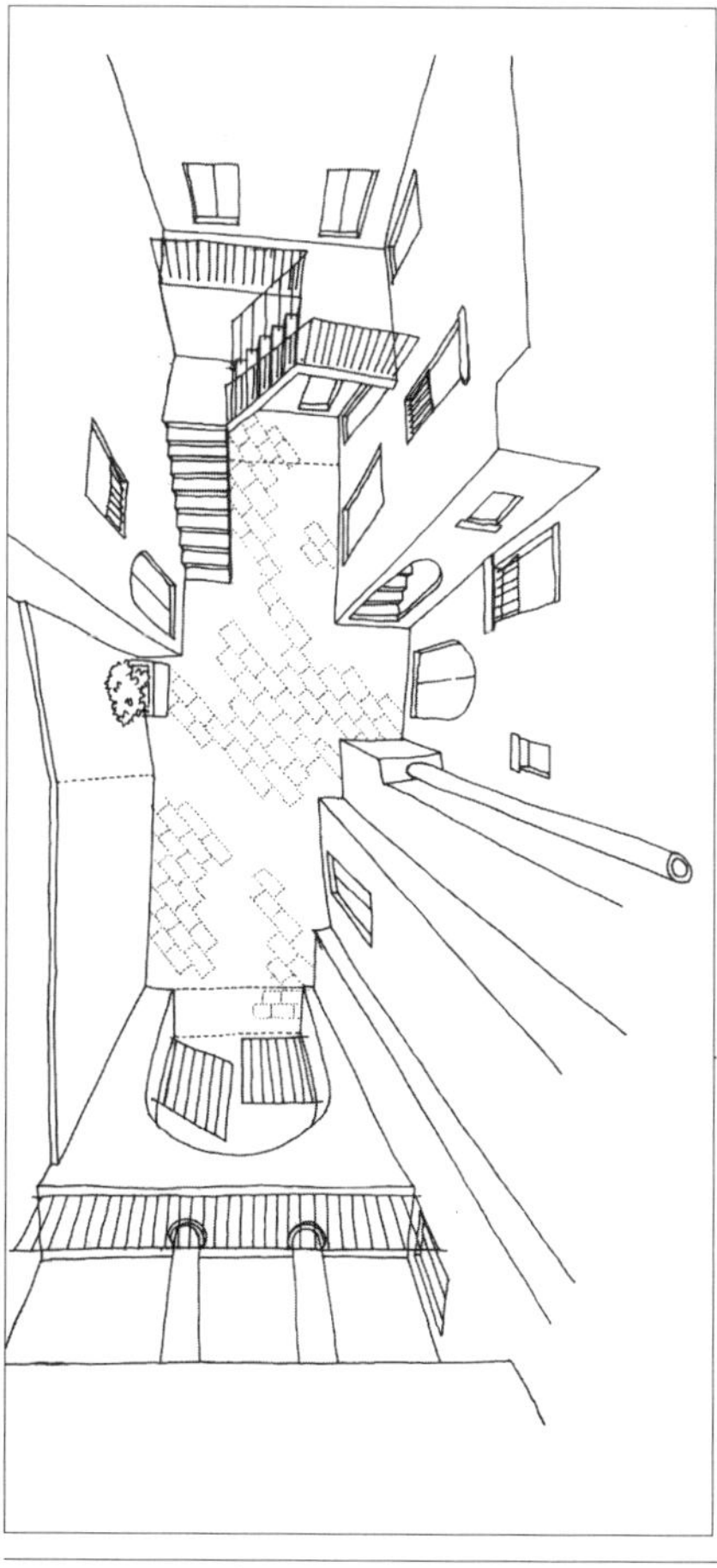

中庭を囲む中規模住宅
この中庭を囲んで数家族が住んでいる。入口門の上にあるのが、レッチェ独特のバルコニー「ミニャーノ」である。

関連文献
■「迷宮の中のバロック都市」『都市の破壊と再生』相模書房、二〇〇〇年六月

陽光が眩しい海洋都市

アマルフィ（イタリア）

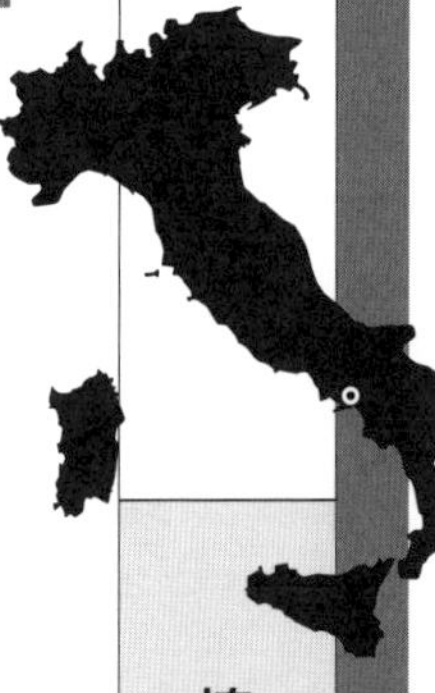

協力しあい楽しむこと

服部真理・日出間隆

■入念な準備が決め手

実測や海外での調査に興味があった。そんな中、南イタリアのアマルフィを陣内先生から紹介され、都市が斜面に密集して積み重なり、人と人の距離が近そうな感じに惹かれた。そして、一九九八年、九九年の二回の夏、調査に参加することになった。

ナポリの少し南に位置するアマルフィは、中世には海洋都市国家として地中海に君臨した歴史をもつ。背後に険しい崖が迫る谷あいの限られた土地に、高密な迷宮的都市空間を築いている。太陽の下で輝く美しいこの都市は、今は華やかな観光地として人気がある。

上　海から見たアマルフィ
サレルノから船でアプローチする。もうすぐ船がアマルフィの港に到着する。

下　メインストリート
かつては川が流れていた。現在は、商店が建ち並び賑わっている。車がやっとすれちがえるぐらいの道幅だが、それが親しみを感じさせるしっくりした空間をつくっている。

右　賑やかなメインストリート
ドゥオモ広場近くのメインストリートには机や椅子が出され賑やかな空間が広がる。

上　洗濯物を干す老婦人
通りに張り出した洗濯紐に洗濯物がひらひらとする風景は生活感あふれる町並みを作り出している。

　留学という形ではなく、この都市を対象とする一週間の期間限定の調査だから、行く前に何をしようか、イメージを持つことが大切だった。ただし、限定しすぎは楽しくない。現地で直感を働かせながら決めていく方が楽しい。しかし、現地に行くと、つい舞い上がってしまい、よく見ているつもりでも、ほとんど見ていないことがある。それは、後々気付かされる。

　事前に手に入れていたベース地図と現状が容易に一致せず、建物を特定するのが難しかった。アマルフィの場合、地図からは読み取れない高低差が都市構成の重要な要素となっている。

　現地で、プライベートゾーンに入るのだから、そこに住む人々とコミュニケーションをとることが大切だ。笑顔は欠かさないこと、といっても、陽気なイタリア人と顔を合わせれば自然と笑顔になる。

■想像力を働かせる

　建物の中（部屋）は実測できても、外観は測れない。集合住宅化していると、一軒でも入れなければ、その部分を把握できなくなってしまう。

　また、複雑に積み重なっているとこ

高台から見たアマルフィ
たくさんの階段を上り高台へ。アマルフィが一望できる。疲れを忘れさせてくれる瞬間だ。険しい山間にできた都市であることがうかがえる。

海の見える家にて記念写真
実測させてもらった家では記念写真を撮ることにしている。イタリアでは、記念写真は貴重なものとして扱われるため、帰国後にお礼の手紙を添えて送ると大変喜ばれる。

ろでは、上まで地上の形状があてはまらないので、建物同士がどう重なっているか特定するのが難しい。その複雑な積み重なりを頭の中で想像して組み立てていく作業はたいへんだが、実はそれが楽しい。

実際にデータを集める作業は暑く辛いこともあるが、それを分析したり、想像をめぐらして解き明かしたりするのが魅力的だ。

住宅地の街路を歩くと古く暗く、石造りの冷たさも手伝って閉鎖的な感じがし、住宅も私たちから見て住み心地に疑問があった。しかし、実際に入ってみると、地中海の光の強さと暖かさ、空気の乾きと建物の石のひんやりとした感じが合致し、この上ない程の快適さを味わうことができた。

■意外に小さなキッチン

街路で実測をしていると、オリーブオイルのいい香りが漂ってきて、夕食時が近づいてきたことを知らせてくれる。イタリア料理の本場だから、家庭のキッチンにもピッツァの窯などがあるのではと想像していた。しかし、キッチンはどこにあるのという程小さく、換気扇もなく、簡易な道具しかなくて驚きであった。

住む人にとってキッチンはそれほど重要な部屋ではないようだ。家族のつながりを大切に考えるイタリア人にとって、寝室や居間の方が重要らしい。石造りの文化ならではだろうか、改築はあたりまえといった感じだ。住む人によって部屋の使い方が違う。今は寝

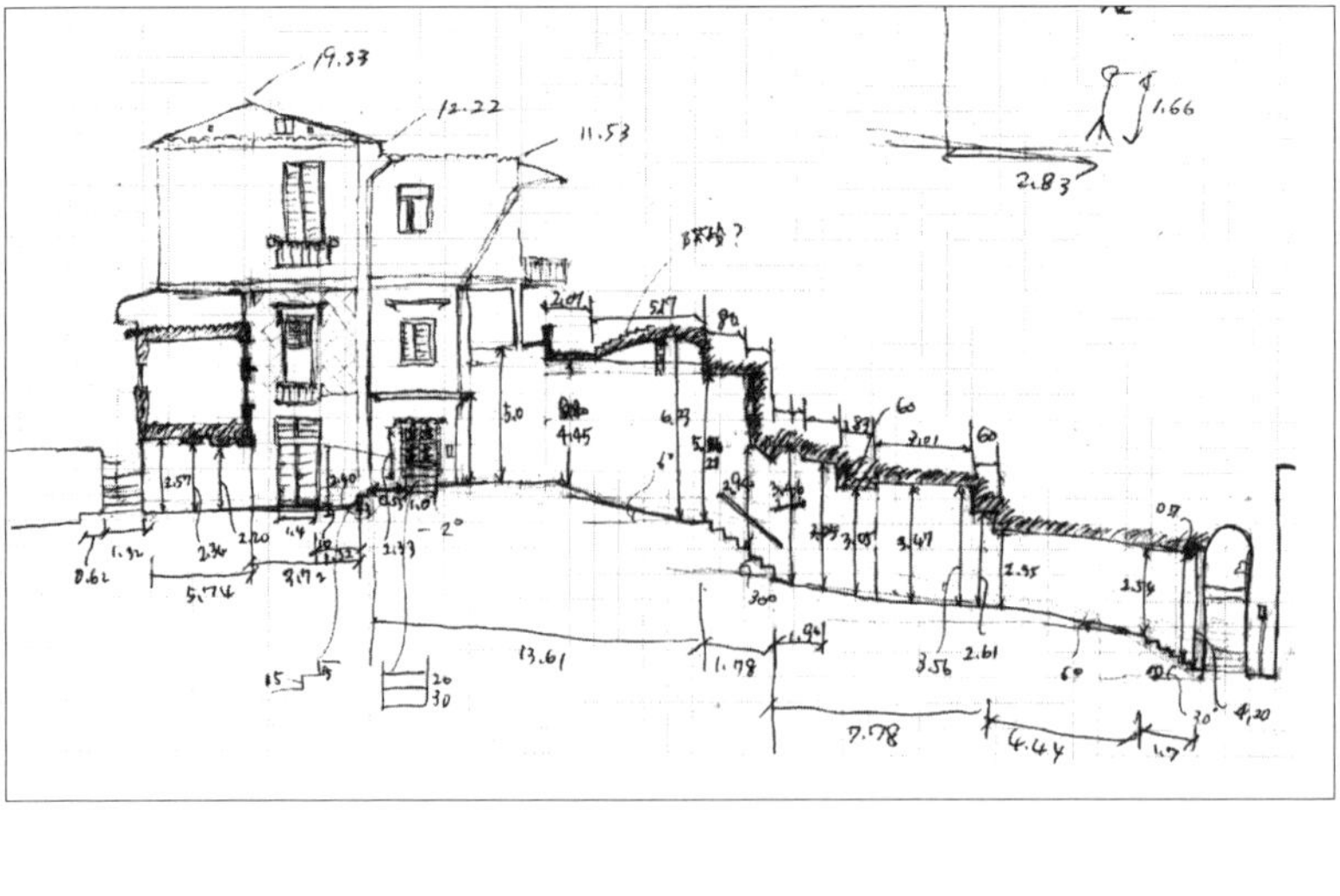

街路断面図の野帳
スケッチをしてから寸法を入れていく。細部までわかるように百分の一のスケールで実測した。高さを測るのにヴォールト天井には電子メジャーが使えないので、巻尺で寸法を測った。

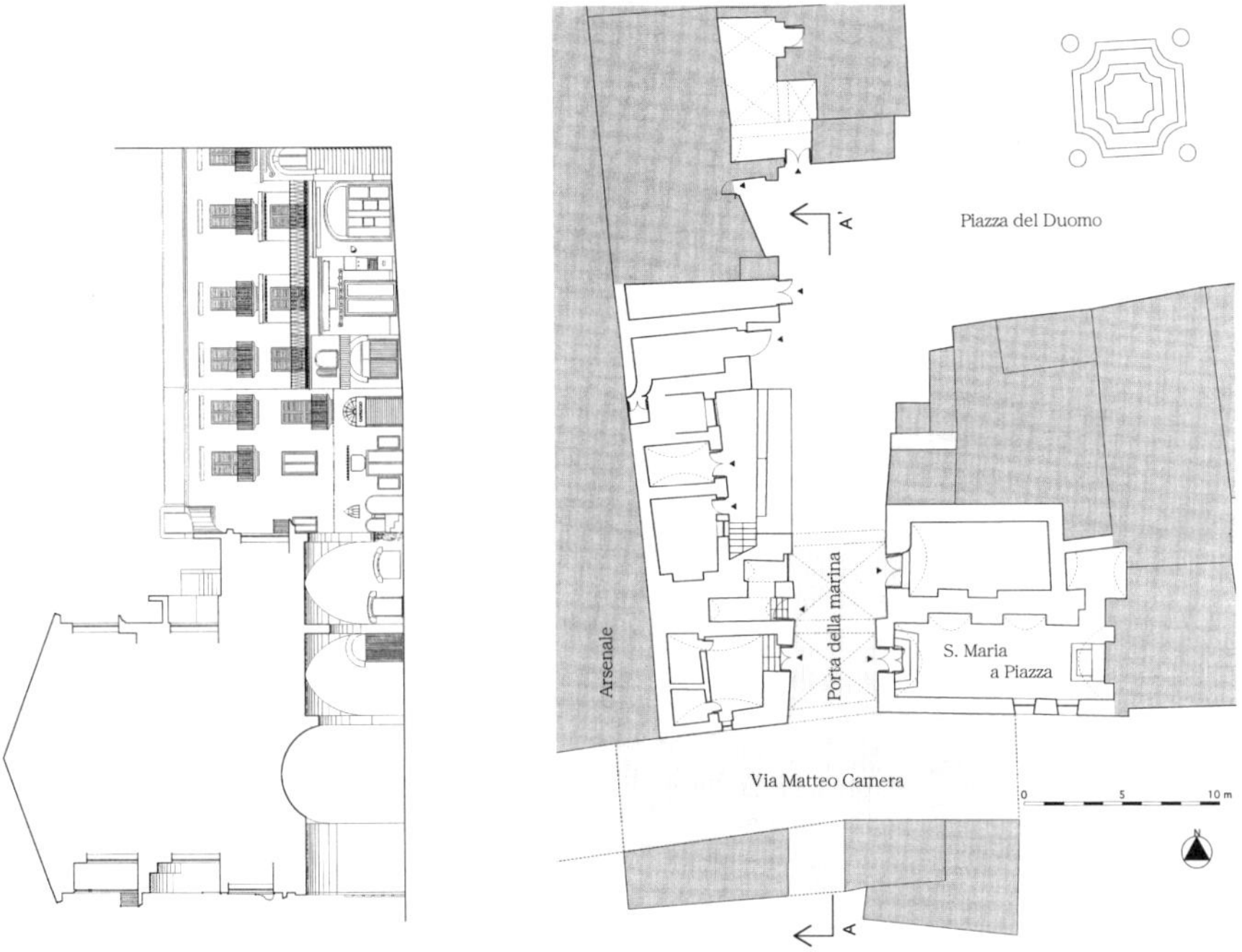

海の門立断面図と平面図
海洋都市に設けられた城門、海の門（Porta della marina）。中世の遺構が現在も残っている。立面図は平面図と違い、正確に描くのが難しい。写真から得られる情報が鍵をにぎることになる。

室だけれども、前は台所だったとかいうように、拡張、改造を繰り返している。水回りはここといったような固定観念はない。集合住宅でも自由に改築可能で、壁に穴を開けたり、開口部を埋めたり、工夫し放題。ただし、構造的に規制されることもある。

■生活感を捉える

実測するにあたって、最終的にCAD入力するからといって、最初からそれを意識して、そのためにデータ集めをすることはやめた方がよい。図に人間味が入らないし、感じられなくなる。実測したものが機械的だと、それをCADの図にするとさらに機械的になって、うそっぽく、生活感のない仕上がりになってしまう。

実測した寸法から何かを割り出すことや、数値を表すことが重要なのではなく、実測という作業を通して、そこを時間をかけてよく観察することが大切なのだと思う。

実測によって建物の構成、重なり方、

海の門の立体図
陸側から見た海の門とその周辺。城門という重要な建造物の上に住居が展開しているのが非常に面白い。

隣接の仕方などが判明する。そうすることで、都市に対する考え方、どうしたいのかが読み取れるようになる。そして、住み易くしたいという住む人の気持ちが伝わってくる。

それは、人と人との関係をうまくしていこうということに置き換わってくる。家が広い、建物の上の方に住んでいるというようなステータスも人間関係に影響してくるが、隣に住む人同士、建物の上下に住む人同士、うまく気を遣っているようだ。

■見せたいところと見たいところ

建築を知りたいという思いは、住人の自慢したいところだけでなく、非常にプライベートな見せたくないところまで見たくさせる。研究する立場からすれば、そこが一番興味があるところだ。向こうからすればそこについては触れて欲しくない、言及したくないところでもある。そんな風に駆け引きが難しいが、そこが工夫のしどころだ。

積み重なっている建物構成は、単純

上　お気に入りのパスタ
パスタの種類は、イタリアの家庭の数ほどあるといわれている。うどん状のこのパスタはアマルフィでしか味わうことができない。

右　テアトロにて記念写真
おいしい料理を提供してくれる"Al Teatro"。すっかり仲良しになった店のみんなと1枚。

な構成ではなく、外観から判断するのと実際に中に入って見るのとでは違うことが多い。意外なところからアプローチしていたり、3階は全く違う建築単位だったりする。

だから、中に入ること、見ることは、好奇心をかきたてる。思いもよらなかった多種多様な工夫、苦労、考えがあり、人間が住むために行う生きる術を感じる。自分の常識の範囲では考えられないことと遭遇できるのが楽しい。

建築は、人が住む場所に対してどうしてきたかが形になっているもの。だから、建築を調べ読み解くことで、そこに住む人の精神的なものを感じることができる。建築を学ぶ者としてそれが醍醐味であり、面白いところでもある。

■情報交換が大切

実際の実測作業は数人ずつのグループに分かれて行う。おいしい料理を提供してくれるレストランで昼食をとりながら、それぞれの情報交換をする。料理がおいしいこともミーティングを盛り上げる格好の材料となり、情報交換によって各自の調べてきた断片的なものがより明確になっていくその時間は非常に貴重だ。

毎度の事ながら、調査直後は、充実感いっぱいで満足して、調べ尽くした気がするが、いざまとめ始めると、あそこが知りたい、ここのデータが欲しいといった新たな欲が出てきて、また調査に行きたくなる。

行く度に感じることは少しずつ変化する。自分自身も変化しているし、都市自体も生きているというか、時代と共に変化しているから、きっと、調べ尽くした、これでいいんだといった結論に至ることはずっとないだろう。

関連文献
■陣内秀信＋法政大学陣内研究室「アマルフィ―南イタリアの中世海洋都市」『造景』一九九九年六月号
■陣内秀信・服部真理・日出間隆「海洋都市アマルフィの空間構造―フィールド調査にもとづく考察―」『地中海学会研究XXIII』地中海学会、二〇〇〇年

サルデーニャ（イタリア）

羊飼いが暮らす古代文明のコスモロジー

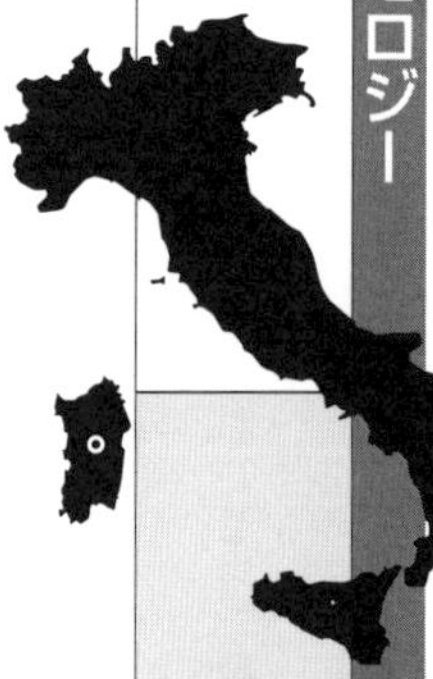

地中海文明の古層を体験

柳瀬有志

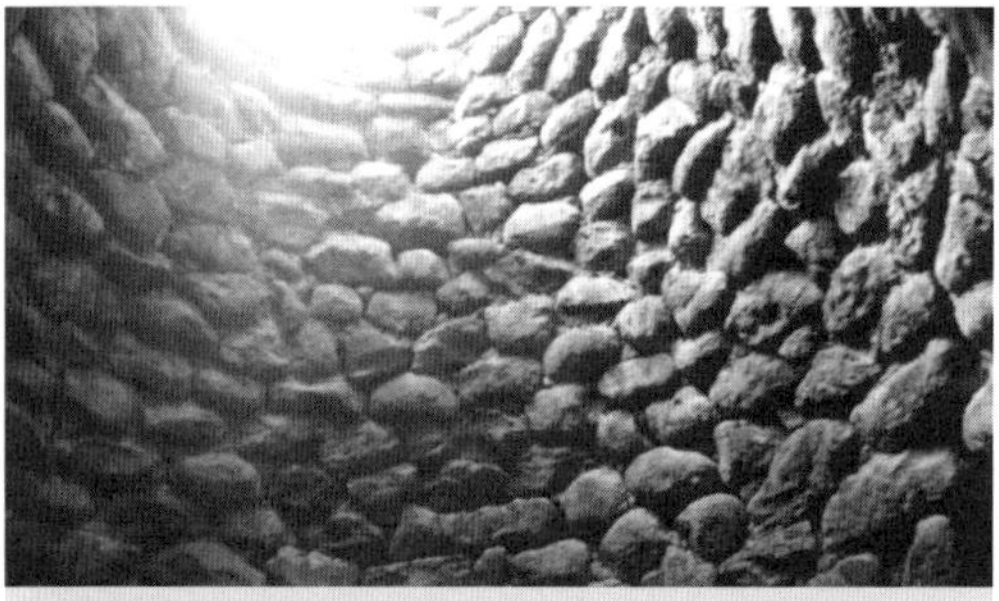

巨石遺跡ヌラーゲ
ヌラーゲはこうした単体の塔だけでなく、幾つかが組み合わさった複合体を構成するものもある。島北部の町アルゲーロ近郊のパルマベッラ、中部の街バルミーニの集落の遺跡では、中庭を囲んで複数の塔が並び、塔間を通路が巡り、さらに射撃用の開口部を持つ要塞住居もある。

■地中海に浮かぶ離島サルデーニャ

「イタリア・サルデーニャ島」と聞いて馴染みがある人は少ないかもしれない。イタリア本土の西、周りから孤立するように浮かぶサルデーニャは、歴史的に他の国の影響をあまり受けることなく、独自の文化を育んできた。サルデーニャには、農業や牧畜を経済ベースとする小さな町や村が散在し、そこでは、自然と共生する、古い伝統や文化を色濃く残す、魅力的な生活空間が見出せるのである。

また、サルデーニャは、紀元前一六世紀から紀元前五世紀の間、「ヌラーゲ文明」とも呼べる独自の高度な巨石文明が栄えたことで知られ、その証といえる遺跡ヌラーゲは、島全土に散在する。ヌラーゲとは、一片一メートル程の大きな石を積み上げてつくられた円錐形の塔であり、大きなものでは高さ二〇メートルにもおよぶ。まるで城塞のような重厚なヌラーゲの内部には、大きなクーポラをもつ大空間があり、内包的な小宇宙が広がっている。また、この大空間の周りを大きく弧を描くように螺旋階段が巡り、塔の頂きの見晴台に続くのである。島全土にかつては七〇〇〇基あったとされるヌラーゲだが、何故つくられたのか、その目的等は、未だに明らかにされていない。

こうした謎に包まれた、地中海世界の古層にあたる文明の記憶は、一見、現在のサルデーニャの人々と切り離されたもののように思えるが、実は今日の生活慣習に脈々と受け継がれ、サルデーニャの魅力となっている。サルデーニャをターゲットにした調査は、近代ヨーロッパが完全に喪失したかに見える、自然や場所と結びつく人々の居住文化を明確に浮かび上がらせ、都市・建築を考える上での本質的なテーマを教えてくれるのだ。

■羊飼いが暮らす中部サルデーニャ

われわれは一九九三年から九五年にかけて毎年、この島の調査を行った。今回は、サルデーニャの奥地、中部サルデーニャに焦点をあてて話したい。内陸の山々に囲まれた中部サルデーニャは、牧畜を経済ベースとするエリアであり、今日もこのエリアに足を運ぶと、町の外れでは羊の群れを連れた羊飼いによく出くわす。羊飼いと聞いてのどかなイメージを持つかもしれないが、このエリアでは、夏と冬の気候の差が激しく、羊飼い達は、季節ごとに暖かい土地を求めて移動しなくてはならない。

我々は幾つも羊飼いの町を訪ねた。アリッツォ、ベルヴィ、オリエーナ、トナーラ等。いずれも山腹の斜面に教会を中心にコンパクトにまとまってい

サルデーニャの羊飼い
中部サルデーニャでは、寒冷から羊を守るため、遠距離の遊牧を行ってきた。越冬先は沿岸地帯で、50〜100キロの長距離を2〜3日かけて移動していた。羊飼いは11月末に出発して、5月末まで越冬先で滞在する。こうした羊飼いの移動は70年代まで続いていたが、現在はリタイヤする羊飼いも多いという。

中部サルデーニャの典型的な住宅
平たい石を積み上げて、上へ伸びる住宅。地形の高低差をうまく生かして、建物の前後で、1階のサービス空間と2階の生活空間の入口を分けるものが多い。

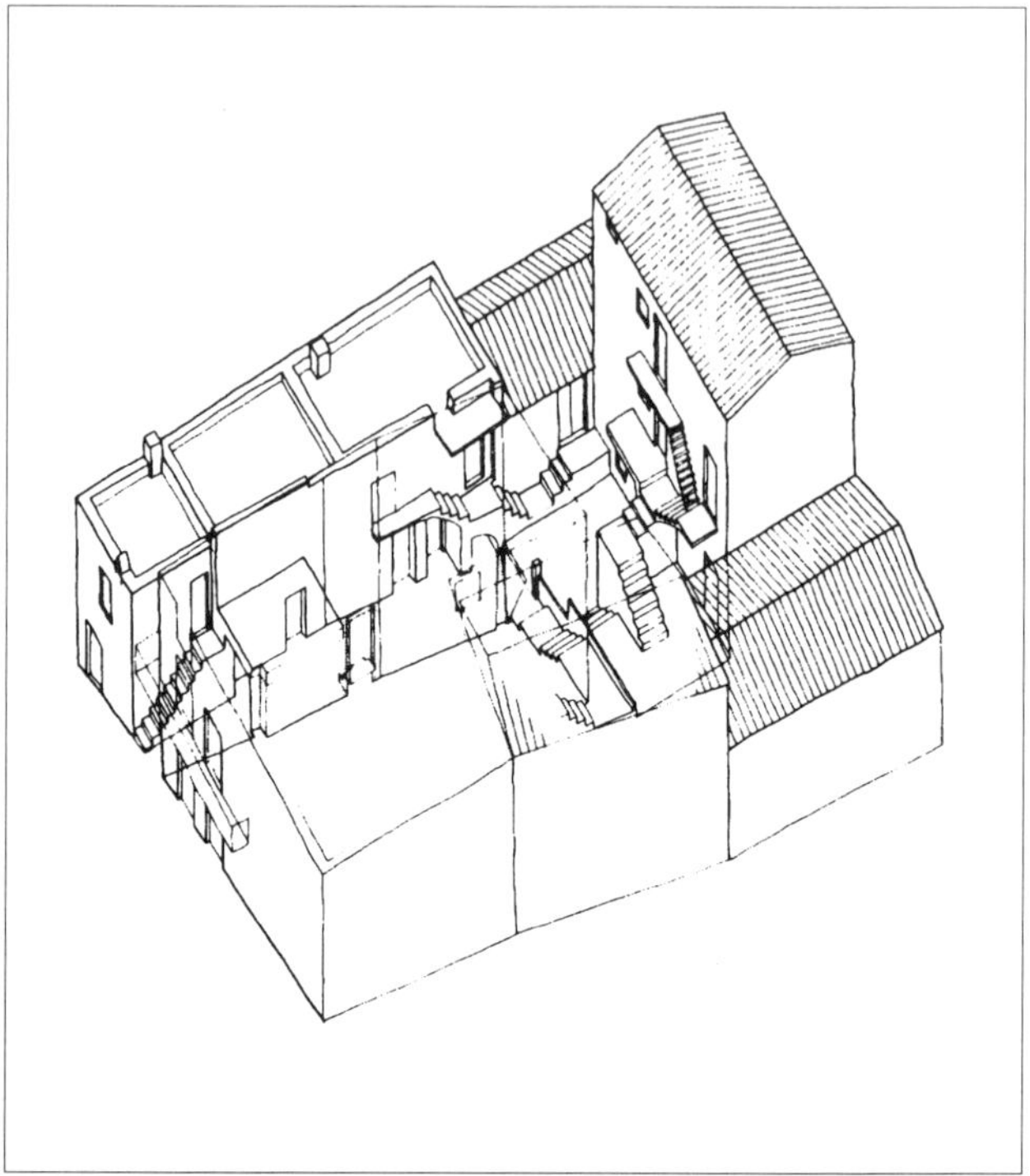

コルティーレ（袋小路）を囲む住宅群の立体図
もともとは平家の住宅であったが、長い歳月をかけて、増築に増築を重ね、今日のような外階段が巡る中層の集合住宅の構成になったという。また、一般に地中海世界では、こうした袋小路を囲んで、親子や兄弟などの親戚関係者が住むことが多いとされる。
この袋小路でも兄弟三家族が住んでいる。われわれが訪ねた時も、家族が集い、夏祭りの準備をしていた。

る。中部サルデーニャは、ヌラーゲを築いた先住民が多く住んだ地域として知られ、これらの町の多くは起源を古代に遡ることができる。サルデーニャの古層を知る上でも重要なエリアだ。

■羊飼いたちの家

斜面に広がる羊飼いの町には、二、三層に展開した石造りの建物が高密に並ぶ。何軒かにお願いして住宅の実測をさせてもらった。これらの住宅には、季節ごとに気まぐれに表情を変える中部サルデーニャの自然と向かい合って暮らす羊飼いの知恵が詰まっている。

一階を貯蔵庫等サービス空間、二階にメインの生活空間を設けている。家は寒冷を防ぐため重厚な石壁で囲われているが、居室には、眺望の良い木製の洒落たバルコニーがあり、狭い空間を豊かに演出している。また幾つかの住宅では一階のサービス空間に冬場は馬等家畜を入れ、その熱を床下暖房に利用したそうだ。匂いが多少気にならなくもないが、ユニークな発想である。

■魅力ある袋小路

地中海世界におけるヴァナキュラーな建築の魅力のひとつは、人々の快適な戸外空間に依存する生活スタイルが、建築空間に明確に表れ、時としてそれが思いも寄らない、圧倒的迫力のある造形になることである。これは山奥の中部サルデーニャでも同様にいえる。羊飼いの住宅は庭を持たないが、幾つかの住宅が袋小路を囲み、袋小路には緑が生い茂り、外階段が巡り、まるで中庭を囲む集合住宅のようである。

夏場は快適な街路空間となり、共有の庭のように使われるこの袋小路は、

「コルティーレ」と呼ばれ、結婚式等のパーティにも使われ、近隣のコミュニティを結んでいる。こうした複雑に立体的に展開した建築は、実測して平面図に起こすだけでは空間の魅力は伝わらない。我々は現地で壁に登り、建物の高さを測ったり、作業用の写真をたくさん撮り、日本に帰ってから、苦心して立体図を作図するのだ。

シラヌスの二つの田園の教会
サン・ロレンツオ教会の前面には立石メンフィルが立っている。（左）
一方、サン・サヴィーノ教会は、巨大なヌラーゲと向かい合って立っている。（下）
ともにあたかも古代の遺跡と対話しているようであり、ここが古くからの聖域であることを示している。

■祭りからサルデーニャの古層を探る

羊飼いの町々では、年に何度も祭りを行い、人々の結束を高める。人と馬が饗宴する熱狂的なイベント、ケモノを思わせる黒い民族衣装に身を包んだ男達のプロセッション、どの町の祭りも、個性的で、何処か異教的な伝統を感じさせる。こうした祭りからも、サルデーニャに伝わる古い記憶が人々の意識の中で大きな意味をもつことがよく理解できる。さらにこうしたことは、地域における聖域のあり方により明確に表れている。

最も重要な祭りは、町から数キロ離れた場所にある「田園の教会」と呼ばれる教会で行われる。いわば町外れの聖域である「田園の教会」は、建築自体の起源は中世に遡るが、教会が建っている場所は、それよりも遙かに古い歴史の記憶をとどめている。特に古い時代から居住域が広がっていた中部サルデーニャでは、古代の先住民の聖域や遺跡を囲んでつくられてることが多いのだ。

■古代から受け継がれた聖域

シラヌスという町は、「田園の教会」を二つ持ち、それぞれが先史の遺跡、ヌラーゲと立石メンフィルと向かいあうように立ち、まるで古代の遺跡と対話しているようだ。さらに沿岸に近い町、カブラスの「田園の教会」は、先住民の聖なる井戸を囲む様々な時代の

カブラスの田園の教会　サン・サルヴァトーレ
地下にヌゲーラ時代の聖なる井戸がある。そのすぐ脇のローマ時代の礼拝室には、ローマの神々、ヴィーナス、マルス、ヘラクレスの壁画があり、ビザンツ時代の礼拝室には、ギリシア語とキリスト教を表す魚の絵が描かれている。

聖域のコンプレックスの上にある。教会の階段を降りていくとかびた臭いが漂う地下室に出る。地下室の中央には深く掘られた古代の井戸があり、その周りを囲んで、先史時代の聖石、古代ローマ時代につくられた礼拝室、ビザンツの時代の礼拝室が並んでいる。この場所は、遙か古代から現在に至り、聖域として受け継がれてきたのだ。地下室に漂うかびた臭いは、地霊の香りなのであろう。こうした空間と出会った驚きと感動は、実際にその空間を体感した者しか理解できないであろう。

中部サルデーニャでも、一風変わった田園の教会の系譜、ノヴェナリオがある。この聖域では、教会を囲んで小さな住居群が並び、一見すると小さな集落を思わせる。ノヴェナリオでは、祭りの前後九日間程の期間を人々は街から離れた聖域に移り住み、そこで共同生活を行うのだ。実はこれと全く同じ形式の聖域が、先住民の遺跡からも発見され、古代の伝統・慣習をそのまま受け継いできたのがわかる。

■心地よい場所を体感

ギラルツァという街は、四つのノヴェナリオを持っている。その内のひとつ、サン・セラフィーノは、湖を見下ろす緑に覆われた傾斜地に広がる。聖域の中央にある教会の地下にはビザンツの時代の遺跡があり、古い場所の記憶を継承している。教会前には小さな広場があり、そこから周囲に広がる穏やかな自然風景が一望できる。広場に腰を下ろし、風景を眺めているうちに我々もすっかりこの場所を気に入ってしまった。遠い過去から続く人々のこの場所への憧れは、意外にこんな簡単な理由なのかもしれない。

地中海世界の古層が息づくサルデーニャの研究にとって、文献では得られない、遙か時間を超えた意味を実感する上で、フィールド調査は有効な手段である。

関連文献
■「サルデーニャの文化学」『季刊 iichiko』NO.32 一九九四年、日本ベリエールアートセンター

サン・セラフィーノ教会広場前
サン・セラフィーノ教会の内陣には、ビザンツの時代の教会の痕跡、また近郊で発掘されたローマ時代の岩が納められている。ノヴェナリオ・サン・セラフィーノには、祭りの時期、一三〇家族が宿泊できる住戸がある。

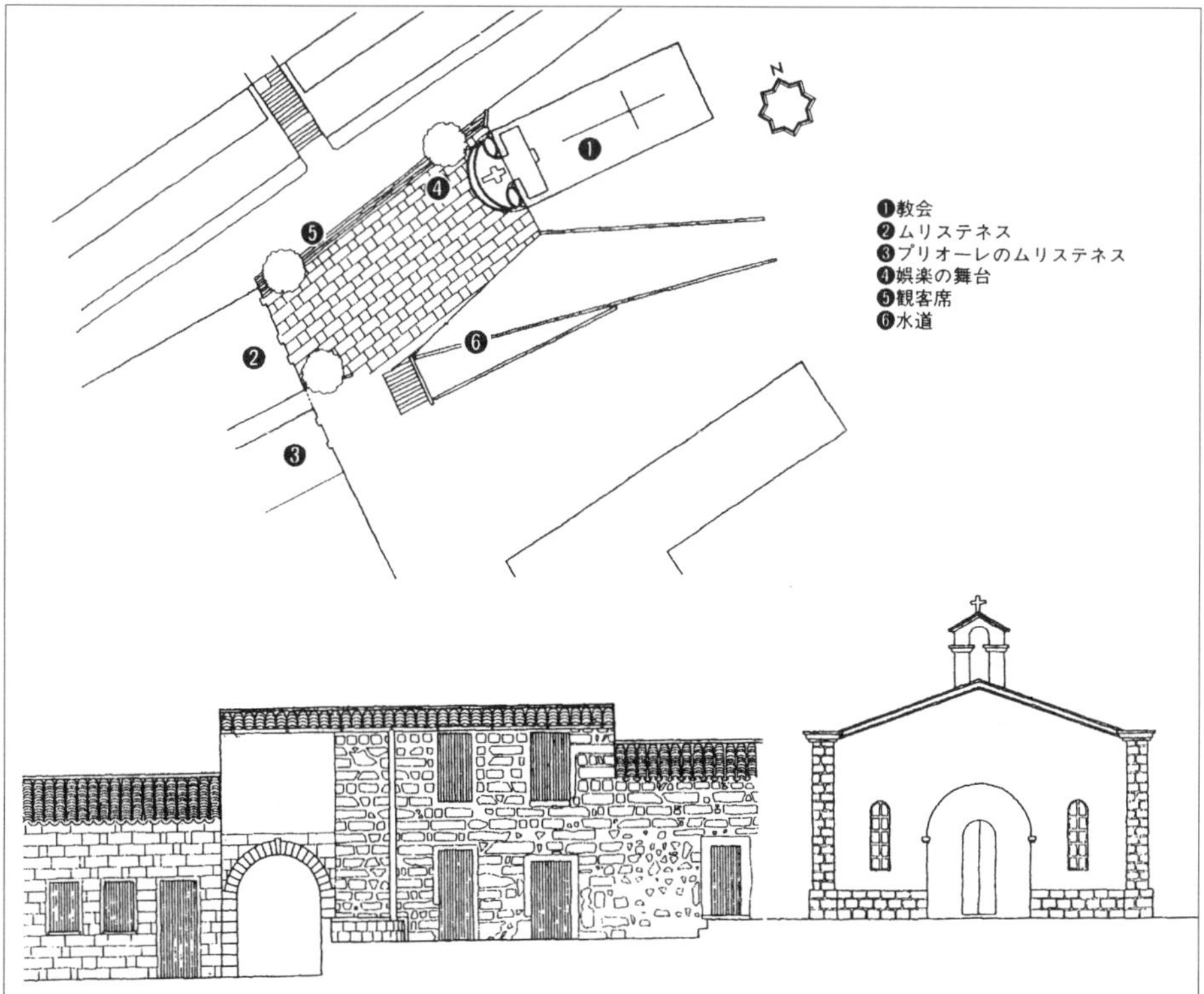

サン・セラフィーノ教会広場
ノヴェナリオは、いずれも自然に囲まれた快適な場所にある。近年リゾート地としての意味合いを強め、セカンドハウスや貸別荘的な住宅が多く建つ聖域も少なくない。

天空に開くパティオの街

アルコス（スペイン）

都市をデッサンする作業

富川倫弘

アルコスは高い崖の上に位置し、その下をグアダレーテ川が流れる天然の要塞都市だ。それだけに、切り立った崖の上の展望台から眺めるアンダルシアの大地は水平線まで見渡せ、大海を思わせる。

■はじめてのスペイン

地中海は空間としてまとまりのある領域を有し、一つの文化圏を形成してきた。ここを舞台にさまざまな勢力・国家が興亡をくり返したとはいえ、数百年間変わらないままのものもある。多様な文化の堆積、豊富な形態言語による街路空間、アラブが伝えた中庭を囲む住まい…。

日本と異なる空間構造と歴史の痕跡を有する地中海世界の都市に関心があった私は、スペインのアンダルシア地方を初めて訪れたとき、この地がかつてはアラブ・イスラームの国であったことを考えた。確かにモニュメンタルな建築にはその痕跡を見いだすことができるし、町並みも似ているのはわかるのだけれども、何か釈然としないものがあった。住宅のレベルでももっとアラブの痕跡が残っているはずだと信じ込んでいたのに、気付かないことが多すぎたからだ。そんなもやもやした状態でアルコスに向かうこととなったのは一九九九年七月のことである。

セビーリャから二時間、荒涼としたアンダルシアの大地の上をバスに揺られていくと、遠方からまるで恐竜の背中にはり付くかのように断崖の上にそびえるアルコスの白い町並みが徐々に姿を表してくる。住宅のほとんどは中庭型で白く美しく、街路は坂が多く複雑に入り組んでいる。その中でも教会の存在はひときわ目を引く。

私は実測調査というものがこの時初めてだったが、夢中で街を歩きまわっ

上　調査風景
ヒアリングは建物の情報や生活像を知る上で欠かせないのだが、ときとして、実況検分や職務質問のように非情かつ威圧的なものになりかねない。会話を楽しみつつも聞きたいことが聞ければと常々思う。

左　ペンキ塗り
アルコスを歩いているとペンキ塗りをしている人をよく見かける。ある集合住居を実測した時、筆者はペンキ塗りを少しばかり手伝わせてもらった。とても賑やかな人たちで、終始圧倒されてしまった。こういう出合いは何よりも楽しい。

ていると、この街に地中海都市の魅力が詰まっていることが分かってきた。

まちの中心、サンタ・マリア教会はもともと西ゴート族のバシリカだった可能性がある。これがアラブ支配時代には大モスクとなり、キリスト教徒が奪回した後、幾度かの改修を経て現在の姿となった。この教会に象徴されるように、アルコスは時代の痕跡が幾層にも重なっている。特にアラブ支配時代の基盤は、都市から住宅に至るまで不動の塊の如く現在まで受け継がれている。まさに、運命の人に出合った、といった感じに似たものがあった。

■再訪を決意

帰国して、どのようなかたちでアラブの要素が残されているのか確かめたいという気持ちが強くなると同時に、文化の混淆がどうみられるか調査したくなってきた。そして、地中海的特徴が凝縮したこの街を本格的に調査しようと考えた。とりあえず前回の調査の資料と日本で入手可能な資料をあわせていろいろ推測しようとしたのだが、なにせスペインの田舎町だけに、史料はおろか地図すら手に入らない。きれいなパティオの写真はたくさんあるのだが、それを眺めているだけでは不十分である。

ならば、自分で資料を集めて、ないものは作ってしまおうということで一年後再び現地に向かうことになった。

■親切な人々

早速、地図を入手しようと役所を訪れると、快く出してくれたので、これ

フラメンコショー　毎年夏になると広場でフラメンコショーが行われている。調査でお宅を訪問して知り合った人が、ここで私たちのことを街の人々に紹介してくれたおかげで、だいぶ顔を覚えてもらうことができた。なんだか怪しい連中という誤解がはれた時でもあるし、ますます不可解に思われた時でもあった。

パラシオ（邸宅）のパティオ　うす暗いエントランスの部屋（サグアン）をくぐり抜けると、別世界のように美しく光あふれるパティオが飛び込んでくる。この空間の対比こそが、感動を劇的にする効果を生み出しているに違いない、と思うのである。

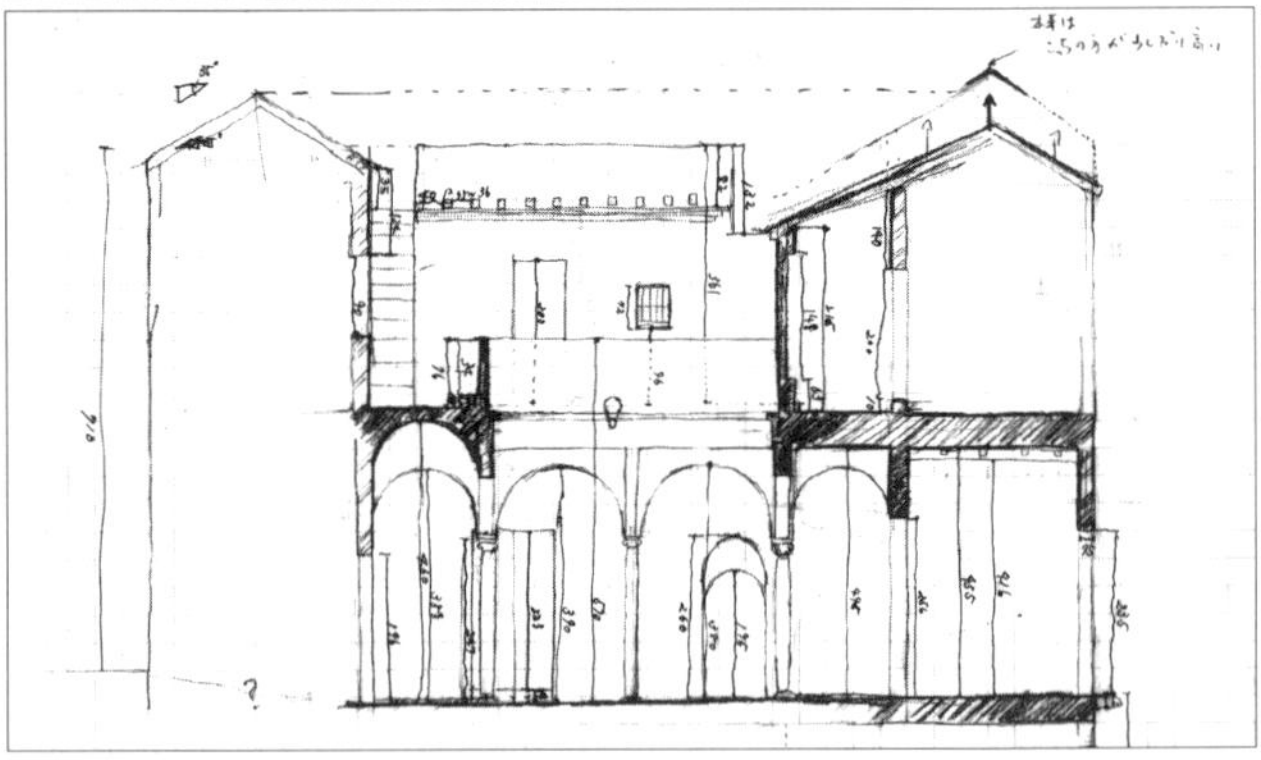

野帳　実測をしていて困ることは、高さを測りたくても手が届かなかったり、電子メジャーが使えない時だ。そういう時は角度計測器で仰角を測ったり、コンベックス（巻尺）に添木をする、または、人を立たせて、できるだけ引いて写真をとり、あとから身長との比例で高さの近似値を出すという地道な努力が必要になる。
遺跡やモニュメントの調査とは違って、生きた民家や町並みの中では、本格的な測量機械・道具があっても、住民にプレッシャーを与えてしまうから、実際には使いにくいものである。

を片手に街を歩くことができた。路上でスケッチや実測をしていても、みんな気軽に「オラ！（やあ！）」と声を掛けてきてくれる。街の人たちはとても人なつっこい。夏場は戸口を開け放している家が多い。そこで、見せてほしいと申し出ると、ほとんどの家が承諾してくれて、家の中を案内してくれる。どの家もパティオは素朴だが快適で、斜面都市だけに屋上からの眺望がすばらしい。どうやらパティオや眺望は彼等の誇りのようだ。そして、中庭までならどの家も実測させてくれる。それは、集合住宅化している家が多い

切り取られた風景
アルコスは街路にアーチがかけられているところが多い。これは、坂の上から坂の下にかかるアーチを撮ったものだが、風景を切り取る額縁として、ぴったりと視線の高さが合い、これは計算されているに違いない、と私は一人で興奮してしまった。

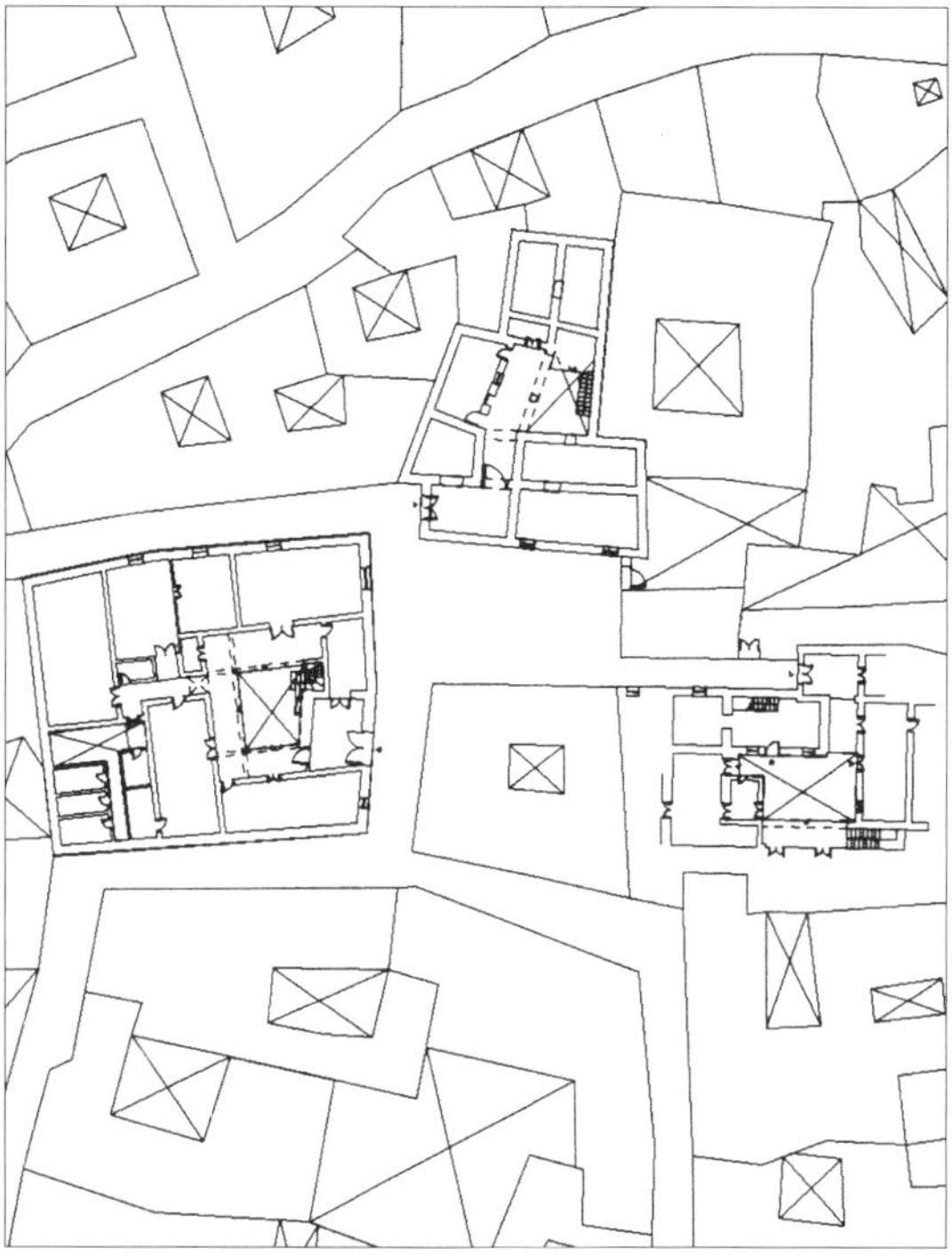

街の小広場周辺の実測
実測した図を地図上に並べることで、街路と中庭の関係が考察できる。この辺りには立派な邸宅が多く集まっており、さぞかし、敷居が高いと思われたが、ごく普通の人々が生活をしていて、気軽に実測させていただくことができた。立派な住宅には古いものが多く、かつての空間構造を知る上でも実測は欠かせない。

せいか、パティオは共有空間として家の外部に属す空間として意識されているからであろう。ヒアリングにも多くの方に協力していただくことができた。しかしながら、思いのほか実測に時間がかかってしまい、相手に嫌な思いをさせてしまったこともある。そんなことが重なって、寝込んでしまう日さえあった。

一八世紀のパラシオ（邸宅）に住むサパタ氏も、一回目の調査時に我々を快く受け入れてくれた一人だった。二度目の調査の時に感謝の気持ちを込めて、前回調査の成果を発表した雑誌（『SD』二〇〇〇年四月号）を差し上げたところ、おおいに喜んでいただき、「ここには、いつでも来なさい」というありがたい言葉と共に、サパタ氏の若い頃に出したというレコードをいただくことができた。レコードのジャケットにはこう記されていた。

Con mi amistad y afecto（友情と親愛を込めて）

実測という行為に、ともすれば、ず

ヒアリングによると、右端の住宅は1935年に現在の住み手が買い取るまで娼婦宿であったという。教会のこんな近くにあったことには驚かされる。男どもは、人目を避けて裏庭から崖を下りて家路についたという。現在はその面影は見られない。
外観からはうかがう由もないだけに、聞き取り調査で得る偶然の会話が大切な情報となることがある。

うずうしく相手に映るかもしれないと後ろめたさを感じていた私にとって、サパタ氏との出合いは救われる思いだった。それと同時に、敬意を表しコミュニケーションをとることは、実測調査において何よりも大切なことだと改めて痛感した。

■資料から見えるもの

収集した資料は、図面化してさらに地図に落とし込む一連の作業が重要となる。実際に多くの野帳を図面化していく中でいろいろなことが見えてきた。

例えば、エントランスは、メインストリートから離してアプローチをとり、古い住宅ほどクランクや中庭の隅に設けるといったアラブの住宅と共通する要素が残っていた。また、プランを類型化して一覧できる状態にしてみると、アラブと類似する基本形をもとに構成されていることが分かってきた。これらは、当初の疑問に対する答えの一つでもあった。

そして、個々の空間構成が見えてく

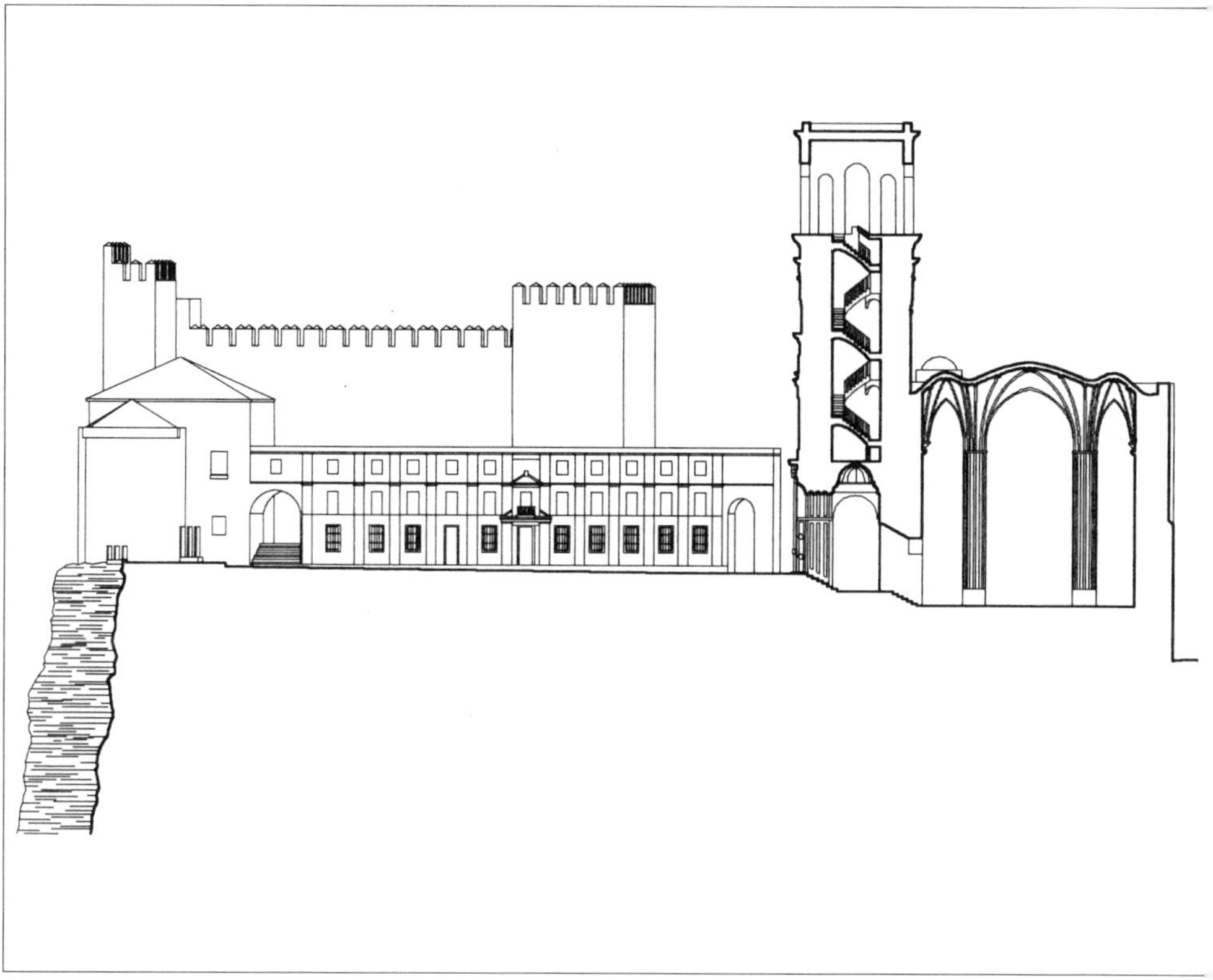

地域の連続断面
実測や資料をもとに作成したのだが、あとからどうしても情報が足りないことに気づく。写真や記憶を総動員していかにうまくつなげるかがポイントだ。それだけに完成しただけで満足したくなるから注意が必要だ。図面の中央がサンタ・マリア教会でその左がカビルド広場と展望台。右側の僅かな斜面に住宅が広がる。

ると、他の空間との相関関係を見てみたくなる。そこで、地図をもとに連続図面を作成して、情報に連続性をもたせることで、全体的な広がりと個々の空間のつながり、地区ごとの差異、地形との関係などを理解しようとした。

こうして一連の作業を続けていると、記号のような薄っぺらな地図に深みが出てくるから不思議だ。地図が歴史を語りはじめることもある。

デッサンという行為が対象に厳しく向かい合うことによって、その内部に秘められた、唯一性、かたち、経緯、動き、色彩などの関係を学ぶことであるとするなら、都市の実測という行為も同じかも知れない。美術を志す人がデッサンを経験するように、建築を志す人も都市のデッサンの経験から学ぶことは多いはずだ。

関連文献
■「天空に開くパティオの街／アルコス」『SD』二〇〇〇年四月号、鹿島出版会

マラケシュ（モロッコ）

赤い迷宮の都市

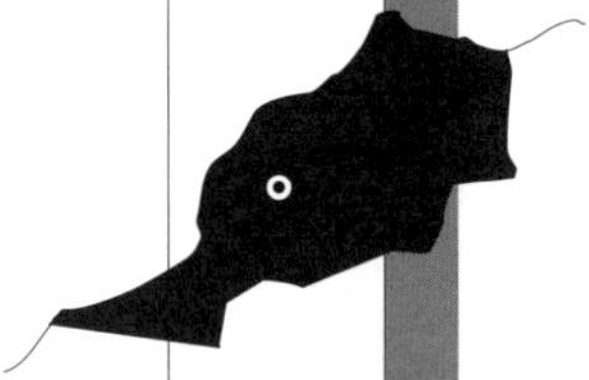

対象への好奇心こそ重要

今村文明

マラケシュの全景
前面はヤシの木、中央に街、遠くにアトラス山脈が見える。オアシスの街「マラケシュ」を一望にできるポイントだ。観光地になっていないので、ゆっくり観察ができる。

■モロッコへの思い

小さい頃から私は、地図で見ていた不思議な海「地中海」を実際に見てみたいと思っていた。やがて、イスラム世界の迷宮状の都市や中庭のある住宅を見てみたい、あるいは過酷と思える暑い乾燥地帯にどのように人が住んでいるかを知りたい、という気持ちを抱くようになった。

そんな興味が高じて、私は青年海外協力隊の隊員としてモロッコに行くことになった。現地に住んで二年目の一九九〇年三月に、陣内研究室の面々がやってきて、一緒にモロッコ都市のフィールド調査を実現できた。その後も、ことあるごとに、モロッコ都市の実測を中心とした調査を行ってきた。

思うに、対象への大きな興味こそ、フィールド調査への情熱となる。そこから実測を実現するためにあらゆる手段を考え、試そうという姿勢も生まれる。新しい調査手法も生まれる。興味がどれくらい深い思いとなっているかによって、調査の進み具合も違ってくるのだ。ここではモロッコでの経験から、三つの点を中心に、実測術について書いてみたい。

一　最初のアプローチ

「何を調査するか」

最初に、何を調べるか、どこにするか、何を知りたいかである。この動機がはっきりしていると調査は順調に進むものである。

マラケシュでは、都市全体の中でも中心地にあり、商業施設や住宅やその他イスラムの都市機能がすべてそろっていて、マクロな街区からミクロの住宅内部まで面白く調査できるところを探した。幸い、ねらいをつけたエリアの周辺の地図が手に入った。これをきっかけにして調査がはじまった。

「最初の一歩」

調査の前夜、下打ち合わせをするものの、ほとんど役に立たず、調査は興味のおもむくままに進んだが、結果はよい方向へと展開していった。これも動機や調査対象がはっきりしているからであった。

調査を開始し、さっそくそのエリアにどのような都市施設があるか、東西南北の位置関係などを把握する。街区の内部は袋小路が複雑に入り込んだ住

上　ジェマエルフナ広場
広場には夕方になると大勢の人が集まってくる。大道芸人、屋台など夜通し楽しめる。
左　広場に面するモスク
広場にはいくつかのモスクが面し、祈りに集まる人々を見ることができる。
下　広場の大道芸人
中央の人だかりの輪の中では、見世物のボクシングがはじまっている。このショーは迫力があるため広場でも人気がある。手前には猿のショーもある。

宅地であることや、その周辺が商業施設で囲われていることなどをおさえる。

これらを自分の頭に焼き付けた後、実際の調査にとりかかる。マラケシュの場合はイスラム教国であるためモスクを中心に調べることになったが、その他、付属の便所、近くのマスジッド（簡易礼拝所）、ザウイア（修道場）、コーラン学校、ハンマーム（公衆浴場）などが出てくる。

モロッコの街区内伝達網はインターネットより早く、調査開始早々、日本人がこの地域で何かを始めたことはすでに周知され、伝達済み。これは一介の旅行客には全く分からないが、そのため、いろんなところからモロッコ人の視線が注がれる。そこでは、こちらに悪意や下心のないことを重々アピールすることが大切である。相手に不安を与えるような態度をとり、彼らの街区内伝達網で一気にその噂が広まってしまうと、街から排除され、調査ができなくなる可能性も出てくる。

マラケシュの航空写真
中心部分が調査対象地域。モスクやキサリア（店舗群）などの建築物がよくわかる。じっくり見ていくと建物と道の関係も読み取れる。

笑顔を絶やさず女性に話しかける陣内先生、子供と仲良くなる後輩のA君、フランス語に加え片言のアラビア語で話しかける私など、いろんな方法で彼らの中に入り込む。そこで信用を得ると、次へも広がって行く。ヒヤリングの際には、悪気はないのであろうがモロッコ人の話には間違いも多い。半分信じ、半分は疑ってかからないと二度手間になってしまう。

なかなか街に入り込めないと感じた時は、モロッコの場合、子供と一緒に遊んで突破口を見つけたり、店で買物をしながら人々とどんどん話していくのがよい。店は庶民がよく立ち寄る食料品点や雑貨店が有効である。さらに、道端で話し込んでいる老人たちに声をかけてみるのもいい。イスラム教国であることが影響しているのだろうか、「来るものは拒まず」で簡単に受け入れてくれる。

「調査許可書」

マラケシュを調査した時は、調査許可書や警察への挨拶など全く不用で、立憲君主制の国であるにもかかわらず、調査しやすかった。しかし、観光客の迷惑行為が横行したため、最近の法律改正で、観光客が一般住宅に入るには警察の許可書が必要となってきた。

もしトラブルが生じ、自分たちに非がある場合、袖の下を渡して何とか事態を沈静化する方向に持って行くしかない。「目には目を、歯には歯を」のイスラム世界では、周囲が騒ぎ出すと、非常に危ない雰囲気になってくることが予想されるからだ。

二　調査の方法

「実測前」

実測を始めるにあたり、まず何よりも実測エリア内を自分なりに理解することである。居間であれば、部屋の形、出入口や窓や家具の位置、中庭や隣の部屋との関係などを理解した上で実測を始めると、後で図面化するのが容易である。これができないと、単なる旅行になってしまい、後日思い出すことも出来なくなる。

「実測中」

調査をし図面化するのに、自分がディテールにこだわるかどうかで測量方法も違ってくる。一般に、短辺、長辺、対角線、高さ、開口の位置、壁厚の各

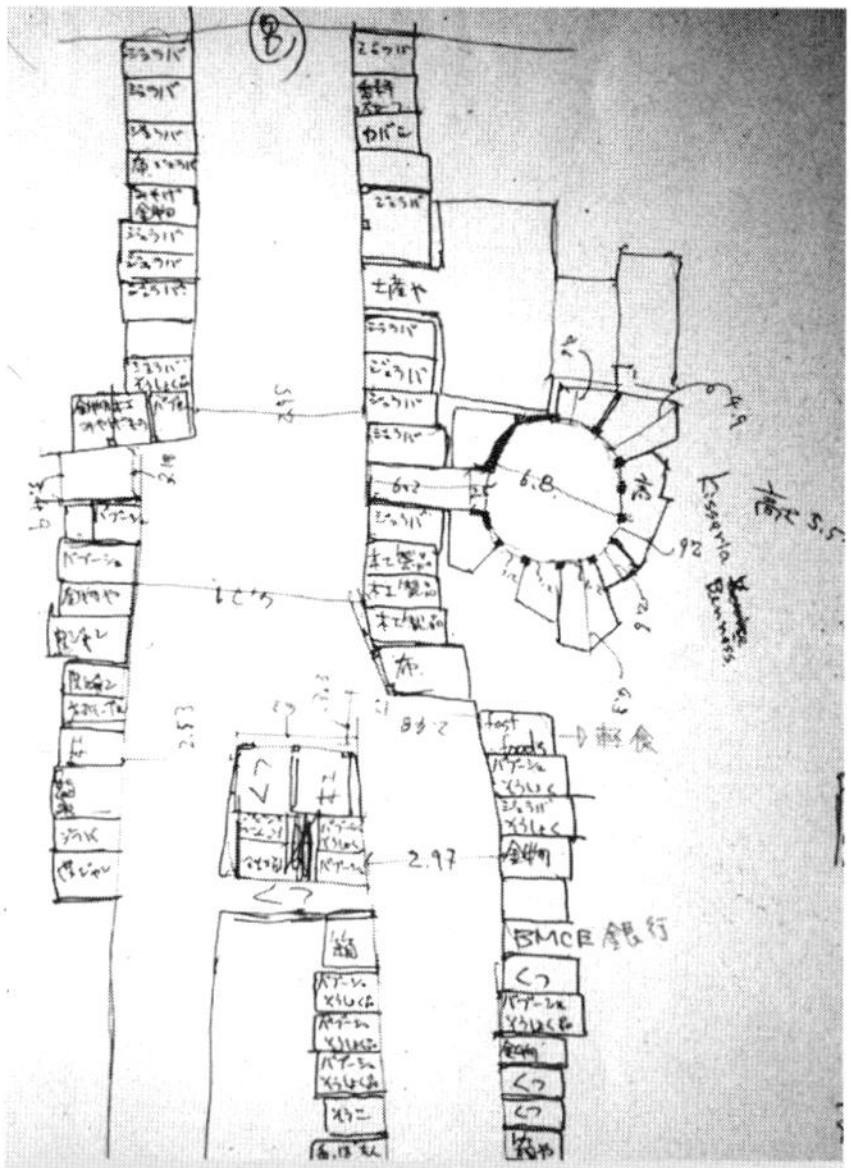

調査野帳
スークの通りと店舗やキサリアの業種を一軒ずつ調査したもの。一軒一軒の調査も街を把握していくときは重要な活動の一つ。

ハンマーム（公衆浴場）のサロン
脱衣所が立派なアーチで飾られた居心地の良いサロンとなっている。

街路の水泉
このような所は人がたむろして、話しかけやすい。調査のときも、子供たちのいる所から切り込んでいくと、奥深く入り込んでいける。これが最初のアプローチで重要なところだ。

寸法と写真があると建物を図面化できる。しかし、ディテールにこだわり細かく実測する場合は、上記に加え、ドア枠の見付や見込み、戸当たり、扉内にある子扉、格子や障子の詳細、壁タイルや柱タイルの詳細、室内の装飾まで細かく実測を行う。限られた時間の中でも、ディテールにこだわることにより、図面化した時点で見栄えが違うし、人に訴える力もでてくる。こうした実測術は、日本で改修計画をする時にも役立ち、戦前の建築物（英国大使館や高輪消防署等）を実測するのに効果的であった。

マラケシュ調査では、実測する人、聞き取りを行う人と、分担が決められていたため、作業は早かった。

「実測後」

図面化した時点で次回の実測へ向けた反省も大事である。これがあって次の調査で、要領を得た実測ができる。自分なりの実測術ができてくる。

三　道具

モロッコのマラケシュを調査した時の道具をあげると、巻尺・電子メジャー・カメラ・ノート・筆記用具・詳細

現場でのスケッチ
このようなスケッチを描いておけば、調査時の状況を思い出すことが多い。図面起こしのときも参考になる。モロッコの場合、このような時間も住民とのよいコミュニケーションの機会になり、ますます調査しやすくなる。

な地図等である。どれも欠かすことのできないグッズだ。

「測量」

巻尺はスチールの五メートルもので充分だ。当時は普及していなかったが、

調査終了後のワンショット
住宅の実測、聞き取りが終了し、家族の人々と歓談する時、記念に写真を撮り、コミュニケーションをとる。帰国後は写真を必ず送る。

GPSを使った街区の測量や高低差の測量はかなり成果が得られるであろう。特にマラケシュはどこを歩いても平坦地のような感じを受ける。しかし、最新機器を導入することで、そのミクロの隠れている意図された計画が明らかになるかもしれない。これは今後の課題でもある。

「撮影」

マラケシュでハンマームをうっかりフラッシュをたいて撮影したため、問題になった。撮影をいやがるモロッコでは、人を写す時は許しを得ないとトラブルのもとになることもある。今ではデジタルカメラを使うことにより迷惑のかからない撮影が可能になった。最新のデジカメの解像度は写真に劣らないし、現像を待たずにいろんなカットが前もってチェックできる。実測用、記録用としてはこの上ない道具である。しかし、本や雑誌用にいい写真を撮るのには一眼レフカメラも欠かすことができない。

「筆記用具等」

ノートは個人の好みもあると思われるが、五ミリ角方眼紙は間取りを描くにも、特記事項を書くにも、また子供たちと何かを書いて遊ぶにもこれほど便利なものはない。しかもルーズリーフ状のノートは開いてもかさばらないし、破っても使える。筆記用具は個人差があるので好きなものを余分に持って行くといい。余分に持っていったものは、調査が終わった時、お世話になった人や実測させて頂いた住宅等にお礼として差し上げてもいい。

「地図」

何と言っても、地図は欠かすことができない。マラケシュの場合、幸いフランス植民地時代の航空撮影による詳細な地図があった。街区の曲がり角や小広場の雰囲気やモスクなどの主要建築の位置もわかる詳細な興味深い地図である。だが、モロッコ文化省文化財管理局が所有しているため、入手には手間取った。入手できる地図の精度に

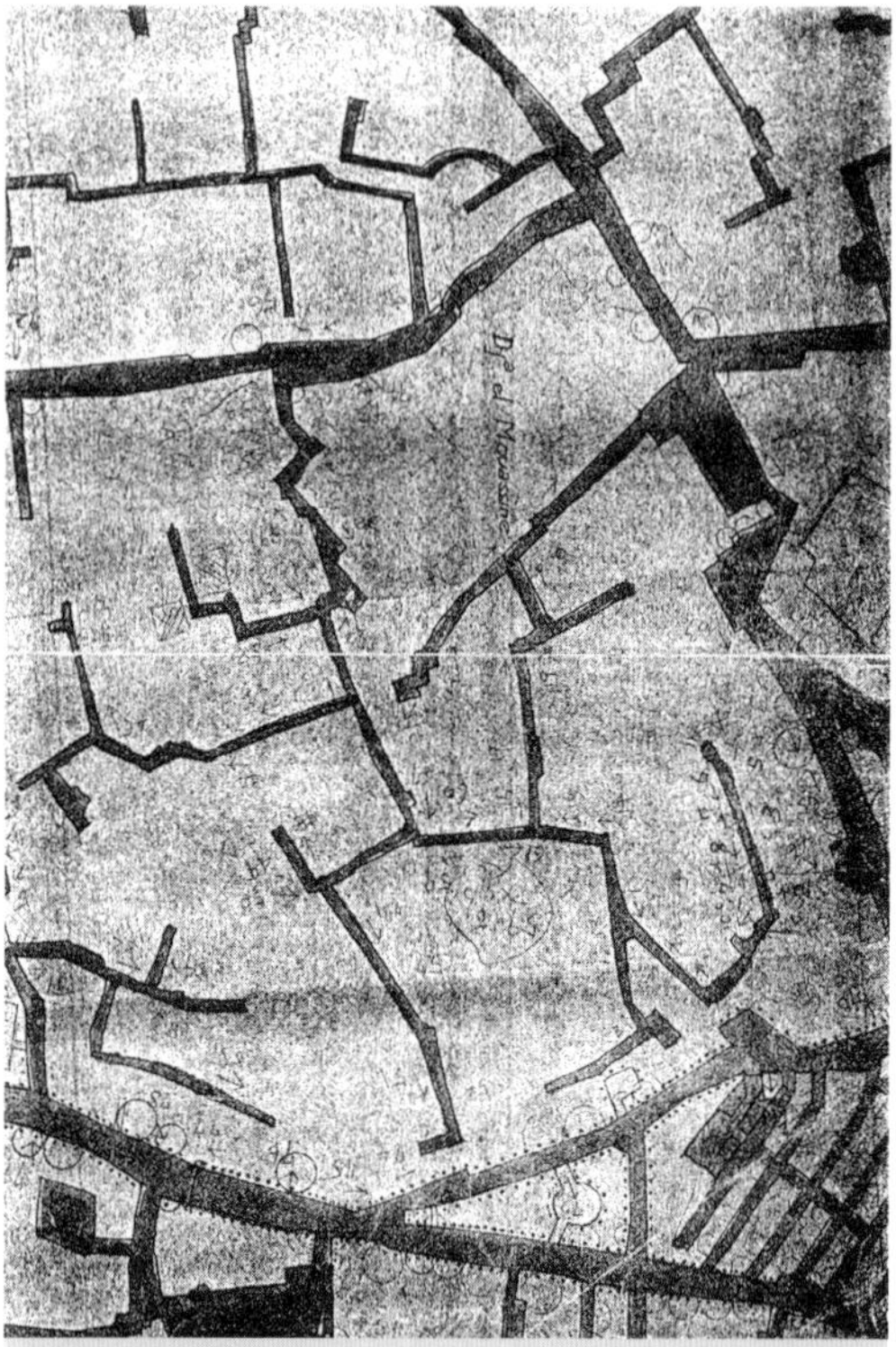

現地で入手した地図
現地の行政機関などで入手できないこともないが、もらえる可能性は少ない。これくらいの地図だと、袋小路や道の曲がり具合など、かなりの雰囲気を読み取ることができる。モロッコの場合、これらの資料が内務省や自治体になく、文化財であることから文化省が管理していた。

よっても、そこでできる調査の性格が変わってくる。

「**携帯パソコン**」

マラケシュの調査の頃は、携帯の小型パソコンはこの世にほとんどなかった。

しかし、ノートパソコンとCADをもって実測すると、その場で入力も可能になり、図面に現実味が出てくる。そのため実測や聞き取り調査の領域がさらに広がってくる。さらにGPSを兼ね備えていると位置を確定でき、ちょっとした街区を作図することも可能である。

■癒しのマラケシュ

マラケシュを実測した時から一〇年も経つため、調査への興味の対象が変わってきたことと思われる。しかし、調査を成功させるには最初に説明したような「知りたい」「調べたい」という気持ちや動機がすべてであることは今も昔も同じだ。また、調査はみんなで楽しんで成功させることがいちばんである。調査を楽しむ気持ちがあるとよい調査結果もでてくるし、アイデアも浮かぶし、更なる進歩もある。

マラケシュの場合、最初、調査がどのように進むかまったく予想もつかなかった。ほかの都市では、前もって見せてもらえそうな所にアポイントを取っていたので空振りはなかった。しかし、マラケシュではそれができなかった。正直いって、一軒も調査できなかったらどうしようと不安であった。

そんな中、調査街区を歩いている人に話しかけ、家の中を見せていただくことに成功。ほっとひと安心した。調査中その家の女の子と話し込み、調査の主旨を理解してもらい次の家を見せてもらう。時間の許すかぎり、それが続けられてゆく。このテンポの良さ、モロッコ人の人懐っこさなどすべてが良い方向へと展開して行く。こうして

ベリーダンス
ハードなモロッコ調査がすべて終わった晩、われわれもこのダンス鑑賞を楽しんだ。若いメンバーには興奮して鼻血を出す者もいた。食事や音楽などの文化に触れるのは調査後の楽しみでもある。

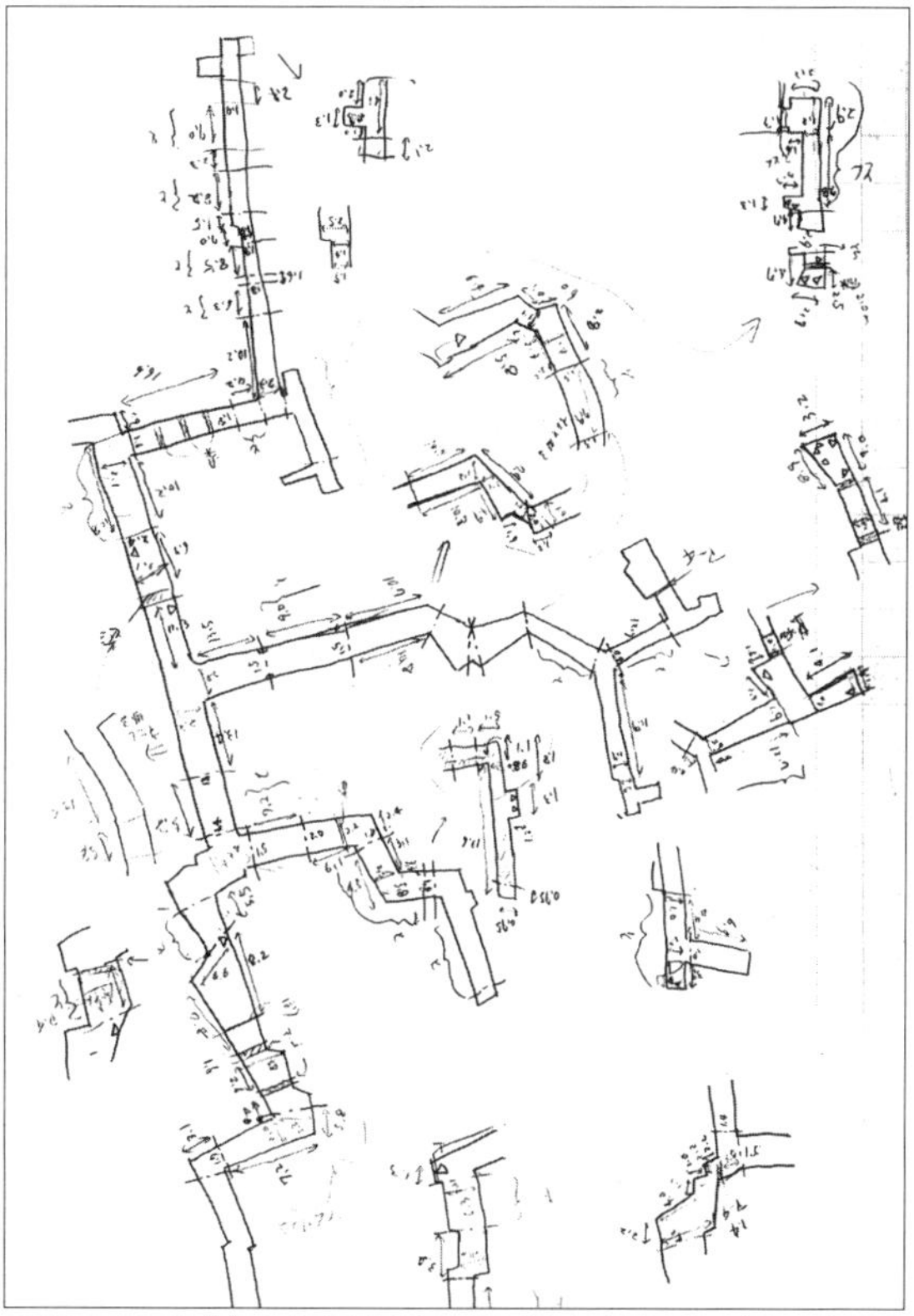

袋小路の通り壁の調査
マラケシュの袋小路は、トンネルや分かれ道など細かな寸法の組み合わせでできているのがよくわかる。この計測も地道な努力が必要であった。

幸い、彼らの生活空間の中に入っていくことができた。また夜はベリーダンスを見に行くこともほどよい癒しになった。ホテルでモロッコワインを飲みながらみんなで反省や作戦会議の議論をしたこともコミュニケーションをはかるうえで重要だ。

ワインを飲み過ぎて、最後の日みんなで実際にハンマーム（公衆浴場）に入って空間体験をする予定が実現できなかったのが残念だった。

調査の全日程は一〇日位、そのうちマラケシュは三日位であったにもかかわらず、充実した調査であった。

実測術という点では、実測する道具や方法も重要であるが、お互いの気持ちが一緒になるように努力することがさらに重要である。

関連文献
■陣内研究室「マラケシュ物語・迷宮の中のパラダイス」『SD』一九九一年四月号、鹿島出版会
■今村文明『迷宮都市モロッコを歩く』NTT出版、一九九八年
■「モロッコ紀行」『季刊　自然と文化』第35号・第36号

トルコの山岳都市

ギョイヌック（トルコ）

交易路に生きるピクチャレスク都市

新井勇治

■トルコでの都市調査

トルコでの初めての都市調査は、一九八九年の夏にさかのぼる。当時、イスラーム地域に関する情報は乏しく、旅行ガイドブックですら心もとないものであった。しかし、次第に日本でイスラーム都市に対する関心が高まっていった。そこで実際にトルコの都市や集落を巡り、建築の観点から都市を考察するために、伝統的な住宅、バザール、都市施設などを測量し、住民などからヒヤリングもしながら調査することになった。

その時のメンバーは陣内研究室から三人、そして他大学からトルコに留学経験のある三名であった。期間は三週間ほどであったが、トルコ国内を東から西まで横切りながら、大都市を中心に悉皆的に調査することができた。この時得た成果は、その後行ったモロッコ、シリアなど地中海に面する中東地域での都市調査の見方や考え方にも、大いに役立っている。トルコへの興味も尽きず、これまでに研究室からイスタンブール工科大学へ、楢崎浩俊、豊島さおり、宍戸克実の三名が留学している。

ギョイヌック遠望
絵画的な景観をもち、山岳の谷間に展開する。丘の上に塔が立ち、谷間の川沿いに中心的なモスクが建つ。
町の周囲に牧羊地や養鶏場が広がり、農業も町の重要な産業になっている。トルコのアナトリア地域では、このように山の中腹に展開する小都市や集落が数多く見られる。

ギョイヌックへの道中にあるアクス村
周りに農園が広がり、トルコ山岳部の典型的な農村集落をなす。街の中央にはモスクが建つ。各住宅は独立して建てられ、アナトリア地域に普遍的に見られる平面構成（張りだし部屋十ホール）をとる。一階は石造で家畜室や倉庫になり、二階は木造で居住スペースとなる。敷地境界は明確でなく、木の柵や石で緩やかに囲われている。

■小都市での調査

その後イスラーム地域での都市調査を次々と行っていったが、次第に集落から大都市への成長過程が見えるような小規模な都市での調査が必要になってきた。ちょうどいいタイミングで、一九九七年から日本の中東研究者が中心となって、文部省の科学研究費によるイスラーム地域研究プロジェクトが始まり、トルコからも各地の大学の先生や研究者が参加することになった。そこで、参加メンバーの一人、イスタンブール工科大学建築学部のアイセ・セマ・クバット教授から幾つかの都市について助言をいただき、その中から我々の望んでいた規模のトルコ北西部の山岳にある小都市、ギョイヌックの調査を行うことになった。

研究室からは、その時イスタンブール工科大学に留学していた学生を含め五名、そして他大学から留学経験のある一名が参加した。このためトルコ語での調査も充実したものとなった。

■ギョイヌックへの移動

ギョイヌックは、緑豊かな山岳の途中にあり、交通手段はあまりよくない。そこでミニバスをチャーターして向かうことになった。

車は幹線道路を離れ、どんどんと山道を上っていく。道中では、山の中腹の斜面にモスクを中心にして、二、三〇軒ほどの住宅が建ち並ぶ集落にも立

市役所で建築課の主任から、町の話をうかがう。

ち寄って行く。集落の周囲には農園が広がり、トルコのアナトリア地域によく見られる集落形態をなしている。農業を営む家が多く、家畜が放し飼いになっていたり、一階が家畜小屋となっている家が多い。典型的な農村集落である。

街の中に入り、通りにいた若い娘達に声を掛け、家の中を見せてくれるように頼んだが、なかなか話が進まない。外国人と接したこともなく、近所の目が気になるためか、家に入るのは思い通りに行かなかった。なんとか入った家でも、すぐに追い出されてしまう。やはり、小規模な集落では警戒されてしまい、調査は難しい。他方イスタンブルやアンカラなどの大都市でも、やはり色良い返事を得られないことが、しばしば起こる。集落とは逆に、他人に対しての関心が希薄で、外国人に対して親近感がわきにくいのであろう。

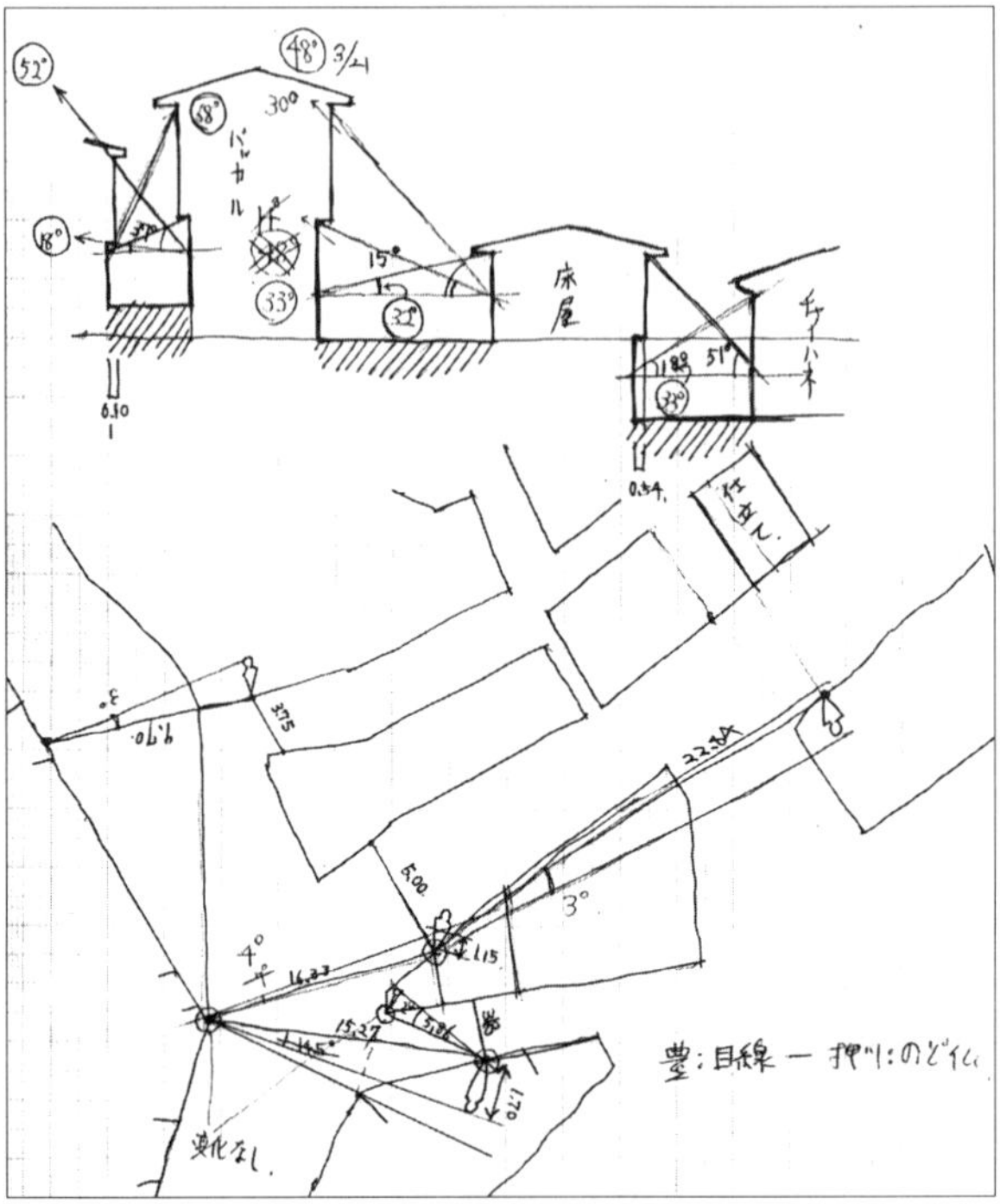

バザールの実測
店舗の高さや街路の傾斜を調べるため、角度計で測量する。
傾斜地にあるため、中央のバザールの通りから見て平家でも、低い通りからは2階建てとなり、斜面を巧みに利用した建物となっている。バザールの通りに面した1階が店舗となり、2階あるいは地下1階にあたる部分は、倉庫や祭りの際の貸部屋となっている。
バザールの裏側の通りには、工房が入り込み、生産と販売が分かれている。

■ピクチャレスクな都市景観

さて、さらに切り立った崖や深い谷をすり抜け、曲がりくねった山道から近付いていくと、視界が開ける高台からパノラマ的に、谷間の斜面に家々が張り付くように広がる街の光景が現れる。中央の丘の上にはシンボリックに塔が聳え、川が街を横切っていく。家々の赤い屋根、白やクリーム色の壁、そして周りを包む緑がコントラストをなし、まさに絵に描いたような都市の景観となっている。

早速、宿に荷物を置き、まずは街全体を歩き回ってみる。街の中心部には、短いながら商業専用の店舗が建ち並ぶ通りがあり、その一段下の川沿いに重要なモスクが建ち、緑に覆われた聖域が広がっている。住宅街は、谷間から

丘の上に登って街を見る
都市でも集落でもなるべく高い所から街を俯瞰し全体の姿を把握するようにする。
トルコの住宅ではファサードに特徴があるが、屋根形状にも特色があり、斜面の向きや建物の規模とどのような関係が見られるのか調べるために住宅やバザールの屋根伏せをスケッチしていった。

山頂にかけての急な斜面に張り付くように展開する。どの家も谷側にファサードを向け、開放的に窓を設けている。一階は不整形で、斜面の敷地を整形に保つために石造とし、二階以上は木造で開口部が多く取られている。

人口四〇〇〇人ほどで、歴史はビザンツ時代にまでさかのぼり、塔の立つ中央の丘にはかつて城砦が築かれていた。標高は七〇〇メートル以上で冬は長く、寒さが厳しいため、どの家からも暖炉の煙突が突き出ている。オスマン帝国時代は重要な交易ルートの中継地であり、聖人の聖地と相まってキャラバン都市として栄えてきた。

■お墨付きの調査

本格的な調査に入る前に、まず市役所に赴き、市長と面会することとなった。クバット教授が事前に連絡をとっておいてくれたためである。市長室での話は好意的で、調査の協力を申し出てくれた。市長のお墨付きを得たことで、我々は大手を振って調査に臨むこ

バザールの立体図
斜面地に巧みに広がるバザールの姿の再現を試みる。CADによる作図。

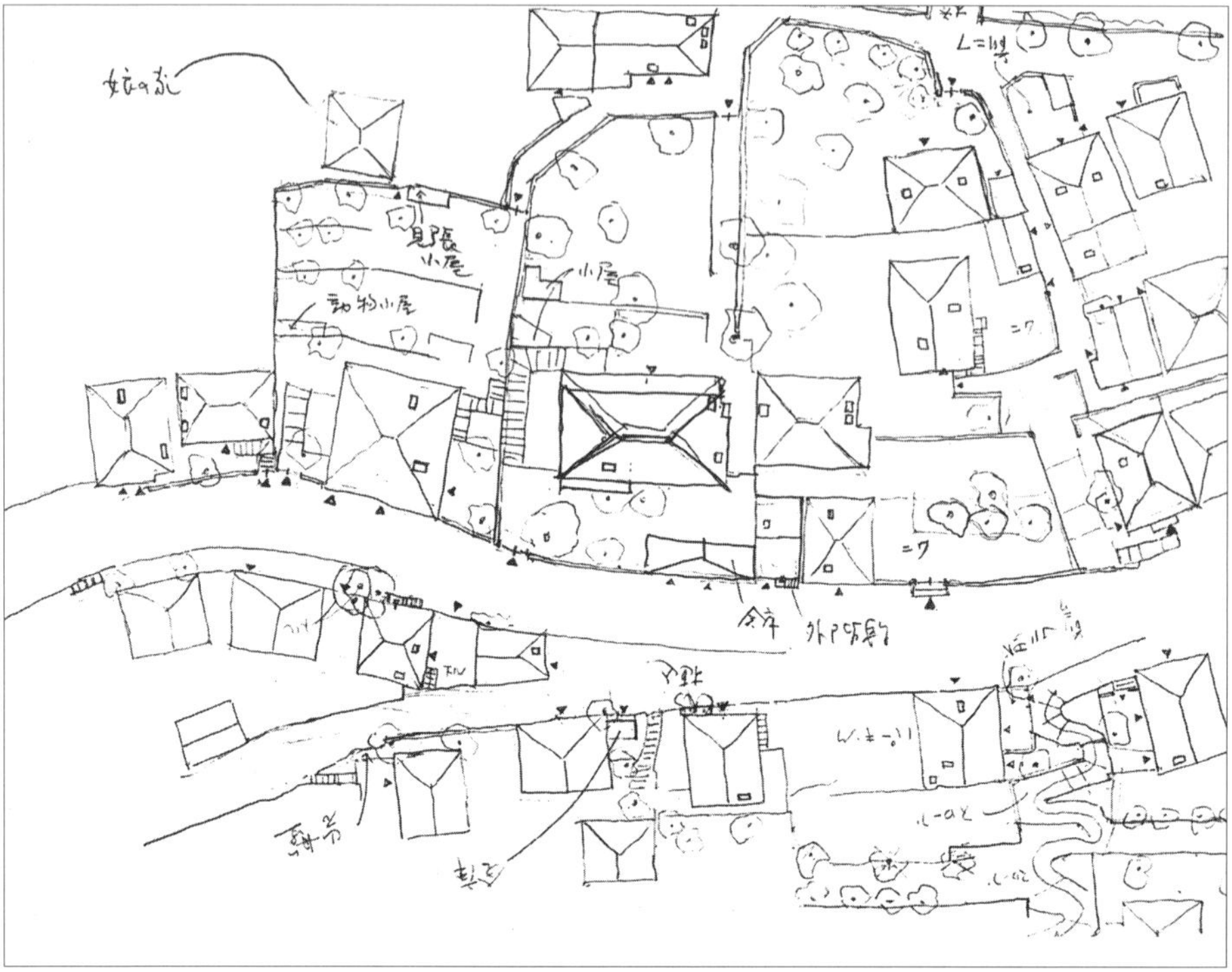

住宅街の調査
街路、家屋、玄関の位置、屋根伏せ、庭、樹木の位置などを調べる。
この地区はバザールに続く通りに面する住宅街で、聖域のある川にも近く、最もよいロケーションの一つとなっている。そのため、大規模で平面形態が整った住宅が並び、それぞれの敷地も広い。庭には樹木が植えられ、一部は菜園にもなっている。庭に門があり小路に通じ、聖域に出やすくなっている。屋根は寄棟が多い。
しかし、通りを挟んだ山側（図の下方）や小路に面する住宅は庭が狭く、屋根も寄棟と切妻のミックスが多くなっている。

とができるようになった。外国の都市調査ではなかなか許可を得られず、時に思い通りに運ばないこともあるが、このようにお墨付きを得るのは調査を充実させるうえでありがたいものであった。

市長から役所の建築主任を紹介してもらい、さらに詳しい情報を得ることができた。現在の街の様子、かつての街の姿を復元的に聞くこともできた。住宅を調べたい旨を伝えると、何軒か紹介してくれるとの約束もできたほどである。資料も提供してもらい、次は実測調査に向かうことになる。

■調査テーマの絞り込み

お墨付きを得たことで、調査は幅広くできることとなったが、次は時間との戦いとなった。街の全体の姿をとらえながら、ギョイヌックの特徴、あるいはトルコの小都市のコンテクストをしっかり把握できるテーマを絞っていくことが必要となる。

まずは、交易ルートに沿って展開す

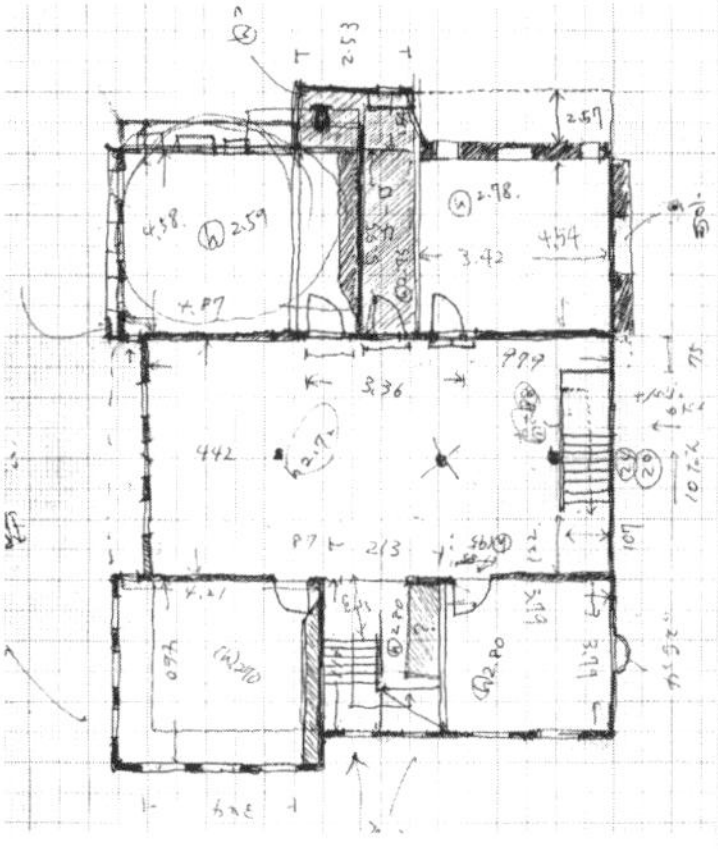

住宅平面図の野帳　生活感も意識して、家具を記入する。

川沿いに建つ大規模な住宅　川やメインの通りに近い住宅には規模の大きいものが多い。この住宅は川沿いにあり、三階建てで左右対称の三列ファサードをもつ格式の高いもの。敷地も大きく、庭に多くの樹木が植えられている。斜面の上部には対称性がくずれた小規模な住宅が建つ。

るバザール（トルコ語でチャルシュ）に着目した。トルコの大都市ではバザールは、ワクフ制度と呼ばれる権力者や有力者による財産寄進によって計画的に整備されていることが多く、ヴォールトやドームに覆われた商業に特化する地区が造られている。それに対し、ギョイヌックは全く覆われておらず、平屋か、二階建ての店舗が連なるだけである。まさにプリミティブな姿であり、大都市と比較するのによいサンプルとなった。

　通りを含めて、すべての店舗の平面図、立面図を取りながら、建設年代、営業内容などの聞き取りも行っていった。また、バザールのすぐ裏通りには工房が入り込むという、販売と生産が分割される大都市の特徴が垣間見られ、興味深いものとなった。さらに商業店舗から住宅街へ移行していく形態の変化にも着目した。

　同時に、メンバーで調査地を分担して、住宅街の調査も行ったが、やはり

連続立面のスケッチ　斜面に立地する住宅群のピクチャレスクな姿をとらえていく。

調査テーマを設定していった。メインのキャラバンルートに建ち並ぶ高級な住宅街、サブのルートに建つ住宅街、傾斜地に対し真っ直ぐ降りる急坂に建つ住宅街、そして斜面の上部に建つ庶民的な住宅街を抽出し、立地条件の違いや住宅規模の違いなどでサンプリングを行った。それぞれの地区で、配置図、平面図、屋根伏せ図、立面図、そして斜面の傾斜角度を計り、断面図を取っていった。

メインの通り沿いにある住宅
通り側にもファサードを向け、街路にアクセントが生まれる。格式のある住宅では、左右対称の3列が好まれる。1階は出入口、倉庫などのサービス空間となり、2階以上が居住スペースとなる。
この住宅では3階の中央部が広間（ソファと呼ばれる）となり、接客や家族の団欒のスペースとして利用される。左右の部屋は、それぞれ1家族ずつの単位で割りあてられる。

■街の注目者

調査期間は数日であったが、街の人の協力もあって、当初ははかどっていた。しかし、天候は最悪であった。晴れたのは僅かに半日ほどで、雨が降ることも多かった。朝晴れたために傘を持たずに出かけると、その日の午後には雨となり、濡れながらの調査になることもあった。そのため、次第に時間が足りなくなり、朝五時起きして日の出とともに朝食前に、ひと調査することになっていった。最終日には雪まで混じり、寒さも加わってハードなものとなった。きびしい調査の中で、ありがたいのは親切な住人からのお茶の差し入れである。疲れて冷えた体には、暖かく甘いトルコの紅茶はたいへん嬉しい補給となる。逆に住民の申し出に困ってしまうこともある。住宅内部の調査が食事時間にさしかかると、必ずお誘いを受けてしまうのである。そうなると時間もかかり、むげに断るわけにもいかず、なんとか食事を簡単に済ませ、調査を終えることもあった。

めったに外国人の来ない街にあって、数人の日本人が朝早くから夜遅くまで街中をうろついているわけだから、街全体の人に知れ渡ることになる。自分の家にも来て欲しいとか、子供たちにまとわりつかれるなど、嬉しい悲鳴となる。また、こちらが気付かなくとも、家の中から見られていて、後であそこにいたとか、塔に上っていたなどと、しっかり把握されていて、誰の目があるか分からず、気を抜くこともできなくなっていった。別行動の仲間を探しにいって、分かりにくい場所にいたのに、あの路地の奥にいると教えられ、簡単に探し出せたこともあった。

最終日には、出発前に宿屋に数人の若い娘たちがやってきて、調査チームと一緒に写真を撮ってほしいと、まるで有名人のように扱われ、こちらが照れてしまう一幕もあった。小都市や集落の調査では、住民とより密接になることができ、新たな認識を得ることとなった。

ギョイヌックでの調査は、その後も数回行い、より深く考察を進めていった。

調査した家で、夕食をご馳走になる
パン、チーズ、ヨーグルト、卵料理などが並ぶ。トルコのちゃぶ台を出し、床の上に座って食事をする。
調査中に食事時間になると、追い出されるよりも、一緒に食べようと誘いをうけることが多い。イスラームの教えで、お客は喜んで受け入れもてなすことが善しとされている。
喜んで食事に同席することになるが、予期せぬ客なので、ほどほどにきりあげ退席しないと迷惑をかけてしまうことにもなる。

関連文献
■「トルコ都市巡礼」陣内秀信・谷水潤編『Process Architecture 93』プロセス・アーキテクチュア、一九九〇年十二月
■「トルコのキャラバン都市／ギョイヌック」陣内研究室＋鶴田佳子、『ＳＤ』二〇〇〇年四月号、鹿島出版会

調査メンバーとギョイヌックの女性たちとの記念撮影
出発する前に、一緒に写真を撮って欲しいとやって来た。

ダマスクス（シリア・アラブ共和国）

喧騒のスーク（バザール）
旧市街の南西部一帯は巨大な商業空間になっている。ヴォールトとドームが架けられたアーケードには独特の雰囲気が漂う。昔からキャラバンの拠点であった伝統あるスークが展開する。

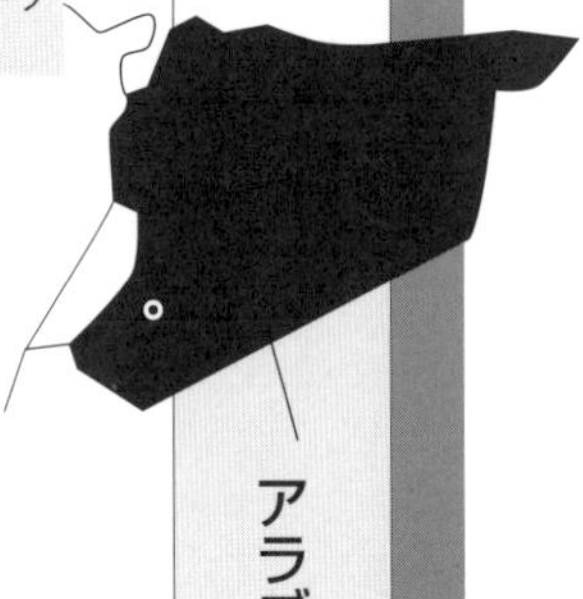

留学生の実家にお邪魔して夕食をご馳走になる
近代的なアパートであるが、家具の配置は昔と変らない。イスラム圏の調査で唯一の欠点はお酒を飲むのに苦労すること。おいしそうな食事を前に笑顔の筆者（右端）だが、頭の中では冷たいビールがちらついているのである。

アラブのオアシス都市を測る

鈴木茂雄

そもそも僕がフィールドサーベイに関心を寄せていったのは、あくまでも建築設計を目標としてきたためであった。大学院という最後の自由が利く時間に、いかに多くの空間を体験し、そしてその体験を通じて都市と建築の関係性を自分の中に取り込めるかが一つの目標だったのである。

■旧市街に魅せられて

僕は一つの国や地域に限定せずに、機会があるたび各地の調査に参加してきた。しかしそれも初めての海外旅行の際に、陣内教授からカイロ旧市街の邸宅を教えていただいたのがきっかけであった。おおまかな地図を渡され、数ヵ所もの邸宅を指示された。何とかなるだろうとタカをくくって現地に行く。迷路のように曲がりくねった道路。

あふれかえる人ごみと、荷車を引く家畜達。喧騒にまみれた土壁の街路と、静寂に包まれた中庭住宅。さまよいながらも目標にたどり着く達成感と、イスラム都市の持つ魅力が、その後の調査へのモチベーションになっていったのだと思う。

■最古の街へ

一九九一年のシリア・ダマスクス調査は、モロッコについで二度目の環地中海世界の調査であった。ダマスクスは現存する最古の都市であるとともに、イスラム社会に欠くことのできないシリアの首都でもある。その後この地には研究室の新井勇治が調査のため留学してもいる。

首都機能は新市街にあり、近代的なビルの立ち並ぶ大都市となっているが、我々の調査対象の旧市街は昔ながらの生活が息づく街である。車が我が物顔で走り回る新市街から城壁の内側に入ると、今度は人間が主役の街が姿を現してくるのである。

調査地として望ましい場所には共通点がある。料理がおいしいこと。そして人が親切であること。料理がうまくて人がよいなんて、旅行雑誌の売り文句みたいだけれど、そこには理由がある。

まず料理がうまいところは文化的にレベルが高いところが多いのである。長い歴史があり、文化が育まれたところには当然豊かな材料が都市に流れ込

子供達は調査の重要なファクター
写真に撮られるのはどこの国の子供も好きである。彼らがいなければ、アポイントメントなしに住宅に入るのは難しい。異邦人である僕達にもとびっきりの笑顔を提供してくれる彼らにはいつも感謝感謝。

ダマスクスの住宅街の街路
住宅街はスークとは違い閉鎖的である。ダマスクスは千夜一夜物語の舞台の一つでもあり、黒装束の女性はその当時の雰囲気をしのばせる。

んでくるし、そこから様々な料理が生まれるのである。

人がよいところなんて当たり前と思われるかもしれないが、ホスピタリティが高く、しかも異邦人である僕達を受け入れてくれる人々は、異文化を受け入れてくれる許容度を持っており、その分、文化的に奥が深いように感じるのである。実際のところ調査で疲れた僕達にとっては「おいしい料理」と「調査しやすい土地」というだけのことなのかもしれないが、調査がうまくいったと感じられたのは、実はこういう地域だったのである。

そういう観点から見ても、ダマスクスという街は充分満足できる場所であった。招待された住宅のご馳走はもちろんのこと、何気なく食べた焼きトマトと羊肉のハンバーガーまでも驚くくらい美味であった。人の良さから言っても、他の土地とは明らかに違ったのである。日本人が珍しいというのは確かにあるが、何の気なしに覗いた工場のおじさんと目が合っただけで、すぐに手招きして工場を案内されるなど、なかなか経験できることではない。もちろん営利目的などではなく、外国人に対する純粋な好奇心と、自分達のことを知ってもらいたいというプライドによるものだと思う。

■異邦人を逆手に

住宅を調査して一番嬉しい瞬間は、まったく素性も知れず言葉もろくに通じない外国人である僕達を、暖かく家の中に迎え入れてくれた時である。土壁の街路は、やはり日本の町並みに慣れた僕達には排他的に感じる。肉体的に疲れている時に、閉ざされた扉が続く光景というのは想像以上に精神的に

廊下を抜けるとオアシスだった
閉鎖的な街路の奥には、オアシスが広がっている。白い大理石張りの中庭は、鮮やかな緑と、泉がしつらえてある。中庭に入った瞬間の驚きは調査の醍醐味の一つである。

マンウォッチングはカフェの楽しみ
カフェに腰を据えれば、ゆったりとした時間が流れてゆく。当然、都市の社交場であるカフェも実測対象であった。

厳しいものである。しかしその光景も何かのきっかけによって扉が開いた途端に、楽園への入口に変るのである。自然が厳しい環境に培われて発展してきた中庭住宅は、僕達のような旅人にも充分すぎるほどの恩恵を与えてくれるのである。

だから僕達はそのパラダイスに入るためにいろんな努力をする。とくに子供達との交流は有効な手段である。好奇心の固まりのような彼らに、あまり外国人の入り込まない住宅街で、見たことのない日本人がなにやら不思議なことをやっている。その当時の僕のいでたちといえば、長髪を後ろでまとめ、皮のフェドーラ帽をかぶり、片耳にはピアス。さぞやダマスクスの少年達の好奇心は刺激されたであろう。

彼らが関心を示してくれたら、あとはこちらの熱意である。言葉が通じなくても、ジェスチャーでこちらの真意を伝えようとする。目を人差し指で指した後、家の扉を指す。中に入りたいと目で訴えかける。ダマスクスではこれが面白いように効果があった。子供に連れられて入ろうとして断られることはほとんどないのである。

土壁の街路とうってかわって、噴水を中心とした中庭には様々な植栽が施され、幾何学的に大理石が張り巡らされている。イーワーンの存在も住宅を語る上で見逃せない。さっそく調査にかかるが、実測作業自体にも興味を示す彼らに、測定器の片方を持ってもらい手伝ってもらうこともあった。調査が一区切りつくと当然のようにお茶や

カフェで水パイプに挑戦
イスラム圏のカフェは男性の社交場。誘われるまま水パイプに挑戦。水パイプのほかにも、カードやサッカーの中継に熱狂する人々で、カフェはいつもにぎわっている。

モザイクタイルで埋め尽くされた街角の泉
砂漠の中の都市では、豊かな水こそ繁栄の象徴。泉の上には寄進者の名前と由来が記されている。
この泉はウマイヤドモスクのすぐ東にあり、周囲にはカフェ・ハンマーム・簡易礼拝所・床屋などがあり、その裏側には住宅街が展開している。都市のコミュニティを調べるうえで重要なポイントである。

ダマスクス旧市街地
古代から受け継がれてきた格子状の街路が、イスラム教の浸透とともにアリの巣のように入り組んだ街路へ変容していった。旧市街中央を横断する街路は聖書の逸話にも登場する道である。

Plan Cadastral
1930年代フランス統治下で作成された土地・家屋調査図。オリジナルは1/500で作られ、中庭や泉はもちろん植栽までも記載されている。ダマスクスでは、この地図をベースに調査を展開した。地図を読み解くのも調査に必要なポイントである。図版中央下よりにモハマド・アデル・ダルダリ邸がある。

住宅の中庭の実測
クリップボードと電子メジャーを持って要所要所を実測していく。いかに短時間に正確な実測ができるかが腕の見せ所。もちろん調査隊のチームワークと体力が試される場でもある。

お菓子が出てくる。お昼が近いと昼食に誘われることもあった。

さらに一つの住宅で実測を始めると、賑やかな様子を聞きつけた隣りの住民が、次はうちを計っていけとばかりに声をかけてくる。あまりのことに分散して実測するのであるが、それぞれがどこにいるかは、街路の土壁にポストイットを貼って知らせあっていた。土壁の上のポストイットの黄色はさぞや気になる存在であったろう。

■調査の勲章

数多くの住宅にお邪魔して、実測をさせてもらったが、中でも特に印象深かったのが、キリスト教徒とイスラム教徒が混在して住む地区のお宅であった。その住宅は地図で見ても大きな住宅であり、地図上では複数の中庭が確認できた。現在そこは大きな住宅を集合住宅化して使っていたのである。イスラム教徒は血縁関係のある複数の家族が一つの住宅の中に住むことは普通であるが、ここでは血縁とは関係なく、ギリシャ正教を信仰する十三家族五六人が住んでいたのである。一部屋一家族で住み、広い中庭には小屋を建てて暮らしている家族もあった。

ここは調査した住宅の中でも指折りの大型住宅であったために、延べ三日間も通うことになった。そこの住人達ともずいぶんと馴染みになってしまい、街角で声をかけられることも多くなった。バイクメーカーと同じファミリーネームのために、「スズキ、スズキ」と彼らも呼びやすかったのかもしれない。

またキリスト教徒の女性達は、男性と接することに関して戒律がないために、ずいぶん積極的に僕達と接してくれた。彼女たちからは、調査の最後に何故か僕だけが花やスカーフをプレゼントされた。しかし男性としてもてていたのではなく、同性として見られていた節があった。真相はわからず終いであったが、フェドーラ帽に巻いた真っ赤なスカーフは一つの勲章であった。

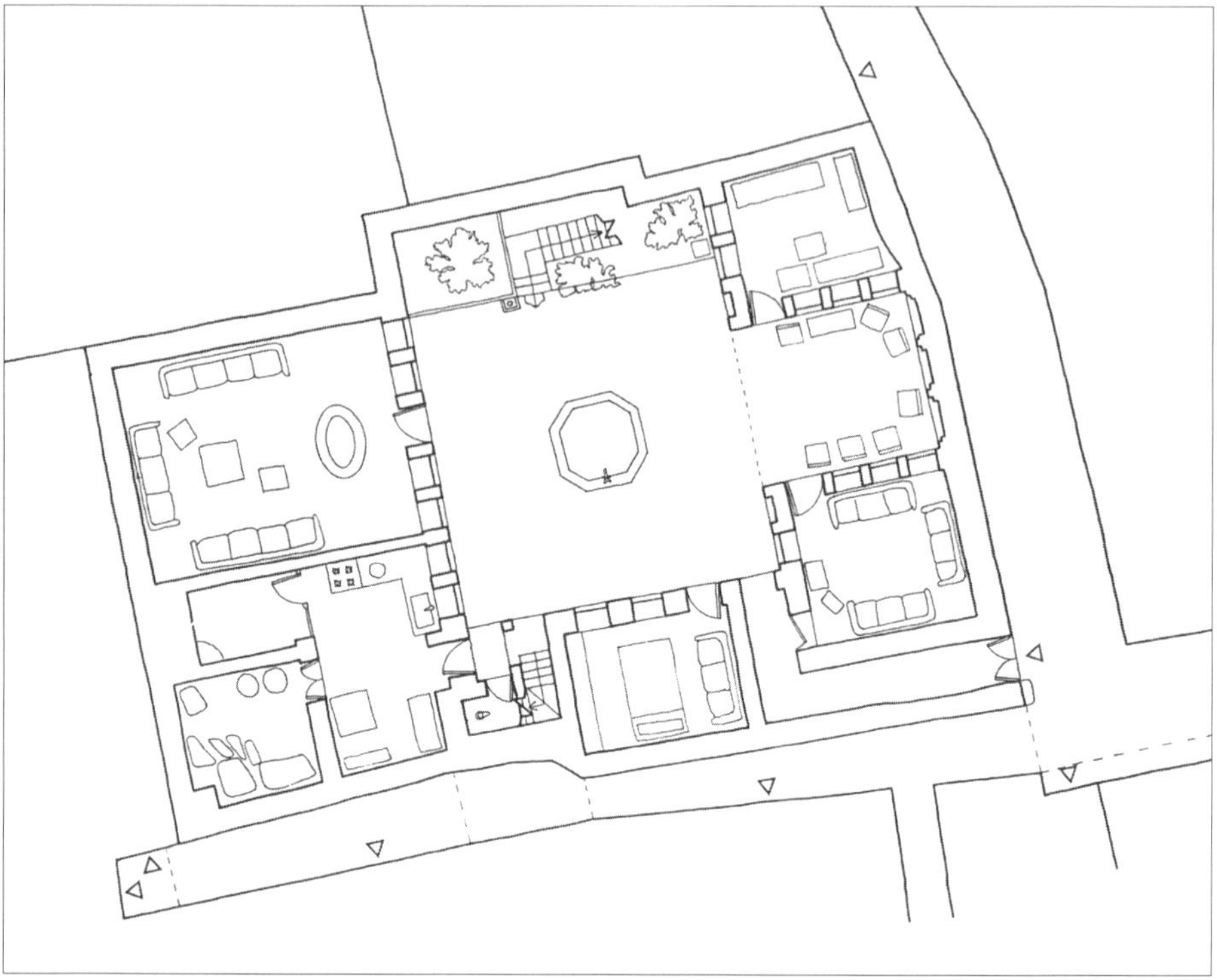

ダマスクスの住宅平面図・モハマド・アデル・ダルダリ邸
中庭に面して居室が連なる。季節によって過ごす部屋を変えており、夏の居間（イーワーン）の正面には日当たりのいい冬の居間が配置されている。冬の居間には室内にも泉がしつらえられている。

ダマスクスの住宅断面図
中庭を挟んで天井高の高い部屋が配置されている。中庭には植栽や泉があり、木製の外部階段を設けている住宅もある。調査の時に親切にしていただいた女性もこっそりと描かれている。

調査中のティーブレイク
実測が一段落して、お茶をいただく。調査隊のひときの休息。ゆっくりと中庭の雰囲気を楽しめる時間は少ない。せいいっぱい堪能させていただく。

■調査の日々

昼間の調査が終わると、夜はミーティングが待っている。今日の成果と、明日の方針を決めるために、夜遅くまで続くのである。短期間で結果を出さなければいけない海外調査では、実測図面の清書こそしないが、分析はその日から始められる。肉体的にも精神的にも疲労は重なるので、睡魔と闘いながらの議論が繰り返された。しかし、そこには不思議とつらかった思い出はない。むしろお酒片手の、熱い議論は懐かしいものである。バックには久保田早紀の「異邦人」を流しながら夜は更けていった。

いかに貴重な体験をしていても、人に魅力をもって伝えなければ調査自体の価値も半減するというものである。特に人と人との繋がりに対しては、言葉が通じなくても共有できることがあると感じられた。これはその後の設計活動の大きな糧になっていると感じている。

調査した住宅の皆さんと一緒に
調査が終わって記念撮影。素性もわからない僕達を暖かく受け入れてくれた現地の優しい人々である。

関連文献
■「ダマスクスの文化学」『季刊 iichiko』No.26 一九九三年
■『at』一九九二年五月

カシュガル（中華人民共和国）

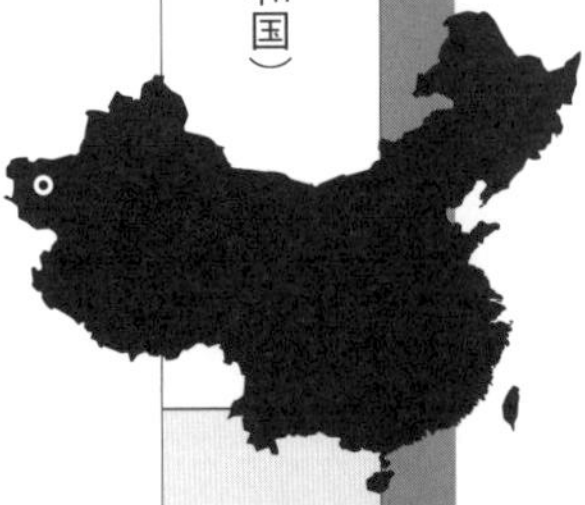

体験することの大切さ

柘　和秀

カシュガルのバザール　かつて東西貿易が盛んだった頃は、バザールでは各地の珍しい商品が取り引きされ、都市と都市が結びついていたのだろう。

世界で最も広い国、中国。その最も西に日本の四倍以上の面積をもつ新疆《しんきょう》ウイグル自治区がある。この広大な土地にウイグル族をはじめ多くの少数民族が居住する。漢・唐代、西域と呼ばれ、シルクロードが通り東と西を結ぶ重要な交通路であった。僕が行き着いたのはそこで最も民族色が濃厚に残るカシュガルという町だ。

新疆ウイグル自治区の区都ウルムチに向かう列車は中国の大都市、北京と上海から出る。当時上海で暮らしていた僕は、上海駅を昼頃出発する列車に乗った。西へ向かって三〇〇〇キロ以上ひたすら走り続ける。出発すると列車の中で過ごすことになるが、その間、中国人と友達になったり、中国語の勉強をしたり、ボーっと車窓から外の景色を眺める。ウルムチに到着するのは出発してからなんと三日後である。目的地カシュガルへはさらに一〇〇〇キロをバスで西へ向かう。アジア最大の天山山脈を越え、砂漠の中をほこりにまみれ、寝台の高速バスでも一泊はかかる。

日本人として誰もテーマとしたことのないフィールドに行きたい。それが、僕を中国の辺境の地まで引き寄せた。また、先進国でありながら住空間はちっとも豊かでない日本とは対照的に、自然と建築と人とが結びつきながら独自の住空間をつくっている地域を見たかった。

■「好客《ハオクー》」なウイグル族

かつてシルクロードの交易の拠点と

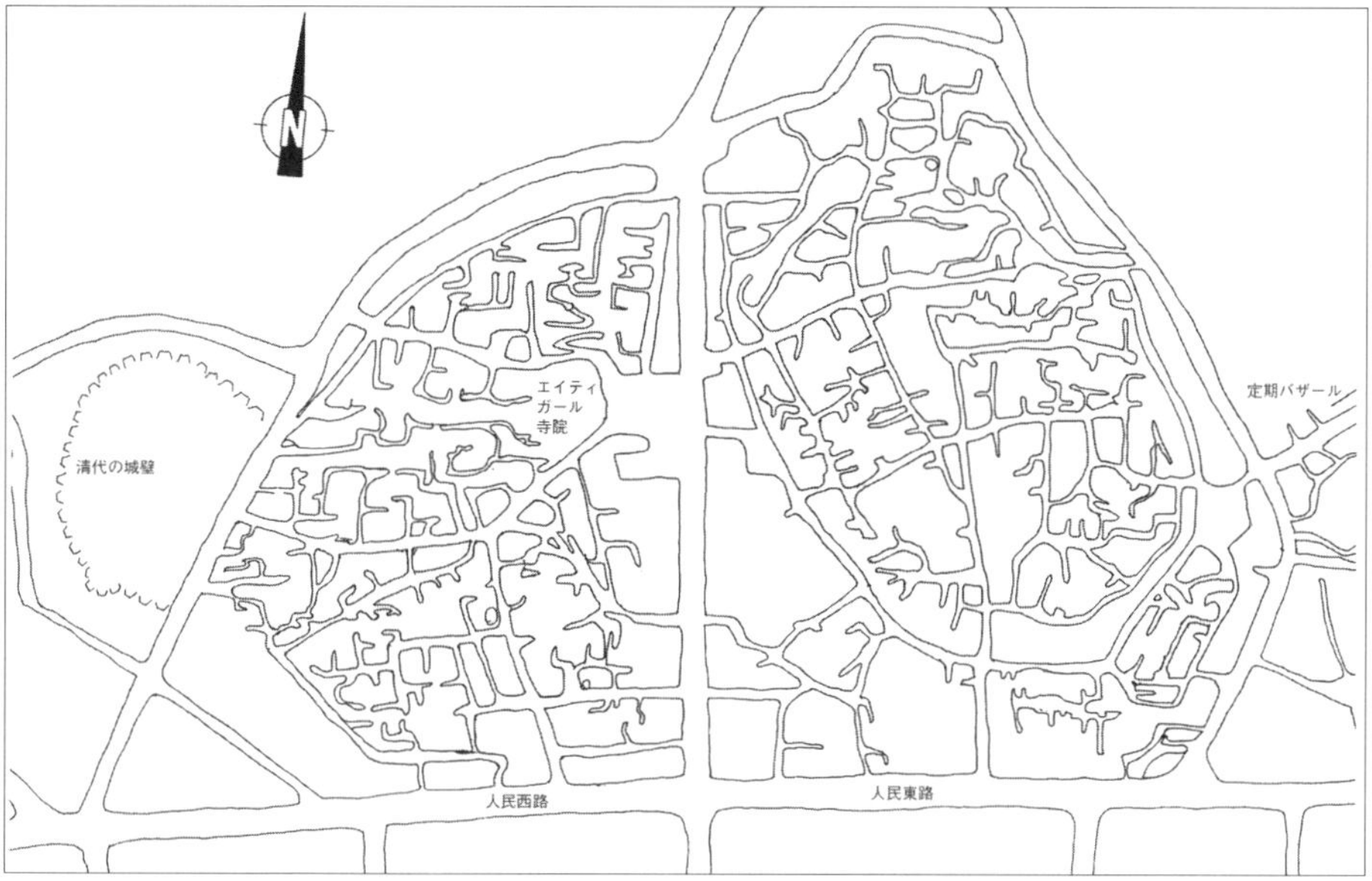

カシュガルの地図
旧市街はエイティガール寺院を中心にその周辺には複雑に入り組んだ街路が巡る。

して栄えたカシュガルは、今でも新疆ウイグル自治区の中で最もエキサイティングな街だ。旧市街の中心に象徴的なドームをのせたエイティガール寺院が建つ。イスラム教を信仰するウイグル族の礼拝堂で精神的な中心でもある。街のいたるところに職人街があり街をにぎわせ、街のはずれではバザールが開かれる。日曜日に開かれるバザールは最も大きく馬やらくだまでの家畜が売買される。

一方、住宅街に入ると複雑に入り組んだ街路には日干し煉瓦でできた土壁が連続する。所々に住宅の扉があり、街路から中庭が見える。中をのぞき込み住人に住宅を見せて欲しいと頼むと、好客《ハオクー》（客好きという意味の中国語）なウイグル族は僕を快く迎えてくれる。

カシュガルの伝統的な住宅に入ると、まず中庭の葡萄棚が目に飛び込んでくる。無表情な土壁の街路とうってかわって、植物が溢れた有機的な空間が広がる。葡萄棚は中庭全体を覆って強い日差しを和らげ、夏なら葉は太陽の光をいっぱいに吸って、蔓からは熟した葡萄の房が今にも落ちんばかりである。住宅を実測した後、中庭の縁台で休憩したり住人の話を聞いたりするが、葡萄棚の木漏れ日が差し込む縁台の上はとても気持ちがよい。

中庭の四方は部屋と高い壁によって囲まれ、客間や居室などの主な部屋は、光の入る北側にとられる。客間には家具はあまり置かず、壁に石膏でつくられた壁龕が設けられ、そこに食器などの生活用品を収納したり、また花瓶やイスラム教の聖典コーランを飾る。

■新疆の人々

一九九二年から二年間中国に留学していた頃、建築を学ぶウイグル族とカザフ族の学生と知り合いになり、彼らとともに実測を行えたことが幸いであった。特徴的な住宅を探し当て実測させてもらうのであるから、現地について詳しい人が欠かせない。彼らは学生といってもウルムチで建築の設計製図や設計理論を教える教師で、新疆ウイグル自治区の各地に同級生や生徒がいる。そのため実測で各地を訪れると真面目なウイグル族の学生は案内役をかって出てくれる。

実測が終われば家庭に招待してくれることもある。住宅の奥にある客間に通されると、銀の盃に山のように盛られた果物やお菓子をすすめられる。新疆ウイグル自治区は葡萄やハミ瓜をはじめ果物が豊富でおいしい。食事の支度をする音が中庭から聞こえてくると、その後、食べきれないほどの料理が運ばれ、羊肉やとり肉など色とりどりで香辛料の利いた料理が並べられる。

お腹もいっぱいになると今度は酒が用意される。酒は白酒である場合が多い。白酒は漢民族の飲む酒で、アルコールが四〇度から六〇度と非常に高く、独特の臭いがする。小さいコップについで飲み、薄めることはない。このつぎ方は漢民族でもウイグル族でも同じだが、飲み方が大きく違う。ウイグル族はコップを各自の前に置かず、一つ

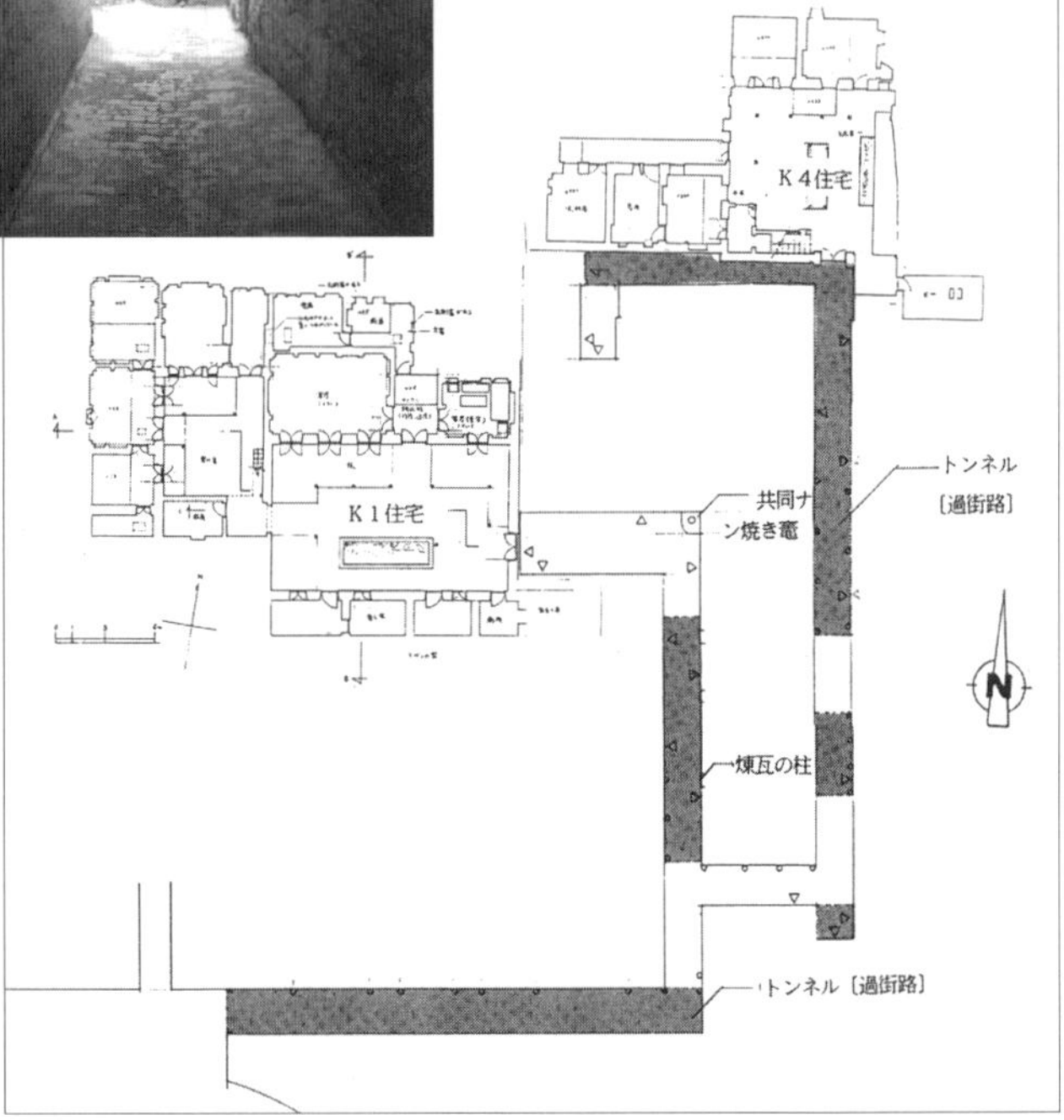

左　住宅街の街路
日干し煉瓦でできた住宅の外壁が街路の表情をつくる。

下　街路の実測図
街路の上に住宅の2階が張り出してトンネル状になり、街路の隅には共同のナン焼き窯がある。

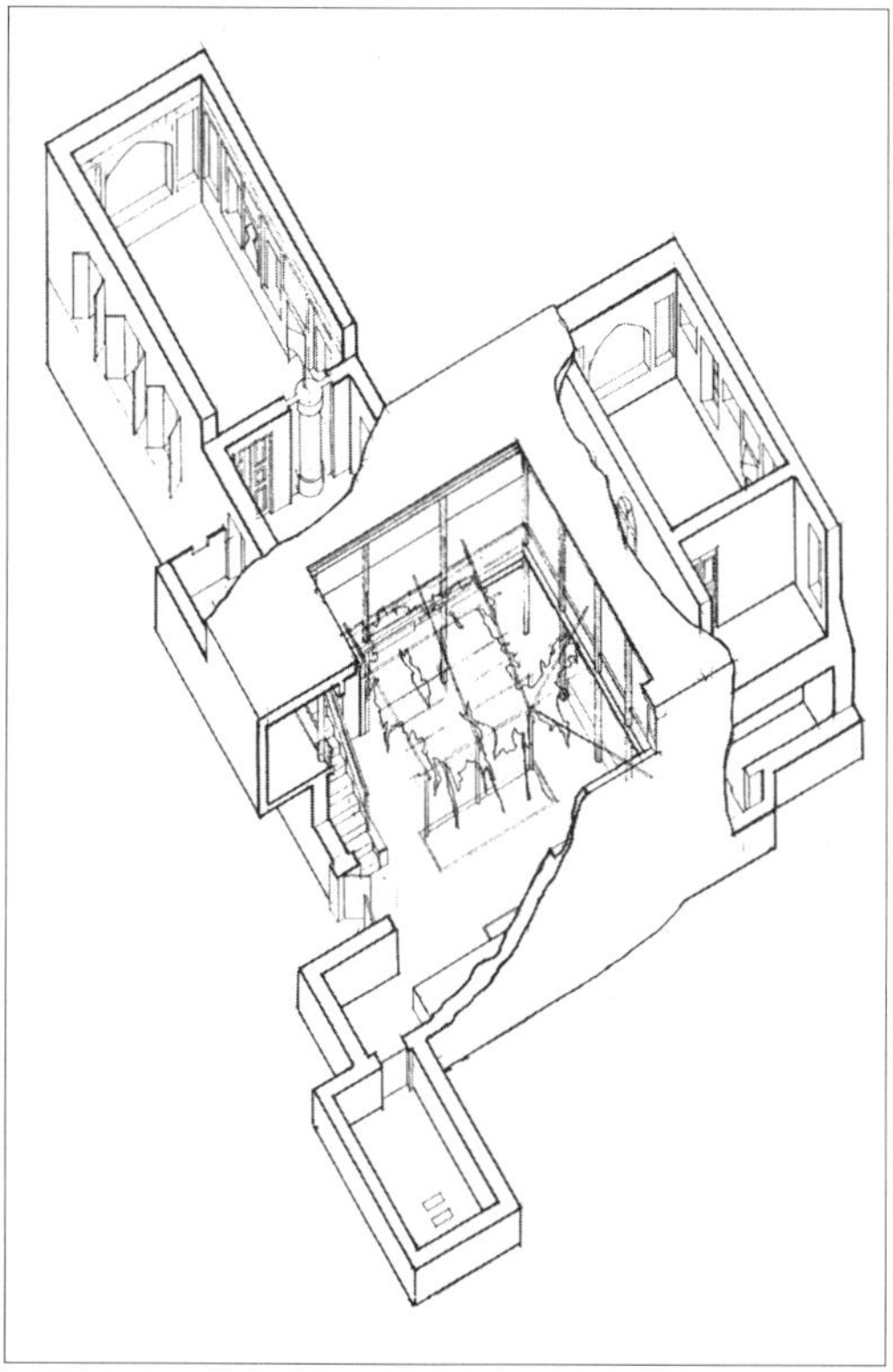

のコップを廻し飲みするのである。まず主人が一杯目をついで隣の人に渡すと隣の人はすぐには飲まず自分の前に置く。しばらくして頃合をみはからいながら、コップを手にとると「ホシュ！」といって一気に飲み干す。「ホシュ」とは「乾かす」という意味のウイグル語で、中国語や日本語の「乾杯」と同じように杯を乾かすという意味である。テーブルの上にいったん置くのは、酒に弱い人は置く時間を長くとり、強い人は置かずにすぐ飲むことで酒に弱い人と強い人の差をなくしているそうである。飲み干した後、主人は次の隣の人に酒の入ったコップを渡し同じように飲む。このようにして何周も続けられる。自分のところで止めることは許されない。僕が経験した限りではウイグル族の多くは恐ろしいくらいに酒が強い。油断していると酒がまわってきて「さあ、飲め」とくる。

　何時間かが過ぎ、ウイグル族との食事が終わると、宿に帰って明日の実測に備えるのである。

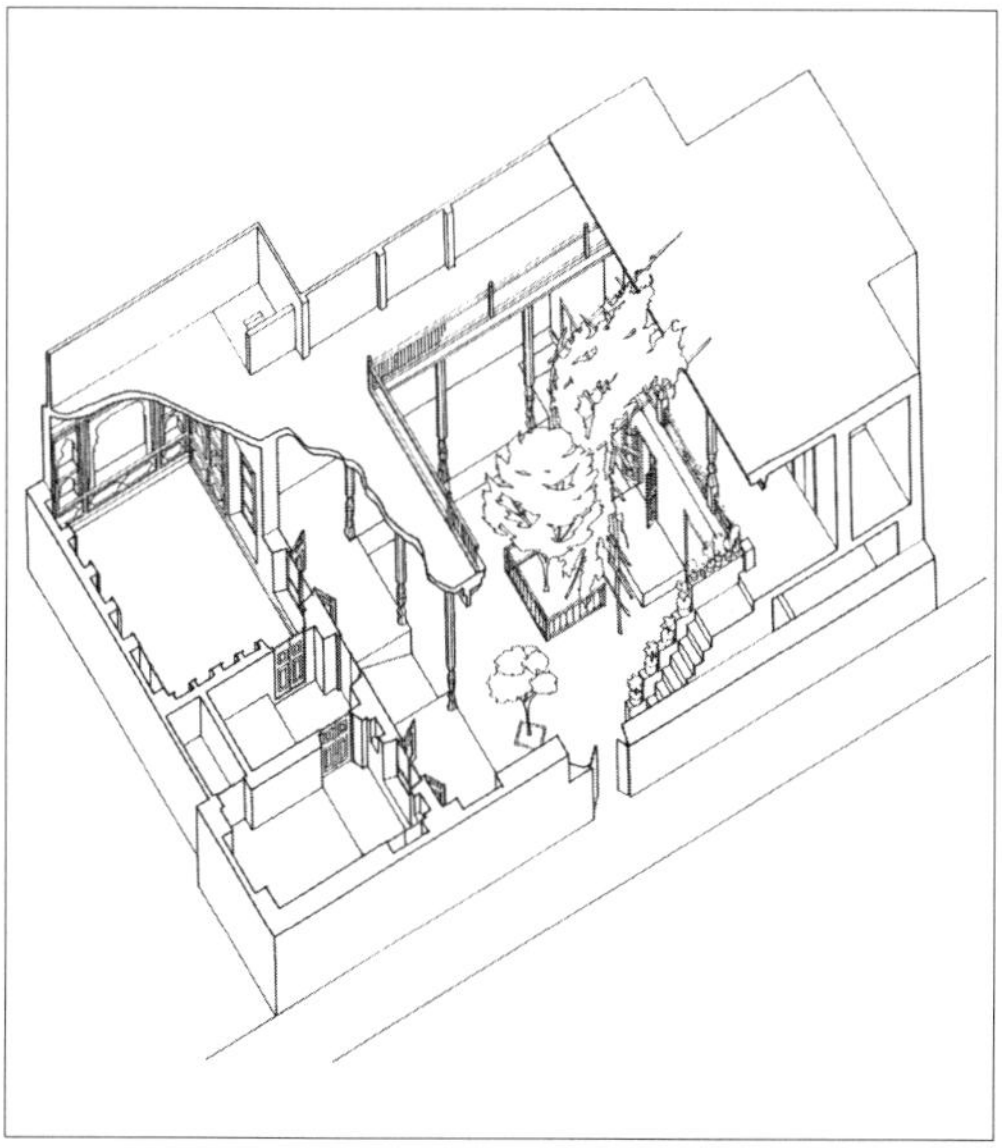

上・右　住宅立体図
実測図や写真をもとに作成した住宅の立体図。カシュガルの伝統的住宅の特徴である中庭、縁台、葡萄棚、石膏の壁龕の関係がみてとれる。

■フィールドサーベイで大切なこと

　多くの人と知り合い、ホスピタリティにふれることができるのはフィール

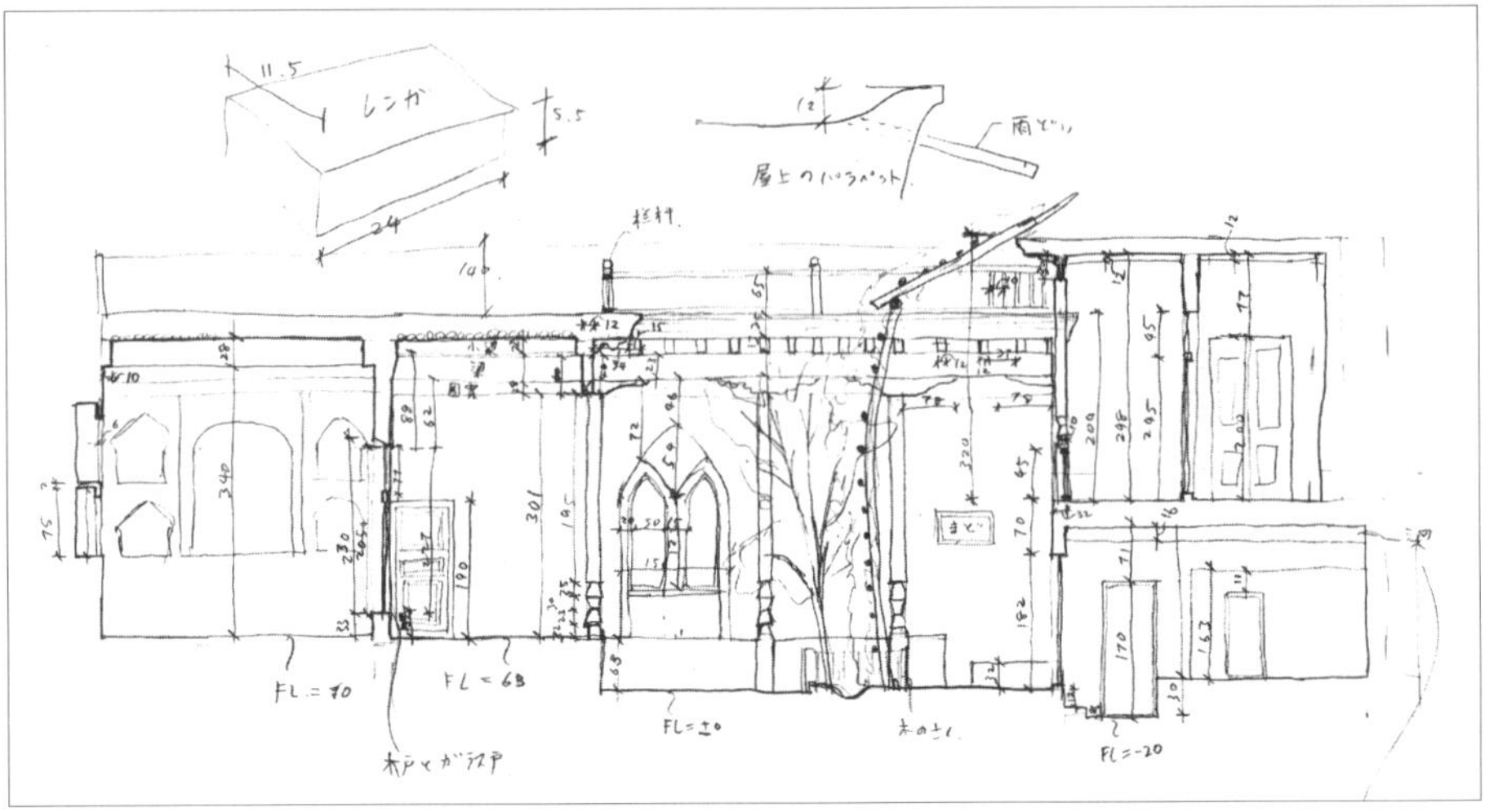

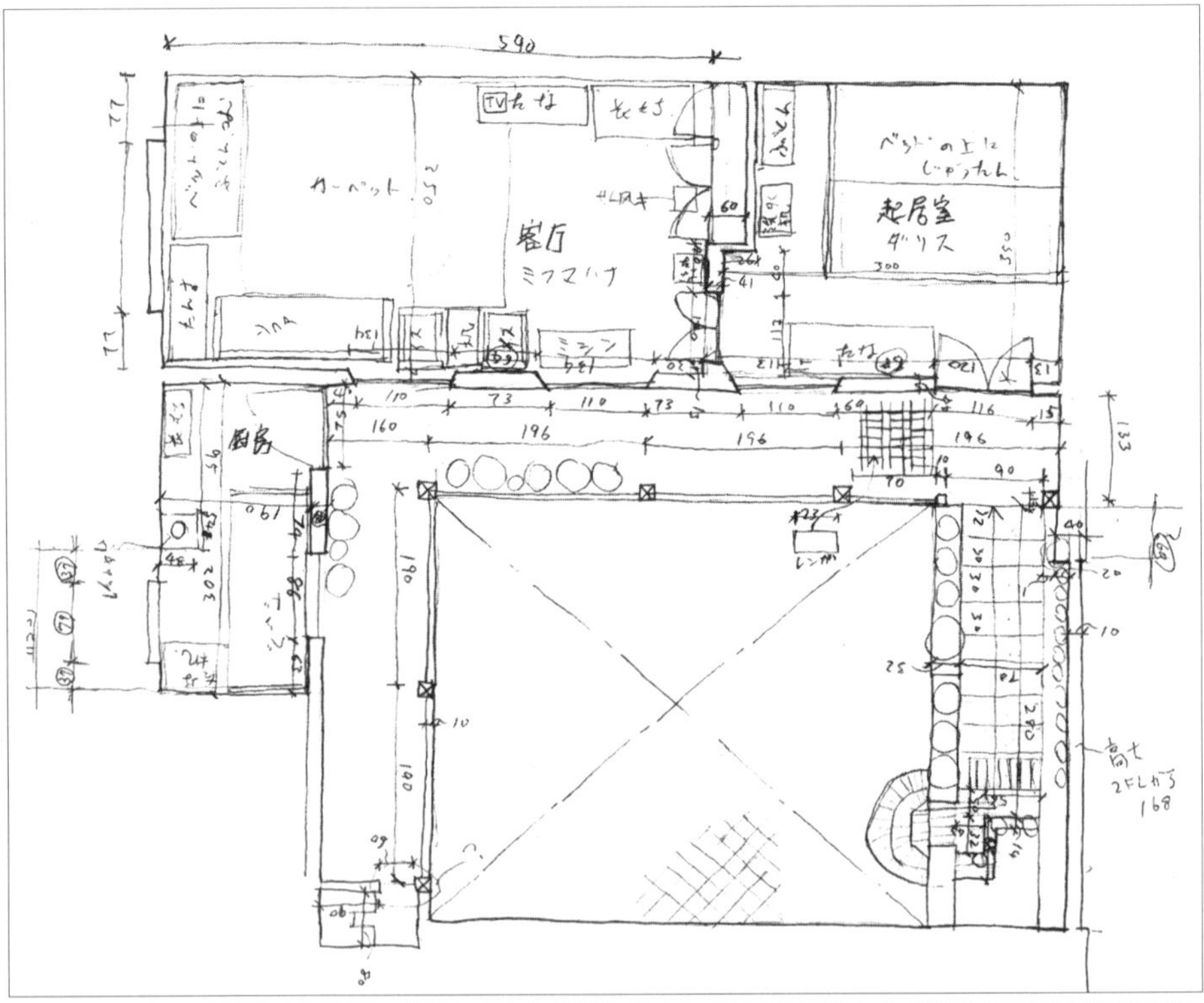

上　断面実測図
断面図を実測する過程で建物の全体の空間構造が明らかになってくる。
下　平面実測図
実測は間取りだけでなく家具や床に敷いてあるものまで記録しておくと、住まい方が分かってくる。

ドサーベイの楽しみの一つである。しかし一方で、忘れてはならないこともある。

我々が調査として足を踏み入れる期間は、住人がそこで一生暮らしている期間からすればほんの一瞬である。ちょっとした配慮の不足から住人に迷惑がかかることも考えられる。先祖代々から土地を守りこれからも子孫が住み続ける街で、親切で建物を見せてくれた方々に絶対に迷惑をかけてはならない。フィールドサーベイで最も重要で見落とされがちな部分であり、研究以上に大切なテーマであると僕は思う。

住宅の中庭
中庭の花壇には樹木が植えられ、植木鉢が中庭の隅々まで置かれて緑でいっぱいになる。

石膏の壁龕
メッカの方向である西側の壁には、壁いっぱいにアーチを描いた壁龕が象徴的につくられる。そこには布団などの寝具が収納されるばかりか、礼拝時には、モスクのミフラブのような聖地メッカの方角を示す役割に転じる。宗教と密接に関係した住宅のつくり方がみてとれる。

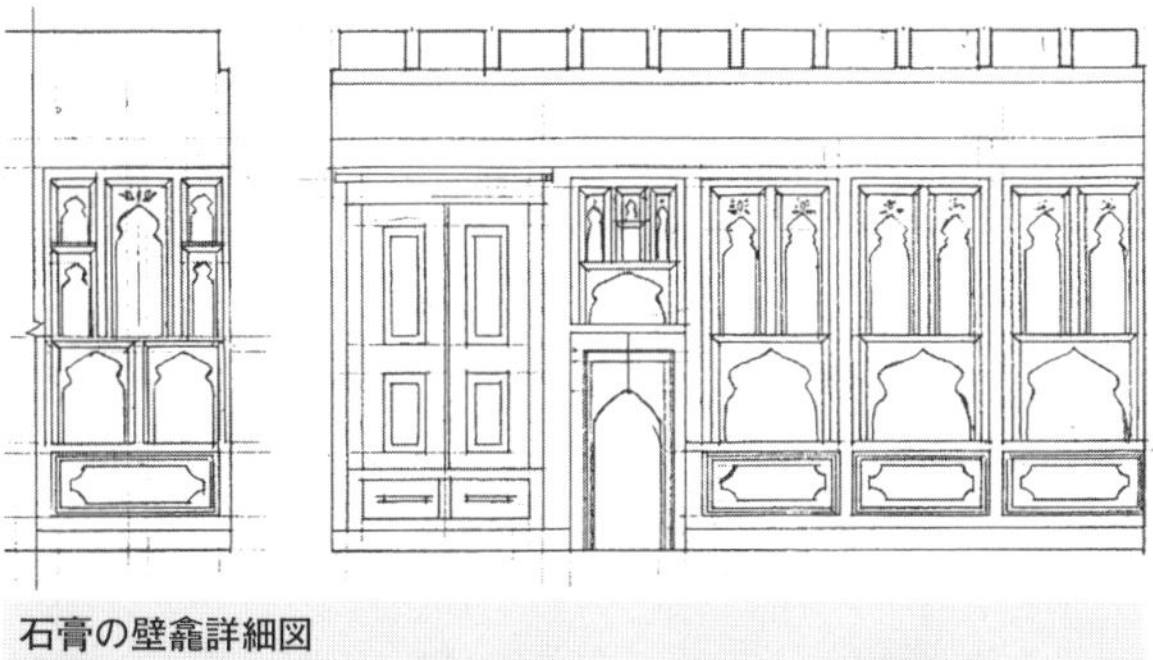

石膏の壁龕詳細図
特徴的な装飾は、詳細に実測しておく。図面にする段階で様々なものが見えてくる。

関連文献

■柘和秀「中国シルクロード・ウイグル族の住まい」『新建築』（一九九五年一、二、三月）新建築社
■柘和秀「中国新疆の住空間—ウイグル族の伝統住居に関する研究—」『民俗建築』第一〇七号、日本民俗建築学会

中華世界の帝都

北京（中華人民共和国）

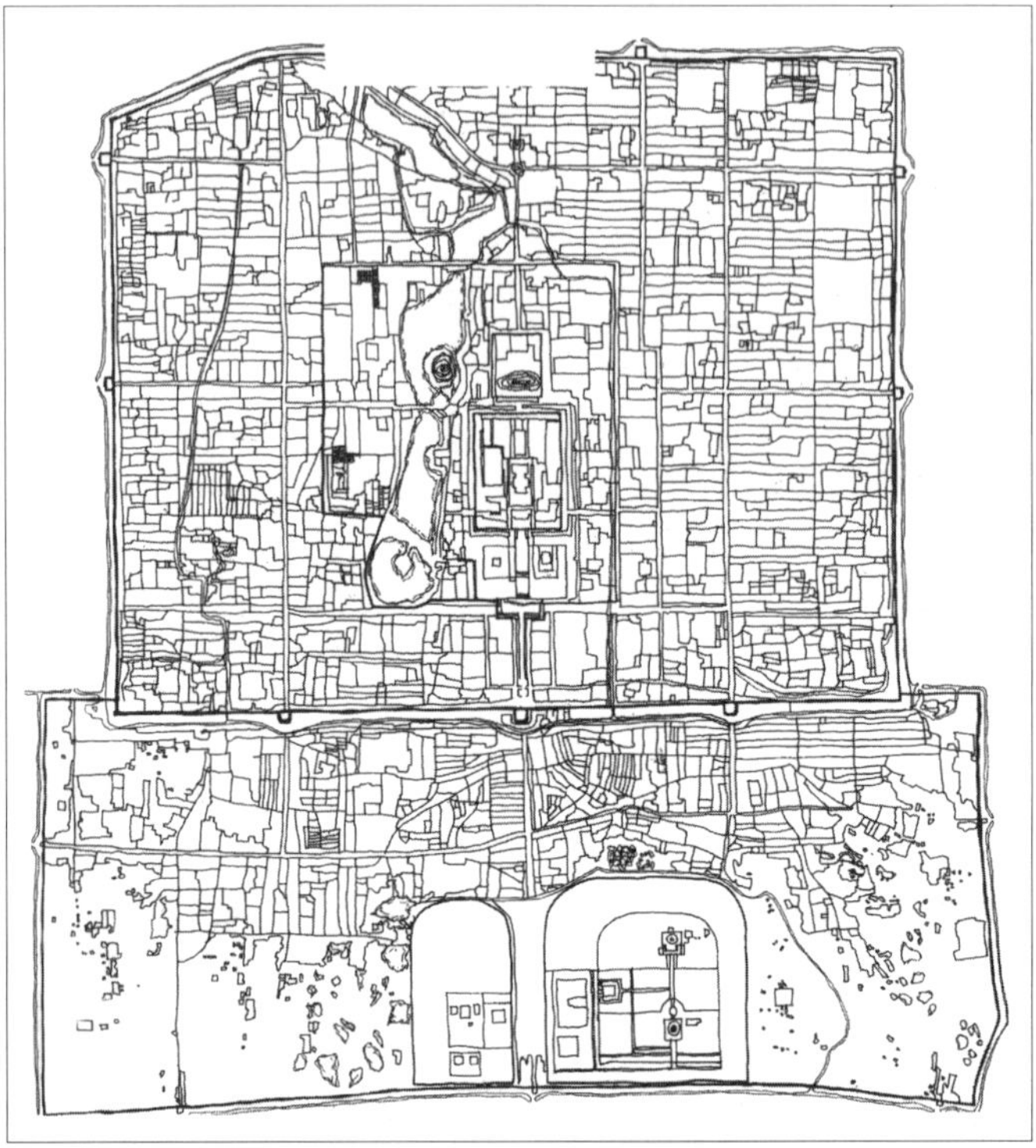

18世紀中頃の北京復元図
この凸型の旧市街地が調査対象。現在の北京は、この復元図を見ながら歩けるほど歴史が継承されている。

日中国際共同研究の中で

笠井　健

大学時代、建築の設計が大好きだった。図面を引くことはもとより、その課題対象の現地を実際に歩くことがなによりも楽しく、また地元住民からのヒアリングで大きくイメージを広げた。こうしたフィールド調査によって、建築を周辺のコンテクストから切り離さず、都市や街の文脈の中で捉えることができるようになると、計画や設計のイメージもぐんと湧いてくる。あれから一〇年ほどたつ今も、街を実際に歩いて体験することが仕事上での基本になっている。

■国際共同研究の幕開け

そもそも私が中国と出会う発端は、一五年程前にさかのぼる。ある国際会議で、我が二人の恩師、法政大学の陣内教授と中国清華大学の朱老師が出会ったことに始まる。その後も交流・信頼を深め、東京と北京の比較研究を行おうという、魅力的な構想が生まれたのだ。

まずは、陣内研究室のメンバーが北京を訪問して、清華大学のメンバーと共同して北京の旧市街地を現地調査する計画が立ち上げられた。研究テーマは、「中国北京における都市空間の構成原理と近代の変容過程」。なんだか難しそうなテーマだと思ったけれども、とにかくいろいろな都市や街を知りたい、歩きたいと思っていた私は、まさにチャンスとばかりに計画に飛び込んでいった。

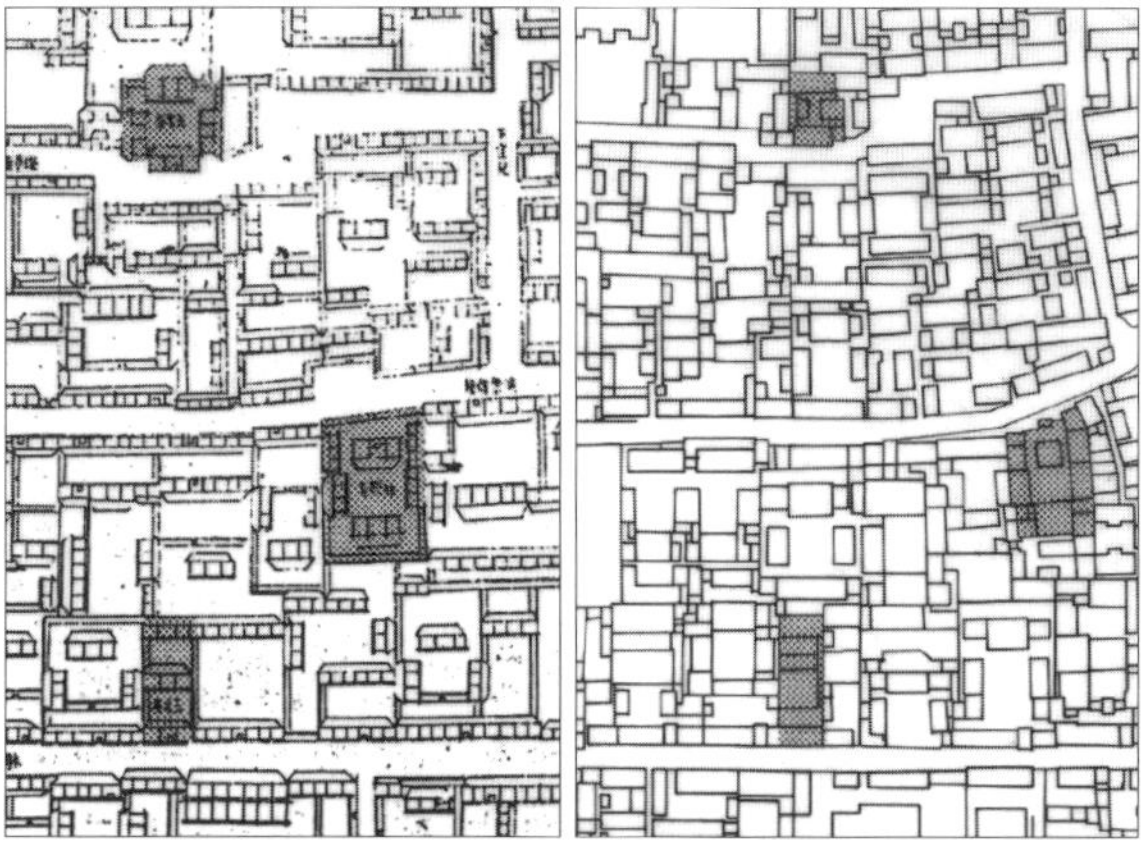

調査の基本資料となった『京城全図』（左）と現況図（右）
現地調査では、これら二つの地図を持ち、実際の都市を観察しながら歩くことで、空間軸と時間軸の接点を見出すことができる。

日本側メンバーと中国側メンバーの記念写真
清華大学の朱教授（2列目中央）と陣内教授との出会いにより、日中国際共同研究が実現した。

とにかく最初は、事前の資料調査だ。日本側メンバー達と書店街や図書館へ何度も足を運び、中国の都市・建築に関するありとあらゆる文献資料を片っ端から手に入れる。そして、基礎資料として徹底的に整理、分析を行い、それらを題材にして、しつこくディスカッションする日々が続いた。

■現地調査での基本

一九九三年の夏、現地での辛く楽しい共同調査が始まった。日本側メンバーは北京の都心にある旅館に宿泊し、大学の宿舎から毎朝駆けつける清華大学の学生と朝八時には合流する。前日の疲れが残っているにもかかわらず、打ち合わせを念入りに行ない、それを終えると早速現地へ向かう。

実測を中心とする調査は、炎天下で日が落ちるまで続けられた。調査が終わった夜は、街中のレストランへ繰り出すことも欠かさない。街歩きでの話題や本場の酒と中華料理は、その日の疲れをとるなによりの薬だからだ。

ところで、こうした都市調査の上で、

最も有効な資料となったのは古地図だ。北京の場合、一七五〇年の都市や建築を詳細に伝える『乾隆京城全図』がそれだ。都市の形態から、道路網、施設配置、街区形態、さらには建物一棟一棟までが描かれている。しかも、現在の街の様子を示す二千分の一の地図を中国側メンバーの熱心な協力で手に入れることができた。そして古地図の情報を現在の地図に重ねて都市全体を復元させ、それを持って街を歩き、実際の建物や敷地、道路を比較しながら観察するのだ。

北京の路地：胡道
住宅地では胡道にそって灰色の塀と格式の高い門が連続する閉鎖的な町並がつづく。住宅の門をくぐり快適な中庭を体験できるのは、調査の楽しみの一つ。

北京の住宅：四合院住宅
中庭に面して四つの棟が置かれるので四合院と呼ばれる。中心軸をもち中庭を囲む特徴は、宮殿や都市全体にも共通する。

■帝都の住まいを知る

北京の都市構造は初めて訪れる私にとっても非常に分かりやすかった。旧城内は凸型の形をなし、瑠璃色の甍が連なる紫禁城が都市の中心に置かれている。しかも都市全体を南北方向に貫く長大な中心軸に沿って、紫禁城や天安門広場を初めとする都市の象徴的な施設が配置され、その周囲は碁盤目状の道路で構成される。そもそも、紀元前一、二世紀頃の王城モデルをベースにつくられたとも言われる計画都市だ。

我々の最初の調査課題は、こうした明快な都市構造の中で、居住地が都市の文脈といかに結びつきながら形成され、そこに建つ住宅がどのような空間で構成されているのかをフィジカルに描き出すことであった。

まずは中国側メンバーの案内のもと、四合院という中国の伝統的住宅の実測調査に取りかかった。私にとっては初めての実測体験。対象となった四合院住宅は、中心軸上に方形の中庭と建物が連続する単純な配置をとるが、敷地の奥行きが七〇メートル、幅三〇メートルにも及ぶ大規模な屋敷で、実測ではかなりの苦戦を強いられた。だいたいの建物配置を描いてから柱や壁、開口部等の位置を落とし、さらに寸法を測って野帳に書き込んでゆく作業に半日も時間を費やしてしまった。

しかしながら、こうした実測の体験を積み重ねることによって、住宅のスケール感や形態、中庭空間のあり方を学んでいき、さらにヒアリングによって、かつての利用やその後の利用の変化を知り、四合院住宅の空間イメージが確実に自分のものになっていった。

■都市の賑わい空間を歩き、楽しむ

北京は計画都市である一方、とりわけ商人達が主役になって自由な街づくりが行われた有機的な都市でもある。大通りには間口の狭い店舗が軒を連ね、しかも店先には市や露店が並び、よりいっそうの賑やかさが生まれる雰囲気はまさにアジアの商業空間らしい。

最も繁華な場所は、旧城の正門、正陽門から南へ広がる地域一帯だ。ここ

北京の店舗
棟を平入り方向に連続させる四合院とは全く異なる空間構成をとるのが特徴だ。

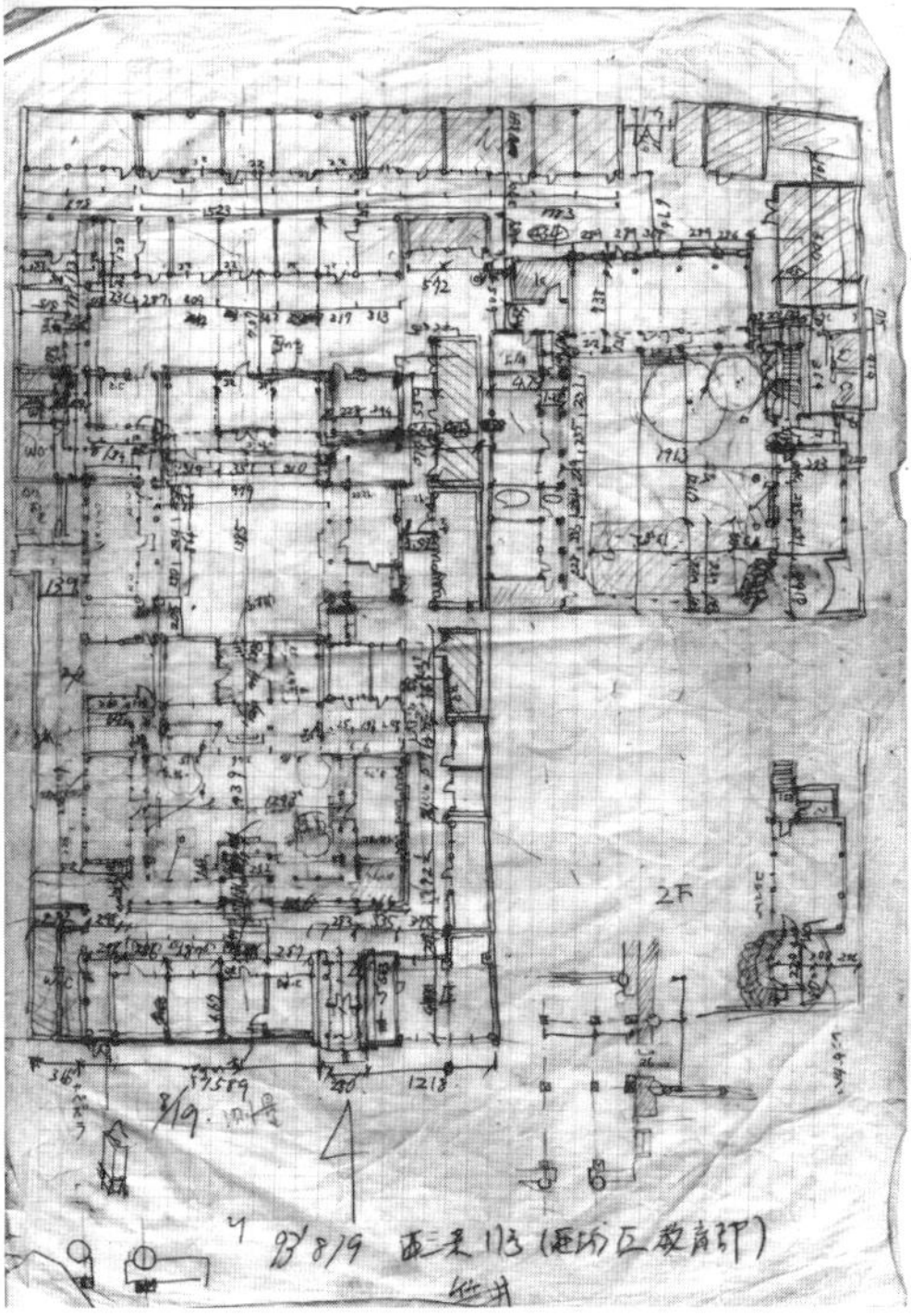

初めて実測をした時の四合院住宅の野帳
今見るとなんて下手な実測図だと思うが、当時、実測は初めてだったので、とにかくもれがないように寸法をぎっしり書き込んだ。

天橋楽茶園での京劇
北京では演劇を楽しむことも都市文化を観察する重要なフィールド調査だ。

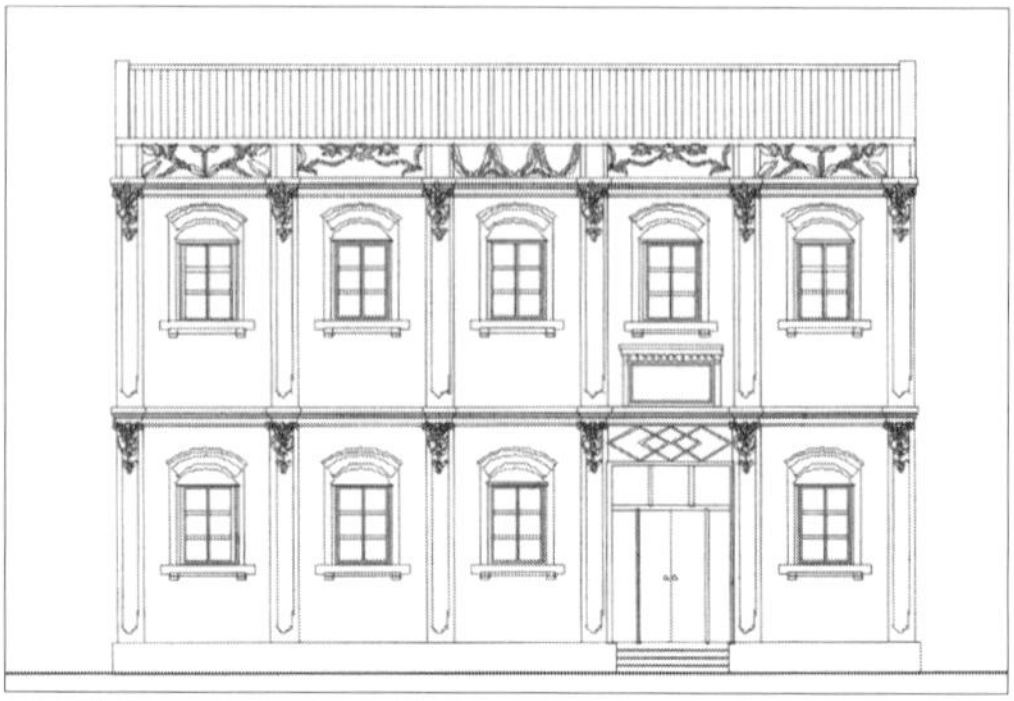

北京の遊郭の立面図
四合院住宅とは異なり、開放的で華麗なファサードをもつ遊廓は、街を歩いていると目につきやすい。しかし、内部は客室が中庭を囲む四合院配置をとっている。

什刹海の風景
かつて北京は、地方から多くの物資や人が集まる水の都でもあった。水運の衰退とともに、北京市民の憩いの場へ変わった。水辺は本当に心地よい。

は勢い盛んな商人達によって、集団による道路の不法占拠が行われ、新たな道路を形づくってしまったほどの場所で、現在も様々な物資を売る店舗が建ち並んでいる。

そこから商業地の奥へと進むと、かつての料亭街に出る。今もなお大小のレストランが並び、それら店舗建物を観察しつつ、我々はさらに奥へと進む。折れ曲がった細い路地を抜けると、かつての色町にでる。路上からは、窓の縁や棟に華麗な彫刻が施された、いかにも遊郭らしいデザインが観察できる。我々調査団の興味がそそられたことは言うまでもない。かつての遊郭の内部へ入り、目の色が変わるほどの精力的な実測調査を実施した。

こうした盛り場の周縁部には豊富な水や緑、豊かな地形の起伏をもつ名所もあった。その場所と結びついて、寺廟、市、芝居小屋がたつ北京庶民の解放区、つまりアジールがあったことを知っていた我々は、北京の老舗である天橋楽茶園を探し当てた。都市の「場所」の論理が分かると、街のいいスポットを見つけだすのも簡単だ。その夜は中国古来の劇場空間の中に身を置き、京劇を鑑賞しながら北京の都市文化を満喫した。

■調査には安らぎの場も必要

北京を歩く楽しさは尽きないが、当然疲れてくる。ごったがえす人並みや車等、都市の喧噪から時々逃れたくなる。そんな時は什殺海という湖の畔でよくひと休みした。商業地のすぐ裏側の便利な位置にあり、しかも大都市の中にあるとは思えないほど広大な水面が広がり、水辺には多くの緑が植えられ、歩く人の心に安らぎを与えくれる。

上　長崎市館内町、福建会館でのシンポジウム風景
まちづくり計画の一つとして、中国の廟を活用してイベントが行われた。街の歴史や文化を継承する計画が次第に実現してゆく。
左　清華大学の朱老師と中国朋友の鐘君が来日し、東京や京都の街をいっしょに見て廻った。

ここは、元代からこうした水辺と結びついて寺や廟が数多く建てられ、寺町が形成され、北京で最も風光明媚な場所の一つとして語り継がれてきた場所だ。また、早朝には幻想的な朝靄がたち、水のほとりの露店で食べるお粥の味も格別だ。夏は水泳、冬はスケートもできる。大都市の中央でこれほど水辺を身近に感じられる場所が他のどこにあろうか。あらゆる人々の心を包みこんでくれるような都市の包容力は、古都北京らしい。

■今も生きる北京のフィールド体験

共同調査後、私は清華大学へ留学し、北京の街の中に二年間身をおき研究を積んだ。そして帰国後まもなく東京と北京の比較研究の一環で、清華大学の朱老師と鐘君が来日した。浅草などの歴史的界隈をはじめ、臨海副都心や東京フォーラム等の新しい日本の都市・建築を観察し、さらには京都まで足をのばし、私はその案内役をつとめた。北京の調査と同様、地図をもって街を歩き、丹念に観察し、日本料理を味わいながら北京での思い出話等を楽しんだことは今でも忘れられない。

また、現在私は地域計画等の仕事をしているが、北京でのフィールド体験も生かすことができた。かつて中国人街だった長崎市館内町というところで、街の再生・活性化計画業務の一つの成果として、廟を活用したまちづくりシンポジウムが最近実現した。こうした歴史的資産を保全・活用したまちづくりが北京でも進められていくことを期待したい。

関連文献

■陣内秀信、朱自煊、高村雅彦編『北京―都市空間を読む』鹿島出版会、一九九八年二月

■中国建築都市研究会『中国北京における都市空間の構成原理と近代の変容過程に関する研究』住宅総合研究財団、一九九六年十二月

■笠井健、高村雅彦、陣内秀信「住宅地の構成と住宅の空間構成について」『学術講演梗概集』日本建築学会、一九九七年

■高村雅彦、笠井健、陣内秀信「商業地の構成と店舗の空間構成について」『学術講演梗概集』日本建築学会、一九九七年

平遥（中華人民共和国）

調査地の友人になること

田村廣子

南方より見た城壁
平遥県城は中国の首都・北京から西南に約500kmに位置する。100年前にタイムスリップしたような古い町並みは、周囲およそ6.4 km、高さ10 mあまりの城壁に囲まれている。

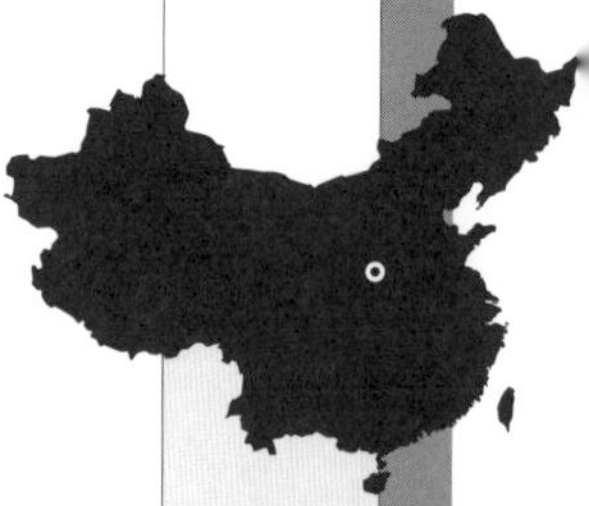

■信仰と住まいに興味

実測をはじめとする現地調査をおこなう最も単純なきっかけは、少なくとも私にとっては、どこにも書いていないことを知りたい、自分にしか見ることのできないものを見たい、ということだ。私が知りたかったのは、風水を含む信仰が実際の住まいの作り方にどのように関わっているのか、ということだった。そのため、広い意味での対象はまず中国が最適だった。さらに、伝統的な住宅と風水を含む信仰の生きている街を探さなければならなかった。

■平遥に一目惚れ

一九九三年初めて平遥を訪れたとき、私は平遥に一目惚れした。ひまわり畑の彼方に見える高さ約一〇mの城壁、それに囲まれた古い町並みもさることながら、家々の屋根の上にちょこんと置かれたあやしげな祠になによりも興味をひかれた。

三年生のころから風水に興味をもち、設計製図の課題に風水を取り入れたりしていた私は、風水の本場である中国の建築や都市を勉強しようと心に決めていたが、風水が実践されている建築や都市を目の当たりにしたことはなかった。

その上、当時の私は中国語ができなかったから、その祠がなにを意味するのか、街の人に聞くこともかなわなかったが、絶対に風水に関わる装置に違いない、平遥は風水都市だ、と勝手に決めつけて興奮し、この都市を調査・研究対象にしようと決めた。

その後、調査を進めるうちに予感は適中していたことが明らかになった。調査・研究対象との出合いは、意外とカンや思い込みによってもたらされるものかもしれない。

　最初の出合いから二年後の一九九五年、天津大学に留学した私は、平遥に調査旅行のために出発した。二年間の留学期間中、そして帰国後もあわせ延べ八回の調査を行うことになろうとは、そのとき予想だにしていなかった。

　まずは住宅の実測をしなければ、と街をうろうろするものの、なかなか住宅の門をくぐれない。

■だんだん平遥が嫌いに

　平遥の住宅の外壁は高く、門は開いていたとしてもよそよそしく感じた。それに、素性の知れない外国人が自分の家に入ってきて、「建築の勉強のために実測をさせて下さい」といわれても私なら絶対に受け入れないという考えも躊躇の原因になった。地図を片手に、街を外側から観察し、まさによそものとして平遥に滞在している数日間のうちに、私はだんだん平遥が嫌いになってきた。

　城壁も住宅の外壁も灰色のレンガでできていて、舗装されていない黄色い土の街路は始終砂埃を舞い上がらせ、中央に掘られた溝からは生活排水が異臭をはなっている。そこをときおり通る馬車馬やら羊やらの糞が黄色い街路をさらに黄色くして、ときには私の靴

風水先生の描いてくれた風水楼
平遥には100人もの風水先生がいるといわれている。図は、なかでも定評のある90歳をすぎた風水先生の描いてくれた風水楼の設計図である。

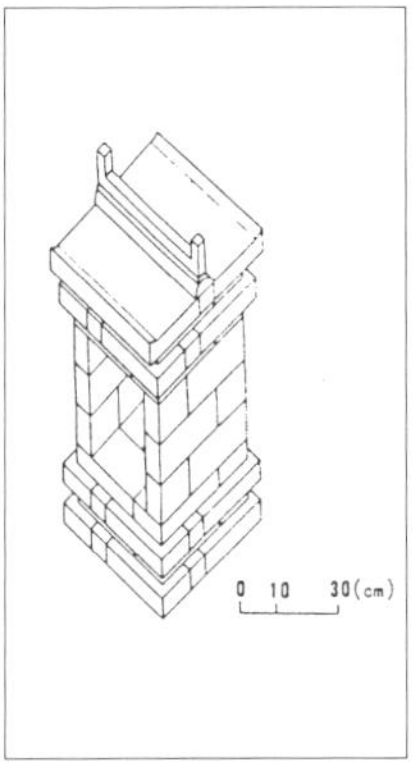

風水楼の実測図
母屋にあたる正房の屋根上に置かれる風水楼は、正房の高さを補うことでその家の風水をよくする働きをもっている。

よそよそしい門と匂いを放つ溝
住宅地の街路は幅およそ4m。その両側に高いものでは6mにおよぶ外壁が連なる。1996年の撮影当時、雨が降ると汚水が溢れたが、現在では下水道設備の布設と道路の舗装が進められている。

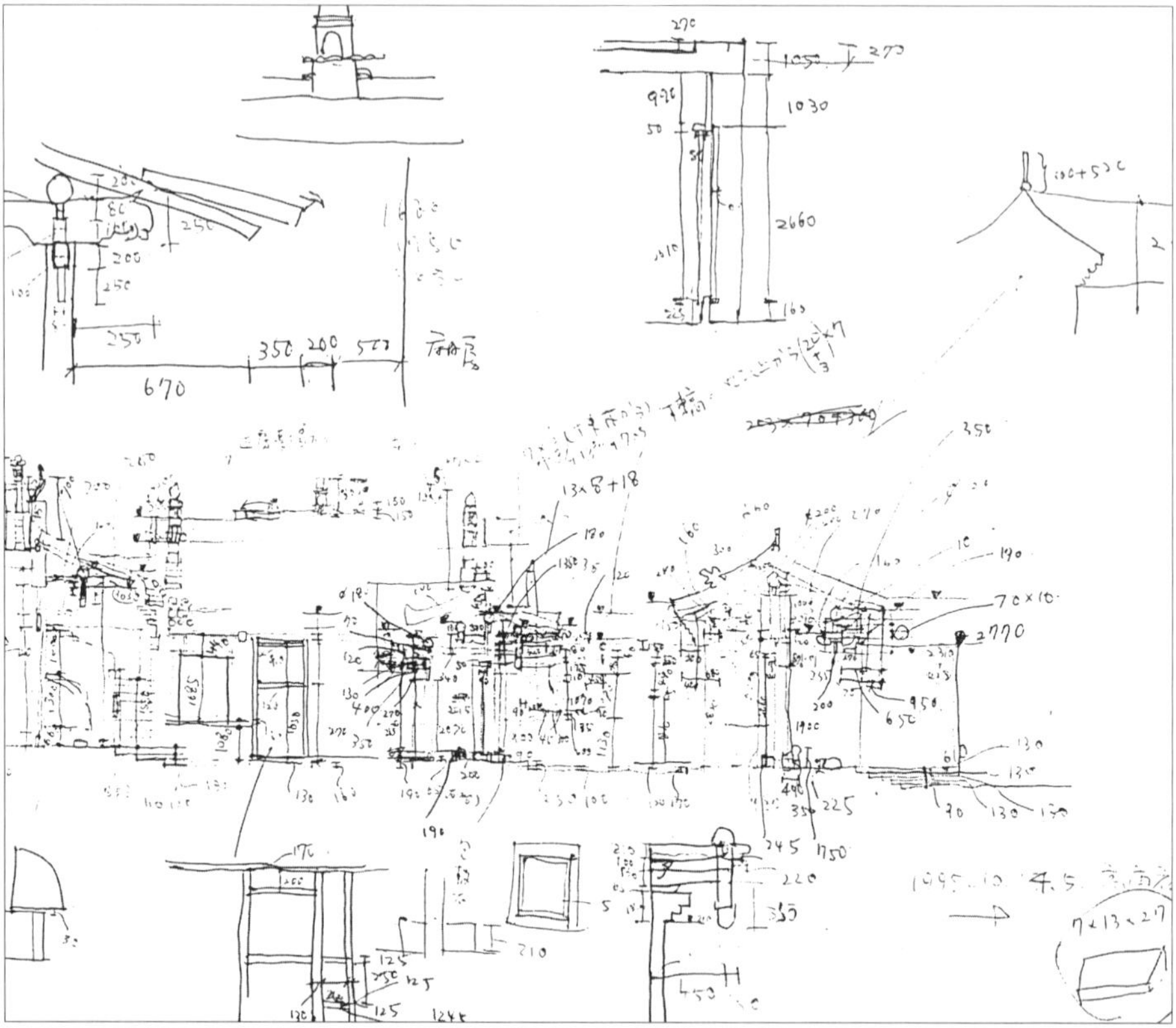

L家断面図の野帳
私の関心は、構造や細かい意匠よりも空間構成を表現することにあったから、実測にあたっては200分の1程度の図面を描くことを目標にした。大体の測量箇所はメジャーでこと足りたが、軒高などのメジャーで測れない場所については、外壁の磚（レンガ）の数を数えて算出した。

の裏にへばりつく。旅館の従業員の態度も人を小馬鹿にしたような感じだし、トイレは常につまっている。せめて食事がおいしければともかく、これが貧相なものしかないとくる。

こうなったら自分をふるいたたせ、さっさと実測調査を終わらせて、こんな灰色の街から早く逃げ出そう、と思ったものだ。

■老人との出会い

ところが、私は大嫌いだった街に八回も通うことになった。一人の老人、H氏との出合いがきっかけで灰色の街が徐々に色をつけていったからだ。

昼下がり、麺の入ったお椀をもって住宅の外壁のへりに腰掛けて道ゆく人をながめながら箸を動かしている人をよくみかける。彼もまた、そうして食事をとっているときに、毎日うろうろしている私を奇妙に思ったのか、「なにしてるんだい？」と声をかけてきた。渡りに船と、実測したい旨をきりだすと快く承知してくれた。

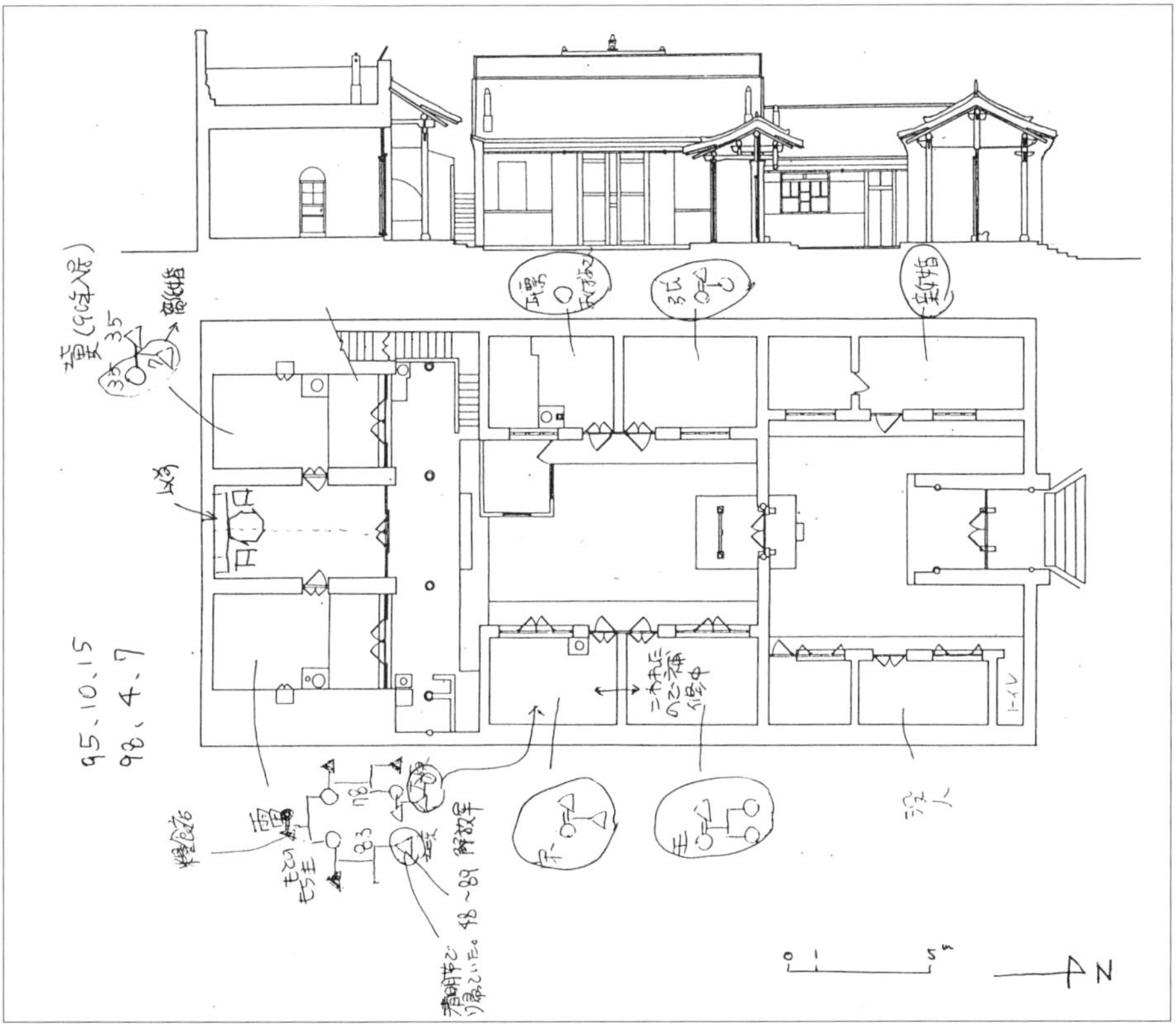

L家住宅の平断面図に家族の居室配置と3年間の変化を書き込んだ野帳
測量が終わった晩には、1mm方眼紙に下書きをすることにしていた。それをコピーしたものを持って、誰がどの部屋を利用しているのか、もともとの所有者がいる場合にはさかのぼれる限りの世代にわたる空間利用を聞き、書き込んでいった。

実測をしながら、家族の住まい方や建設年代などの基本的な聞き取りをした。さらに母屋にあたる正房の屋根上に立つ祠のようなものの意味やヴァリエーションなど、当初の興味の対象について聞くと、こと細かに教えてくれた。驚いたことに、風水に関する知識がかなり深いのである。これに勇気を得て、住宅の実測と風水に関する聞き取り調査を進めることができた。H氏の紹介してくれた友人の住宅も相当数にのぼる。

顔見知りが増えてくると、当初よそよそしく見えていた住宅の外壁も、入るのを拒んでいるように思えた門も、やわらかく迎え入れてくれるように感じられてきたから不思議なものだ。そもそも、平遥人は古くから外地からの客に親切にする習慣があるのだそうだ。というのも、平遥は伝統的に他所の地方で商いをする商人の多い街で、外地での苦労を肌身に感じてきた人が多いせいだろう。

L家住宅の正房より中庭を見る
小春日和の午後、中庭には洗濯物がはためいていた。このほんの少し前には軒下に腰掛けて食事をとる光景がそこにあったはずだ。そして同じ中庭が婚礼や葬儀といった儀礼では色とりどりの舞台にしつらえられる。

■方位観念の発見

何度か調査のために平遥を訪問するうちに、食事の席に呼ばれることも増えてきた。ときには限られた調査期間を削っているようにも思えるが、打ち解けた食事のあいだに、実は様々なことを教わってきた。平遥の住宅の作り方や住まい方の背景には、北あるいは奥を上位として方位を序列化する方位観念が存在している。

招待された食事の席で、客である私は必ず奥に座らされた。その家の主人が次席である私の左手に、さらに長男がいれば私の右手に座らなければならない。

席次を決めた方位の序列は、住宅の使い方というやや広い範囲にも適用されている。敷地の奥に位置する花房（母屋）には家長夫妻、正面から見て左手の棟には長男、右手の棟には次男が住まうという規範があった。それぞれの棟の高さは方位の序列に比例するように、正房が最も高くなるように設

旧正月の中庭
H家には七〇代の老夫婦と長男夫婦、そして二人の孫が住んでいる。旧正月には、外地に出ている息子や嫁いだ娘たちの一家も里帰りして、賑やかなひとときを過ごす。住まいもまた、普段とはちがう賑やかなしつらえをほどこされる。すでに門や窓、柱や生活用品には紅い紙が家族総出で貼られた。

中庭で将棋をさす
暇な午後、近所のともだちがH氏を訪ねてくる。将棋をさしたり、お茶を飲んだり。皆、若いころからの友人だ。
平遥では、他の都市ほど人口の流動が激しくないから、こうした近所づきあいが維持されているのだ。

計されている。

さらに、隣接する住宅との社会的な上下関係も正房の高さに表される。例えば、兄弟で隣り合って屋敷を構えた場合、兄の正房が弟のものよりも若干高くされる。このような規範に見合うことが風水の良い住宅の必要条件なのである。ところが、なんらかの事情によって、規範通りの高さの関係を作ることができない場合に、あの奇妙な祠、風水楼が登場するのである。正房の屋根上に風水楼を設置することによって高さを増し、規範どおりの高さ関係を作りだしていたのだ。

一九五〇年代におこなわれた土地改革以降、一軒の住宅に複数の非血縁世帯が住まうことを余儀なくされたために、現在ではこれらの規範に準じた住まいづくりが難しくなってはいる。ともあれ方位の序列に従った人の配置が宴席の席順から家族の居室配置にいたるまで徹底されていることを体感し、

H氏宅での食事風景
普段の食事をともにするときは、思い思いの場所で箸をうごかす。この日はちょうど清明節という特別な日の御招待だったから、特別の御馳走と普段とはちがう序列どおりの席順でもてなしてくれたのだ。

墓地で祖先に参る
平遥の墓地は城壁の外に広がる農地に点在している。H家の墓地も城外の東北5kmほどの麦畑の中にある。
1950年代初頭には他人のものになり、今では簡単な土饅頭だけの墓は、突き崩され、あぜ道の中に申し訳程度残されているばかりだ。

婚礼の中庭
この家では、娘が嫁いだばかりだ。
中庭の中央にもうけられた祭壇の両脇の椅子には、祭壇から向かって方位の序列上位の左に男性親族が、下位にあたる右に女性親族が座り、花婿からの挨拶をうけていた。

学習していったわけである。

会話の中では、先祖の職業、住宅を購入した経緯、進みつつある観光開発への不安、近所との関係、娘の婚約者について、などさまざまなことを聞くことになった。初対面の聞き取りでは、見知らぬ人には警戒するのが当然だから、ときには話してもらえないばかりか、嘘をつかれることもあった。ある程度の信頼を得て、はじめて聞ける住まい空間の背景もあるのだ。

■季節ごとの訪問

調査によって、歴史的な時間の流れの中での住まい空間のあり方がわかってくると、今度は春夏秋冬という一年のサイクル、そして人の一生の中で住まい空間がどのように人の生活・行為に関わってくるのか知りたくなってきた。そこで、それぞれの季節に平遥を訪問することにした。

季節ごとの訪問で、平遥の色彩が見えてきた。普段灰色の平遥は、旧正月には華やかな紅色に染められる。時に白く雪に覆われる無彩色の家々の門には、めでたい文句を書き付けた紅い紙が貼られ、提灯がつるされる。家の中の神々の祠や生活用品にも紅い紙がそこかしこに貼られる。親戚も集まって湯気のたつ御馳走を囲む様子は、気温零下一〇度のなかでも暖かく、華やかだ。華やかに住まいを飾り、神々をまつることで平安な生活を送れている感謝を捧げるのだ。

春、城壁外の農地に若い麦が育つころ、墓参りの節供がやってくる。農地のなかに点在する墓地に三々五々、供物をもった人々が向っていく。緑の麦を踏み締めて、H氏と城壁外の農地にあるH家の墓地に行ってお参りをした。墓地での儀礼にも、方位に関するさまざまな決まりごとがあるということがわかった。

そして麦畑の中の土饅頭に向かって、自分の生い立ちや中国が苦しかった時代の両親の哀しい死を初めて語り、私を六番目の娘だと思っているから、これからはそう思ってほしい、と言われたことも印象深い。

住まい空間は、婚礼や葬儀という人生の節目の儀礼には、中庭に祭壇を設置し、方位の序列にもとづいてそれぞれの役割を演じる参加者の社会関係を再確認する舞台となる。その舞台は婚礼のときには真紅にいろどられ、葬儀のときには真っ白に染められる。こうして、さまざまに色を変え、人々が喜び哀しむ住まい空間を見ることで、平遥人が住まい空間を作り、維持し、確認してきた方法を学んでいった。

■世界遺産登録と平遥の今後

平遥の住宅は確かに古く、多くは築百年前後になる。住人の居住歴も長い。だからこそ伝統的な住まい空間の作られ方、維持のされ方がわかったのだ。

しかし、一九九七年の終わりにユネスコ世界遺産に登録されてから、平遥での観光開発にはずみがついたことで住まい空間が変わりつつある。生活必需品を売る商店街を政府の条例で観光のための骨とう街に変えざるをえなかったために、買い物は、城壁外にできた商店街が中心になった。さらに、地区ごと住民を立ち退かせて、城壁外の集合住宅に移転させる計画も進んでいる。今後、人の暮らしの成り立たない建築だけがぽつんと残された空っぽの街になりはしないかと危惧している。

しかし、このような城壁外の集合住宅への移転があっても、これまで維持してきた家族の平安を守るための方位の序列をふくむ様々な知識を駆使して平遥人は自分たちの住まい空間を作っていくはずだ。建築形式が変りつつある今、私は彼らがどのような住まい空間を作っていくのかを知るために、これからも平遥と付き合っていこう思っている。調査・研究の対象として、大好きなH氏のいる平遥の老朋友として。

住民のための商店街だった1996年当時の南大街
南大街は、八百屋やら靴屋やらの立ち並ぶ平遥最大の商店街だった。当時は夕方になると買い物客や職場や学校から家路につく人々でごったがえしたものだ。
ところが1998年に施行された条例によって、観光客用の骨とう街に様変わりした。さらに、自転車の侵入も禁止され、通行の不便さから住民の不評をかっている。

関連文献

■「平遥　山西省の住まいと文化①～⑥」『自然と文化』60～66号、一九九九年三月～、日本ナショナルトラスト

■「山西省平遥県における住まい方の伝統とその変容」『民俗建築』116号、一九九九年十一月

天国といわれた水の都

蘇州（中華人民共和国）

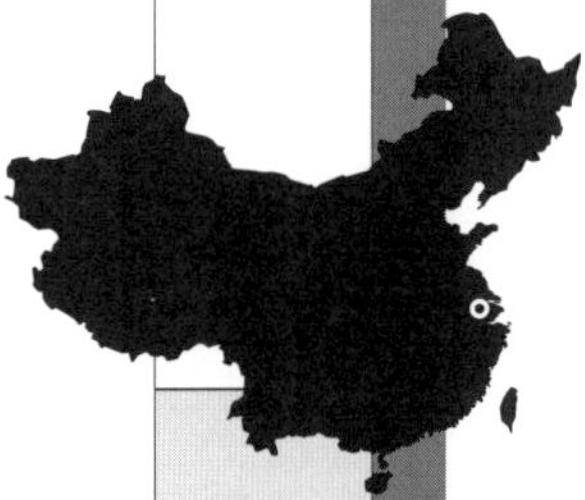

たたずむこと、そして感じること

高村雅彦

■江南再訪

昔のままに、その水はまるで生き物のようにキラキラと輝きを放っていた。夕日を映す水面ほど、美しいと感じるものはない。その向うには街が見えている。船は静かに進む。街に近づくと、山のようにスイカを積んだ船が横付けされている。それを手際よく運ぶ人々の額には、うっすらと汗がにじむ。僕も陸に上がり、かつていく度となく歩いた水路沿いの道を街の中心に向けて進んだ。目の前には、茶の窓枠をはめた白壁に黒い瓦の載る町並みが続く。水路の欄干に、二人の老人が無言のまま座っている。僕も、その脇に腰を下ろした。背後を小さな船が過ぎてゆく。学校帰りの小学生たちが、船から岸に飛び移る。街の密度が高く、人も建物も直接肌で感じることができる。気持ちがいい。

街の中心にたどりつくと、そこには市が開かれていた。同じ青い色の服を着て、頬かむりをかぶった農民たちが、路上に野菜を並べている。角の茶館も健在だ。格子窓から人の笑い声が漏れ聞こえる。

市を抜けると、落ち着いた住宅街に

江南の夕暮れ
水路沿いに連なる家並み。その中央を蘇州へ向かう船と蘇州から離れる船がすれ違う。そしてそれらを夕日がやさしく包み込む。

上　鎮の町並み
上海の西四〇キロにある朱家角鎮。江南の街なら、こんな風景はどこにでも見られる。
左　スイカの荷揚げ風景
江南の鎮では、水際に降りるための石段が、岸のあちこちに付けられている。とくに、街の入口や市の立つ中心には、多くの船が横付けできるのと同時に、荷揚げに都合がよいように、大きな石段が設けられている。

出た。山のように衣類が入ったバケツを持って、おばさんが前を横切り、水辺の石段を降りて洗濯を始める。任さんの家が左手に見えてきたのは、その頃だ。僕が始めて江南の水の街を訪れたとき、お世話になり、家の実測まで許してくれた友人である。開け放たれた門を入り、四角い中庭に出る。任さんに声をかける前に、僕は中庭にしばらくたたずむことにした。夕日が中庭の隅を赤く照らしている。柳の枝が風に揺られて、さらりと音を立てた。じんわりと、まわりの空気が僕のからだを包み込んでいくのがわかる。肩の力が抜けていく。ふわりと浮くような感覚。

街は何も変わっていない。でも、この感覚に憶えがない。変わったのは、僕のほうだと気付いたのは、宿に戻ってからのことだった。調査、調査…、実測、実測…。そればかりを考えていた頃と、今の僕は違う。たたずむこと、そして感じることの大切さを知るのに、江南の水の街と出会ってから十年もの歳月がたっていた。現地調査は「言葉ができなければダメ」、「住まなければダメ」と、生意気なことばかり言っていた僕自身が忘れていた重要なこと。それを数年ぶりの再訪が教えてくれた。

■水の街との出会い

そもそも、中国江南の蘇州と、その周辺に数多く点在する鎮と呼ばれる街と出会ったのは、一九八八年の修士ホヤホヤの頃である。当時、東京では江戸東京論が盛り上がりを見せていた。なかでもウォーターフロント・ブームは記憶に新しい。日本橋川や神田川を船で巡り、水辺から東京を見直す作業が進められていたのである。そんな折、お隣の中国には、今も生き生きとした水の街があると聞いて、先輩に連れられ江南の調査に参加したのが始まりだ。その強烈な印象は、すぐ上海にある同済大学の二年間留学という行為に発展する。留学では、すばらしい恩師に恵まれ、実測や聞き取り調査と並行して、文献資料の分析にも取り組んだ。一年目で中国語をマスターし、人的ネットワークを築いて、二年目で飛躍的に調査・研究を発展させるという目標もほぼ達成できた。

「なぜ中国の江南に留学したの?」と、よく聞かれる。都市論隆盛のなかで、水をキーワードに問題意識を持ちつづけていたら、それにふさわしい対象に出会ったから。これがいつもの返答だ。でも、これは、たて前としての優等生用の答えでしかない。確かに、常に問題意識を持ち続けなければ、現地調査といえども重要なものを見落としてしまう。見えるはずのものも、見えなくなってしまう。実測でさえ、問題意識と基礎知識がなければ、何をどこまで、なぜスケッチするのか理解できないだろう。

だが、あの頃を振り返ると、本当のところは、ただ単純に江南が肌に合った、行きたくてしょうがない、あの料

水路で洗濯
江南の水路は、たんに人や物資を運ぶためだけでなく、その水が米や野菜、衣類を洗う生活用水として、またかつては飲料水としても利用された。まさに、水と共存する人々の生活がそこにはある。

理と酒が毎日楽しめる、といった程度のものであった気がする。成長するにつれ、自分自身、たて前があたかも本当の理由であったように錯覚することがある。しかし、あの頃の僕にそれほどの根性が備わっていたとは、とうてい思えない。先を読まなかった（読めなかった？）ことが、その後の発展と広がりを見せることもあるのだ。

　まずは、明確な目的と方法をもって建物に向き合うよりも、ただ純粋に経験することからすべてが始まるのだと考えたほうが、むしろ自然なのかもしれない。今、そこに自分がいる意味を難しく問わないで、そのまま感じればよい。

■「上有天堂、下有蘇杭」

「上に天国あり、下に蘇州と杭州あり」といわれ、蘇州は天国に並び称されるほど美しい水の都であった。その蘇州も今は、水路が埋め立てられ、目抜き通りにピカピカのデパートが立ち、すっかり水の都の面影を失いつつある。留学したての頃は、もう少し水と人々

水辺の欄干の老人
近年、観光客が増加し、安全のため設けられるようになった欄干は、ちょうど座り心地がよく、計画の主旨とは異なり、住民の憩いの場として使われている。そもそも江南の街では、住民たちが計画とは無縁の隙間を自由かつ有効に利用しており、それこそが我々を引き付ける魅力といえよう。

水の街の小学生たち
不安定な船から、岸に飛び移るようすは、まさに水郷の民の子孫にふさわしい。

茶館
周辺の農村からは、農民たちが、毎朝、収穫物を売りに街までやってくる。彼らの集う茶館は、お茶を飲むだけが目的ではなく、商談や値段の取り決めを行う、いわば水辺の取引所、サロンとしての役割を持つ。それゆえ、物が売り終わる朝９時を過ぎると、茶館にほとんど人はいない。このように、昼間だけの現地調査では見えないことも多い。

の暮らしが密接だった。それでも、蘇州だけでは物足りない。そこで、その周辺に数多く点在する生き生きとした水の街の鎮を調査対象に含めることにした。

いざ、周庄や同里といった鎮に入っても、問題は多い。陣内研究室の都市調査のイロハのイは、まず現在の地図と古地図を比較するところからすべてが始まる。ところが、古地図どころか、現在の地図さえも手に入らない。社会主義の国だから、学生、ましてや外国人などには地図は渡さない。そう思い込んでいた。だが、ほとんどの鎮が現在の詳細な地図を作成していないことをあとから知った。古地図も詳細なものはつくられていない。これでは、街や建物の時間ごとの変化を考察し、歴史的な研究として深みを加えることはなかなか難しい。

とにかく、街の隅々まで徹底的に歩きまわることにした。すると、面白いことに、住宅地と商業地では明らかに街区の構造が異なり、それに応じて建物にもいくつかのタイプが見出せることがわかってくる。しかも、住民の動きをつぶさに観察していると、小さな街なのに、市や茶館がとても賑やかで、時には芝居が演じられている舞台に出くわすことさえある。文化拠点として

恩師と菜の花畑
春の江南は、一面に菜の花が咲き、黄色いじゅうたんで埋まる。上海・同済大学の阮儀三教授との出会いが、調査研究を進展させる大きな契機となった。筆者（左）は、前の晩にまちの党委員長と飲みすぎたため、顔がむくんでいる。これもよい思い出だ。

暑い夏の調査
炎天下の夏の調査では、頭がクラクラするほど暑い。しかし、この後には美味しいビールと中華料理が僕らを待っている。これがあるから、やめられない。

のさまざまな都市施設が、水と強く結びつきながら、街のなかに実に巧妙に配置され、それを人々が十分に享受していることが見えてきたのだ。それらを実測しながら、まずは現在の人々の暮らしと水の関係をフィジカルに描きだすことにした。

だが、実測は困難をきわめた。夏休みには、上海の大学の友人や日本からの研究室の後輩が調査を手伝ってくれたものの、ほとんどいつも一人である。現地の子供たちを誘い込んで、巻尺の一方をよく持ってもらったものだ。そう、今でこそ、電子メジャーが普及しているが、当時はまだない。水路の幅を測るときなどは、巻尺の一端に石をくくり付けて対岸に投げる。ほとんど忍者技である。

江南の人々は、こころよく僕を受け入れてくれた。今でこそ観光地として多くの人が訪れるようになったが、当時、鎮のような小さな街では、初めて外国人を見たという人も珍しくなかった。それでも好奇の目で僕を毛嫌いするわけでなく、むしろ客人として迎え入れ、手厚いもてなしを受けたことのほうが多い。数十日も通いつめた頃には知り合いも多くなり、言葉も自由にあやつれるようになった。住民との対話のなかで調査することの喜びを知ったその頃、それまでの自分が持っていた建築に対する枠組みが崩れていくのを肌で感じた。それによって、初めて僕は、中国と日本の建築、そして僕自身と建築の距離を相対化することができたような気がする。江南の人々とそこでの経験が、少しずつ僕を成長させていた。

住宅の中庭
中国では、住宅の中庭が、南に行くほど小さくなる傾向を強く示す。江南では、中庭の幅が10メートルにも満たないのが普通で、小さく感じる。しかし、こうした中庭にこそ、長い間に人々が蓄積してきた空間の経験が内包されているのだ。

■実測という作業と調査研究

だが、経験さえ積めば、すべての実測調査がうまくいくという訳ではない。リーダーの後に付いてさえいればよかった時とは異なり、経験を積めば積むだけ、また次に対処しなければならない問題が持ち上がる。

実測という作業を通して調査・研究を行うのには、二つの重要なプロセスがある。
　一つは、野帳やスケッチから、清書して図面化するプロセスである。したがって、ここでは実測する行為それ自体が重要なのではない。図面化するプロセスのなかで、野帳に不十分な点があれば、想像で描くか、もう一度現地に行くか、そこだけ白抜きにするしかない。想像で描くのであれば、たとえ調査研究の問題意識がそこまでのディ

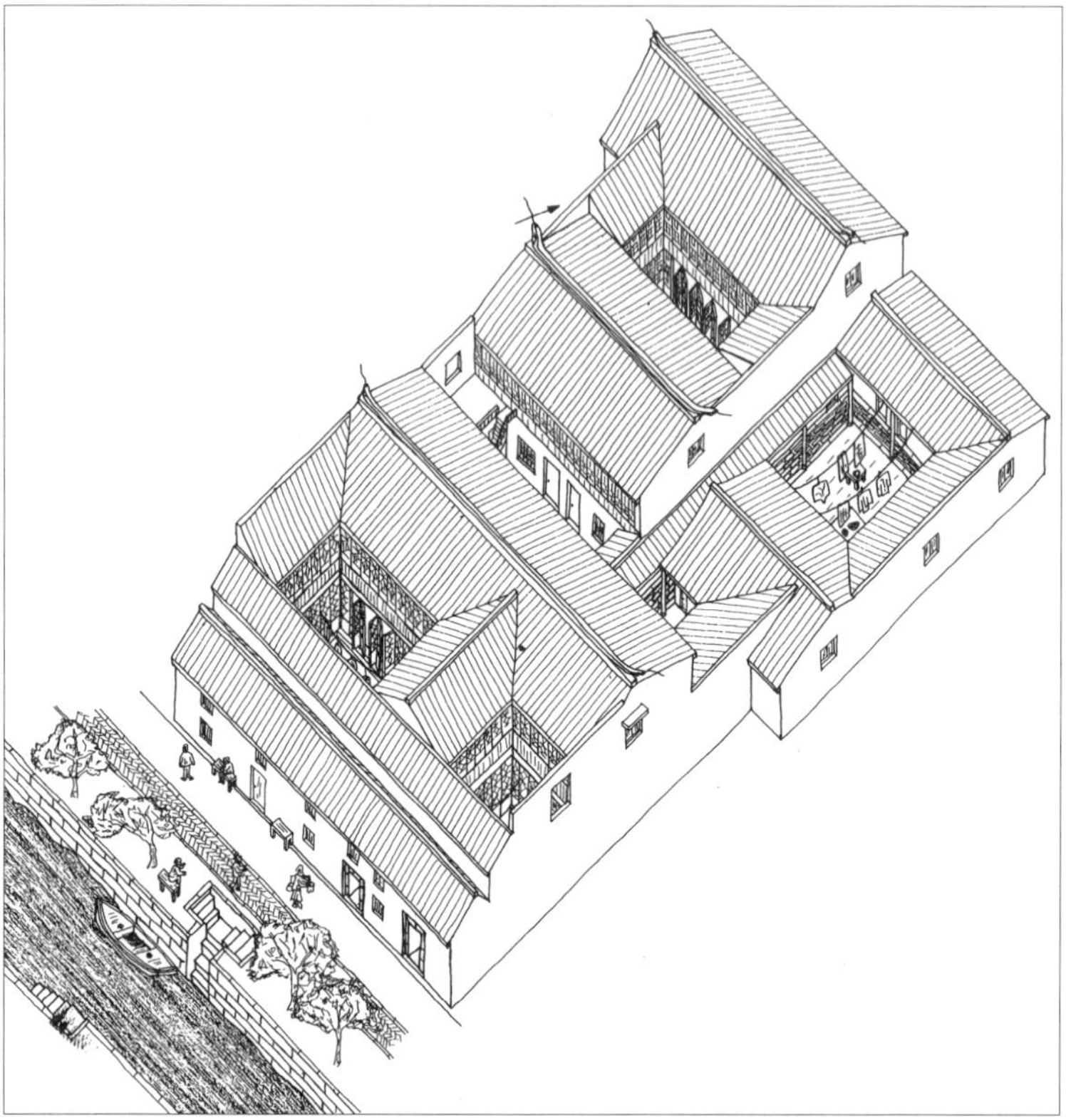

上　同里鎮の任邸
初めての調査で、最初に実測した住宅。ご主人とは、その後も交流が続いた。江南だけでなく、中国の住宅は、明快な中心軸を持ち、複数の中庭を間に挟みながら、奥へ伸びるのが大きな特徴。

右　住宅の中へ
おじさん「どうぞ、どうぞ」
僕「どうも、どうも」
江南の住宅では、扉や窓が大きく、いずれも取り外すことができる。高温で多湿な気候に応じて、風通しをよくするためだ。こうした知恵と工夫が街や建物のあちこちで見られる。

テールを求めていないとしても、図面を見た人の興味によっては誤解や不安を与えることになる。だからといって、海外調査の場合、すぐ現地に行くことも容易ではない。ましてや、白抜きにするのは気分がもっとすっきりしない。

野帳やスケッチは、時間をかければきりがない。最後の図面をできるだけ具体的にイメージして、そのためのデータを採取することを心がけるしかないのだ。それでも不備は出る。では、どうすればよいのか。やはり、個々人が

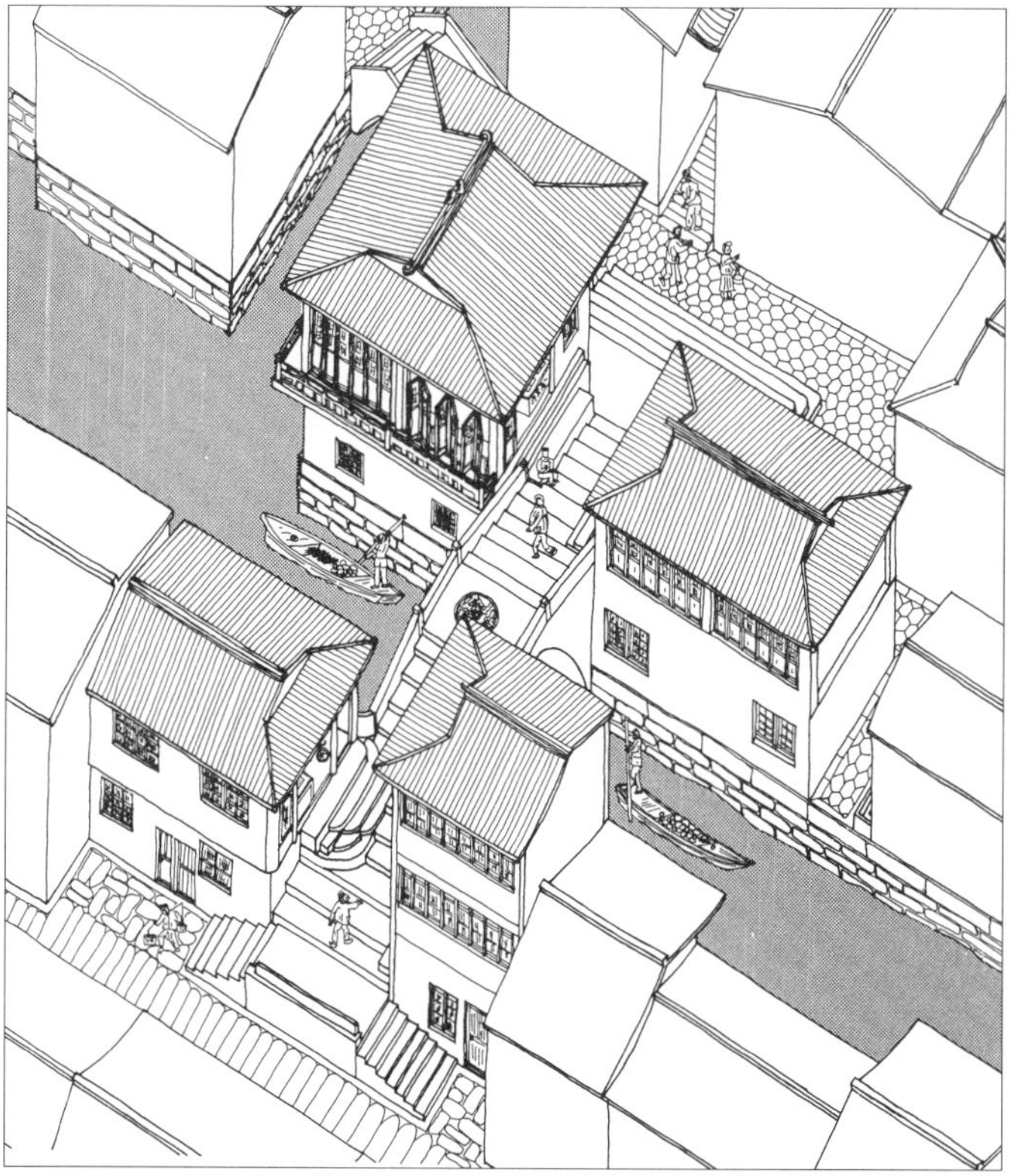

周庄鎮の富安橋
橋を中心に、茶館、床屋、薬屋、旅館が水上に迫り出すように建っている。いずれの施設も、まちが都市間の中継地であると同時に、周辺の農村の拠点であることを物語る。観光地となった今では、ここもまた、すべてが茶館やレストランに商売を替えた。

水辺の舞台
江南は、昆劇や越劇など、芝居の盛んな地域である。廟には、舞台が設けられていることもあり、祭りの日には芝居が開かれる。それを聞きつけて、周辺の農民たちもやってくる。江南の鎮は、まさに周辺に広がる農村の拠点ともなっていることがわかる。

現地に育つ第三の調査隊メンバー
好奇心旺盛な子供たちは、実測やスケッチをしていると、すぐに寄ってくる。何だ絵か！とみんなが手伝いたがる。そして、仲良くなって、次は彼らの家を訪問する。次の実測開始！

巻尺による実測
巻尺の一端に石をくくり付けて対岸に投げる。電子メジャーがあたりまえの現在だが、昔は、ご覧の通り苦労した。

自分の納得したなかでの実測経験を積むしかないのだろうか。今の僕に答えは見つかっていない。かつてデザイン・サーベイと呼ばれた実測作業は、主にこのプロセスに重きが置かれた。

しかし、現在の実測をともなう調査研究では、もう一つの異なるプロセスを重視するようになった。たんに古いから、保存のためだから、ということで単体の建物や一部の地区、小集落を実測するのと違って、ここ数年は都市など巨大かつ複雑な器を対象とすることが多くなっている。だが、すべての建物を実測することは限りなく不可能に近いし、意味もない。そこで、何を明らかにするため、どの建物を実測すればフィジカルに伝えることができるのかという、実測前の思考のプロセスが、現在では重要な課題となっている。つまり、都市では、実測以前に目的と視点を明確にして、どういった切り口でシナリオを進めていくのかということを考え、同時にその場ごとの新たな

天国と言われた蘇州
本当に天国に行く前に、どうぞ一度は蘇州へお越しください。

発見やズレに対しては、臨機応変に対処する必要があるのだ。調査隊のリーダーをはじめとする経験者は、このことを常に思考し、共通認識を持つ必要があるだろう。当然、海外の調査にあっては、フィジカルな空間の背後にある文化を探ろうとするのだから、やはり可能な限り時間を費やし、そのうえ現地の言葉も習得することが求められる。

　ところで、調査研究に、必ず実測が必要かと聞かれれば、当然、答えはノーである。何かを明らかにしようとするのであれば、そのための最良の方法を使う、あるいは見つければよい。しかも、実測はその方法の一つでさえもない。実測は、その方法を具体的に表現するための一つのツールにしかすぎない。

　とはいうものの、実測という作業は、それとは次元の異なる思いもよらないほどの力を秘めている。ニーハオとシエシエしか話せない僕を、住民と対話できるまでに成長させ、その暮らしをじかに感じ取ることを可能にしたのは、実測という作業そのものであった。そして、建築が本当に好きか?と聞かれて即答できなかった僕を、建築とともに人生を歩むと決断させたのも、実際の建物と対話しながら進める実測作業なのだ。

関連文献
■陣内秀信編『中国の水郷都市　蘇州とその周辺の水の文化』鹿島出版会、一九九三年
■高村雅彦『中国の都市空間を読む』山川出版社、二〇〇〇年
■高村雅彦『中国江南の都市とくらし　水のまちの環境形成』山川出版社、二〇〇〇年

厦門《アモイ》
（中華人民共和国）

路地裏からの魅力の発見

恩田重直

コロンス島からみた厦門
手前が近代に外国人居留地が置かれたコロンス島。その対岸に見えるのが厦門市街。近年の建設ラッシュにより、高層ビルが雨後のたけのこのように林立する。厦門市街は厦門島の南西端に位置する。したがって、厦門の港は上海や広州のように河港ではなく、海港である。

「日本の家はなんて小さいの?」。留学を終え、二年ぶりに帰国した我が家で目の当たりにした光景は、小さな食卓、低い天井、狭い部屋だった。幼い頃から慣れ親しんできたはずの空間が新鮮に感じられた瞬間でもあった。

「実測する」ということは、自分が興味を持ち、そして心地よく感じた空間のスケールを確認する作業だ。同時に、実測を含む調査で様々な空間と出会い、いろいろな体験をすることがフィールド調査の魅力なのだ。

■現地で暮らす

建築や都市を勉強しに中国へ留学していたというと大抵、「えっ?」というような反応が返ってくる。ましてや、厦門などと聞くといぶかしがられる。それでも、厦門は僕を魅了しつづける。

中国の港町・厦門。港町へのアプローチは船に限る。香港を離岸した客船・閩南号は台湾海峡を荒波にもまれながら北上する。客室の窓からは、複雑に入り組んだ海岸線が展開する。山並みの多い福建省の地形は、長らく陸上交通の発展を拒んできた。陸の孤島、いや厦門は島なのだから中国大陸の孤島ともいうべき立地条件が多くの福建人を海外へといざない、華僑・華人を生み出したに違いない。厦門を調査地とする僕にとっては、逆にその立地条件が現地で暮らすことを選ばせた。

波が穏やかになったことが、いよいよ厦門着岸が迫ってきたことを告げる。甲板にでれば、厦門が一望できる。左手には、緑生い茂る中に赤レンガの洋館が静かなたたずまいをみせる近代の外国人居留地・コロンス島。右手には、それとは対照的に所狭しと建物が密集する厦門市街が見える。僕の留学生活（厦門大学一九九五—九七年）の、そして調査の舞台である。

　現地で暮らすことと調査することは相反する。なぜなら、現地に溶けこむほど全ての風景が日常と化し、当初のときめきや感動が薄れていく。すぐに調査に行くことができるメリットがある反面、常に初心を忘れてはならない。

　厦門での調査は、日本から携えた近代の都市図を持って足で情報を稼ぐことからはじまった。

近代に都市計画がなされた街路
1920年代から30年代にかけて、旧市街の大改造ともいうべき都市計画がなされた。計画された街路に沿って、2階以上が迫り出し1階部分がアーケードとなった建物が建ち並ぶ。

大潮の時に厦門が沈む？
現地で暮らしていると、思わぬことに出くわすことがある。海岸線近くを歩いていると突如、下水溝からねずみや虫が這いでてきた。しばらくすると、下水溝からは海水があふれ出してくる。あわててカメラを取りに宿舎へ帰り、戻ってくると近代に埋め立てられた場所が浸水していた。大潮の日の満潮時、わずか3～4時間で海水は引くのだが、街は一時騒然となる。

■路地裏探訪

　厦門で真っ先に目に飛び込んでくるのは、二階以上が街路に迫り出し一階部分が柱廊となったアーケードの町並みだ。歩けど歩けど似たような景観が続く。町並みとしては強烈なインパクトを持っているが、一つ一つを観察してみると近代建築の華やかさに欠ける。

路地裏の頭上に干された洗濯物
幅2～3メートルの路地には生活の一部があふれ出す。晴れた日の路地で頭上を見上げると、洗濯物が風に吹かれている。

それよりも、都市図に描かれたこの町並みの内部にあるぐちゃぐちゃな街路が気になった。アーケードの町並みの所々に垣間見える路地が僕の目指すところだとは気付いたものの、路地に入ることをためらった。なぜなら、幅が狭いうえに湾曲したり階段があることにより見通せなかったり、見通せたとしても我が家の庭のように洗濯物が翻っていたりしていたからだ。

でも、ここは中国。外見からは僕が日本人だということに気付かれないと、拒否反応を示す身体に言い聞かせ足を踏み入れた。言わずもがな入ってみればなんてことはない。心地よい空間が僕を待っていた。

ぐちゃぐちゃな街路の正体が複雑な地形にあることは、足が微妙な起伏の変化を感じ取ることから分かる。見通しの利かない視角がちょっぴり不安を感じさせ、耳には振り売りの声が届く。それから僕は、厦門の路地裏にとりつかれた。誰も知らない、異邦人の僕が見てはいけない厦門人の生活の一部を覗いてしまったかのようだった。

そして、なにより多層化したアーケードをもつ建物とは対照的に、低層の伝統的な中庭住宅や町家が存在していることに驚かされた。重厚な木製の門扉が静かな佇まいを見せている。中に

路地裏で休憩する振り売り
厦門の路地は起伏のある地形により、曲がりくねり、階段も多い。その上、幅が狭いため、自転車は足手まといになる。まさに、歩行者のための街路である。だから、多くの振り売り商人が登場する。天秤棒を自在に操り、あちこちに出没する彼ら。そんな彼らも路地の片隅に腰を下ろしひと休み。

街頭で祈りを捧げる住民
T字路や三叉路などのアイストップになるような場所には宗教施設が置かれ、目を引く。文化大革命で弾圧された宗教施設も近年徐々に回復してきている。その背景には根強く残っている住民の厚い信仰がある。

涼しい戸外、お茶で一服
厦門の路上では、お茶を囲んでいる姿をよく見かける。折り畳み式のテーブルに、竹製の小さな椅子。テーブルの中央には、お茶セットが置かれる。厦門のゆったりとした時間が流れている。

入ってみたいと思わない訳がなかった。

■至福のひととき

大門を入ると広々とした中庭に出た。そこで僕を待ち受けていたのは、おじいちゃん、おばあちゃんだった。覚えたての北京語が通じない。その上、彼らの話す言葉もちんぷんかんぷん。分かるはずがなかった。なぜなら、厦門語だったのだから。最初は、筆談でなんとか中を見せてもらう。ちなみに、二年間の留学で僕が覚えたのは厦門訛り丸出しの北京語と多少の厦門語。

現地にいるメリットを生かし足を運ぶこと数回、さて実測と思いきや、次に僕を待ちかまえていたのは、小さくなんとも可愛らしいお茶セットでのもてなしだった。厦門語の茶（te）の発音が、英語のteaになったというのだから本家本元、福建のお茶はおいしい。みかんほどの小さな急須に、おちょこのような茶碗で飲む鉄観音は、さながらエスプレッソだ。熱くて濃いお茶を胃に流し込むと、気怠い厦門の気候からひとときのあいだ解放される。

同時に、会話も弾む。建物の歴史や住まい方について聞くのだが、脱線することもしばしば。日本のことを根ほり葉ほり聞かれ、果たしてどちらが聞き取りしているのやら。ようやく、実測にたどりつく。

やっとの思いでとった野帳を図面に起こしてみて、足りない部分に気付くことも多い。建物の構造や各部の材料などもしっかり見ておかないと描けない。見て、触って、そして描いて、はじめてその建物が見えてくるのである。苦労してとった野帳だからこそ、格好よく描きたい。描きあがった瞬間、一人ほくそ笑む。

野帳をとる
図面を起こすときに困らないように細心の注意を払いながら野帳図面を描く。その眼差しは真剣そのもの。
こうして描いた調査野帳は永久保存される。

路地裏にとりつかれていた僕にも、転機が訪れた。路地からふと見上げた時に、アーケードの町並みを形成していた建物群の裏側が目に映った。装飾もない窓が穿たれているだけの実に味気ない表情だ。しかし、宅地形状による歪んだ凹凸のある景観は、画一的にしか見えなかったアーケードの町並みとは対照的で、僕を刺激した。なぜなら、規則正しく短冊状に割られていると思っていたのに、実は色々な宅地形態があることに気付かされたからだ。大々的な調査の必要性が生じてきた。

■ホレた魅力を伝える

住民との親密な関係から成り立つ一人での調査もいいが、人数を集めて大々的な調査をするのも大人数ならではの醍醐味がある。留学中の調査には、厦門大学の学生に手伝ってもらったこともあったし、日本から調査隊が駆け

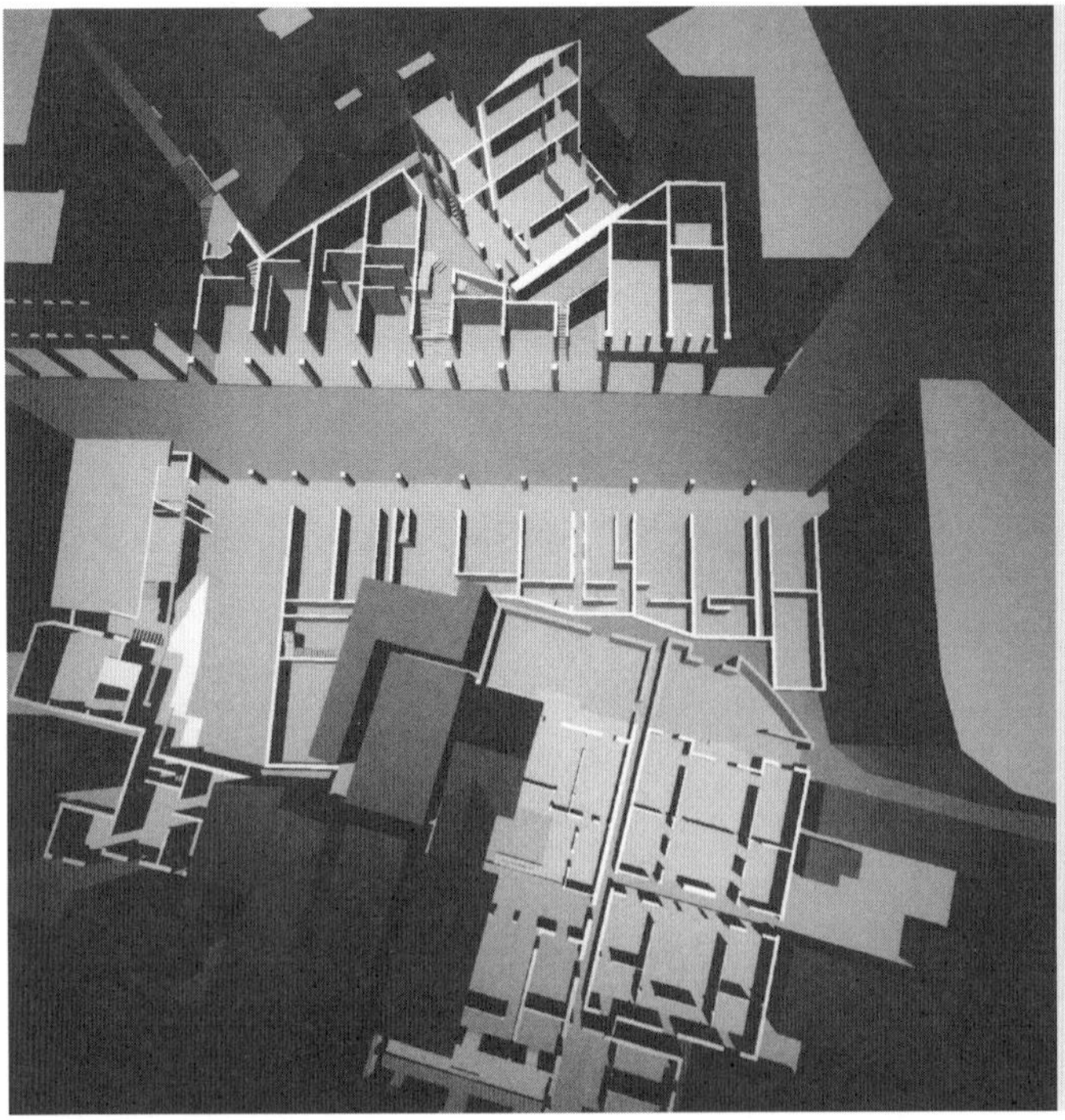

上　路地に花咲く生活文化
きわめて狭い町家に住む人々は各々路地にテーブルを広げ、路地でくつろぐ。昼は食卓、午後にはアフタヌーンティ、そして夜はビアガーデンに変身する。これを確認するために、一日に数度訪問した。また、生活感を出すため、手書きで表現した。

左　直線的に通された近代の街路
この場所では、既成の街路と関係なく近代の街路が直線的に通された。そのため、アーケードをもつ建物の宅地は、既成の宅地や街路に影響を受け、様々な形態が見られる。この図はCGを活用し、地形の高低差や、様々なタイプの建物があることを表現することに重点を置いた。そのため、建具などを排除し、壁と階段、屋根だけを描いた。仮想的な表現であり、生活感は伝わってこない。なお、この図面を仕上げるのに、現地調査を含めて12人が関わった。

つけたこともあった。

大々的な調査は、僕が感じている魅力をみんなに伝えることからはじまる。冷静にして客観的なみんなと交わす議論が新しい魅力の発見につながったりする。そしてなにより、広域な調査が可能である。苦労も多いが、魅力をみんなで共有できたときの成果も大きい。

調査後のミーティング風景
調査中は休む暇もない。つかの間の夕食が終われば、すぐにミーティングがはじまる。毎晩、今日の成果をつまみにビールを飲みながら、といきたいものだが…ミーティングで調査の夜は更けていく。隊長はみんなが寝静まったあとも明日の作戦を考えている。

さて、こうして集めた野帳を図面化することは、自分の感じた魅力あふれる空間を体験していない人たちにも伝えることだ。表現の方法は何であっても構わない。コンピュータグラフィック、手書きの透視図、スケッチ、写真または文章など多種多様な表現方法がある。重要なのは、自分にとって魅力ある空間をそのイメージにあった表現で伝えることだ。

一方、図面化してはじめて、魅力の根元を再発見することもある。厦門の町家を図面にして、その平面が中庭住宅と比べきわめて小さいことに驚かされた。調査中は、微塵も感じさせなかったにもかかわらず。調査中に僕の視覚は確実に建物以外の人々の営みをも捉えていたのだ。どこでも居間と化せるお茶セットしかり、戸外にあふれ出した生活しかり。僕は人々の営みから生まれた空間に魅力を感じていたのだ。

調査の一連の作業を通して、次から次へと新たな魅力が発見されていくのである。

■三年越しの恋

留学を終えて、僕は厦門を研究していく道を選んだ。帰国後は、もっぱらデスクワークにいそしみ、厦門への思いは募る一方だった。そして、三年越しの遠距離恋愛の末に、ようやく再会の日が訪れた。

ドキドキ高鳴る胸を押さえ、厦門にたどり着く。デスクワークで膨らんだ妄想を厦門は決して裏切らなかった。留学中には発見できなかった新たな魅力が僕を魅了した。まるで、僕の経験、知識をあざ笑うかのように。僕は再び素敵な体験をするべく、自分を磨くのである。

関連文献
■恩田重直「重層する近代都市／厦門」『SD』二〇〇〇年四月号、鹿島出版会

多民族共生の街

バンコク（タイ）

微笑みの国から学ぶ

岩城考信

水辺に残る象徴性
バンコクはもともと水の都として知られていた。しかし、バンコクの中心地は19世紀半ばから始まる道路網の建設により、水路が役割を失い、水の都市から陸の都市へと変化したように見える。だが、王宮や寺院などの建物は、今なお水辺に象徴的に存在している。

バンコクは蒸し暑い。温度、湿度を知ると嫌になる。また、私は、タイ語ができないので調査中のコミュニケーションの不具合も嫌になる。海外調査は人員、日数と何かと制約がある。もちろん、食事も日本の味付けとは違う。しかしながら、タイ料理だけは、そのうまさに文句のつけようがない。実測調査の苦悩はそんなところにはない。本当の苦悩は日中の調査ではなく、夜のミーティングから始まる。

■網の目のような水路

バンコクはもともと水の都として知られており、チャオプラヤー川を中心に水路が網の目のように張り巡らされていた。しかし、バンコク中心地では一九世紀後半から道路網の建設により、

ショップハウス
目貫き通りは、ショップハウスと呼ばれる店舗併用の棟割り長屋が軒を連ね、車の往来が激しい。そのため空気も悪く、とにかく疲れる。

水の都の面影、トンブリー地区
バンコクの中心地の西側、チャオプラヤー川の西岸、トンブリー地区では、現在も水が人々の生活と密接に結びついている。

近代化、さらに工業化を成し遂げた。そういった歴史的重層性を持つ東南アジアでも、一、二を競う大都市バンコクにおいて、曖昧な理由で調査対象を選ぶことは、無意味だ。一方で、バンコクに来ることが初めてという仲間も多く、何もかもが面白く見えてくる。だが、最小限の調査で最大限の結果を上げるためには、調査地、調査対象を絞り込まなければならない。

そこで何に注目し、調査を進めるかを考える。毎夜、日中の実測調査で得られた建物の装飾、構造、間口、奥行きなど、いろいろな情報が集まる。それらは日本で考えた仮説を進化させることもあれば、まったく予想しない発見もある。日々集まる情報を分析し、翌日の作戦を考え、毎晩朝方まで頭を抱える日々が続く。

朝、九時には調査隊が出発する。それまでに調査に必要な地図などの資料を揃える必要がある。時間と眠気との戦い。そんな夜の楽しみはホテルから見える夜のチャオプラヤー川だ。日中の喧騒から解放されたその水面に映し出されるバンコクの夜景に、母なるチャオプラヤー川の落ち着きが見出せる。私が一番ほっとする瞬間だ。苦悩の夜

昼下がりの市場
蒸し暑い日中は日影でのんびり、それがバンコク流。バンコクには大小合わせて、無数の市場がある。それらは人々の生活と密接に結びついている。19世紀末の地図を見ると多くの市場がもともと水路に接していたことがよくわかる。

チャイナタウンの路地裏
蒸し暑く、空気の悪いバンコクにおいて、最も涼しい場所は、チャオプラヤー川や水路沿い。次に涼しい場所は、表通りの喧噪から解放された路地の奥である。狭い路地が日影をつくりだし、みんな、軒先でくつろいでいる。

があるから、日中の調査は夢中になれる。

■合言葉は、勇気・好奇心・礼儀・注意力

バンコクは、チャオプラヤー川が運ぶ土砂で形成された広大なデルタの一部である。地形勾配は一キロにつき数センチの差でしかなく、そのため、東京のような山の手、下町といった地形による空間の変容は考えられない。表通りの整然と並ぶショップハウス、そこで展開される商業的な喧騒、そして、一歩裏に入ることにより見えてくる人々の生活。表から裏へ入ることで、バンコクの都市空間は一変する。

確かに、路地に入る瞬間少し足が引ける。しかし、足を踏み入れなければ、発見や前日のミーティング、そして調査対象の選択が正しいかわからない。ここで必要なことは、勇気と好奇心と礼儀、そして、最も重要なものは注意力。前日のミーティングを思い起こす。

さらに路地を奥へと進む。そこには目抜き通りの喧騒とは違う生活感が見出せる。道端でくつろぐ人々、洗濯物。すぐに私達、異邦人に視線が浴びせられる。誰かがタイ語で声を掛けてくる。私たちがタイ語を理解できないと知ると英語のできる人を呼んできてくれる。そして、私たちが建築を学んでいることが人々に伝わる。しかし、すぐ建物の中に入り実測ができるとは限らない。中には入れても、実測は断られること

小休憩と打合せ
調査中には休憩を兼ねて、お互いの図面を見せ合う。蒸し暑いバンコクでの調査において水と休憩は欠かせない。

チャカポンモスク
路地を奥へ奥へと進むと、巨大なモスクが姿を見せる。旧城壁内最大のチャカポンモスクだ。モスクへと続く路地からは、こんなモスクがあるとは想像すらできなかった。

チャカポンモスクへつづく路地
ムスリムの集落を探して、通りですれ違ったジルバッブを身につけた女性の後をつけて行く。この狭い路地がモスクへのメインストリートだったとは、そのとき誰も気付かなかった。

もある。また、何度か足を運び、初めて中に招待されることもある。そんな場合、たいていは街の人と顔馴染になる。すると人々はさらに優しく、わざわざアイスティを買ってきてもてなしてくれる。バンコクのアイスティはとにかく甘い。しかし、その甘さも独特の蒸し暑さの中ではだんだん心地良くなってゆく。

■多民族が共に暮らす方法

バンコクは多民族が共生する都市である。街中で、中国語の看板やサリー、ジルバッブを身にまとった女性をよく目にする。バンコクにおいて、中華系、インド系、ムスリム系など多民族が共に暮らす方法を探ることも調査の重要な目的の一つだ。

しかし、目抜き通りを歩いていても、彼らの住宅を発見することはできない。人と人がすれ違うことが難しいほど狭い路地の奥に、モスクが建つ。そこはタイ・ムスリムの居住地区だ。彼らの居住地区には、大小の差はあるものの

チャイナタウン・ソンワット通りの町並み
19世紀末から20世紀初頭にかけて開発されたソンワット通りには、多様な装飾を持つショップハウスが並んでいる。装飾にはチャイナタウンという場所性もあり、中国人特有の魚やコウモリをモチーフにしたものも目に付く。

必ずモスクがある。だが、小さいものは見過ごしてしまう。そして、住宅の装飾などからも民族的な特徴は見出し難い。特徴を挙げるとすれば、街路に面し居室が配されているという平面的な特徴だろうか。ここでも、前日のミーティングが注意力を喚起する。

■調査地の言語を学ぼう

一九九九年と二〇〇〇年の二回の実測調査を通じて、少しずつではあるが友人も出来始める。友人の一人が私達の調査に興味を持ち、通訳をかって出てくれた。彼女は実測させてもらった住宅に住む十六歳の女子高生である。彼女がいると、調査はやりやすい、彼女がタイ人である以上に、実測調査において、調査隊に女性がいる重要性を学んだ。男だらけで「建築の勉強のために家を見せて下さい」と言われたら、いくら微笑みの国の住人でも警戒する。加えて、私達は外国人。調査隊に女性がいると場が和み、相手に安心感を与える。

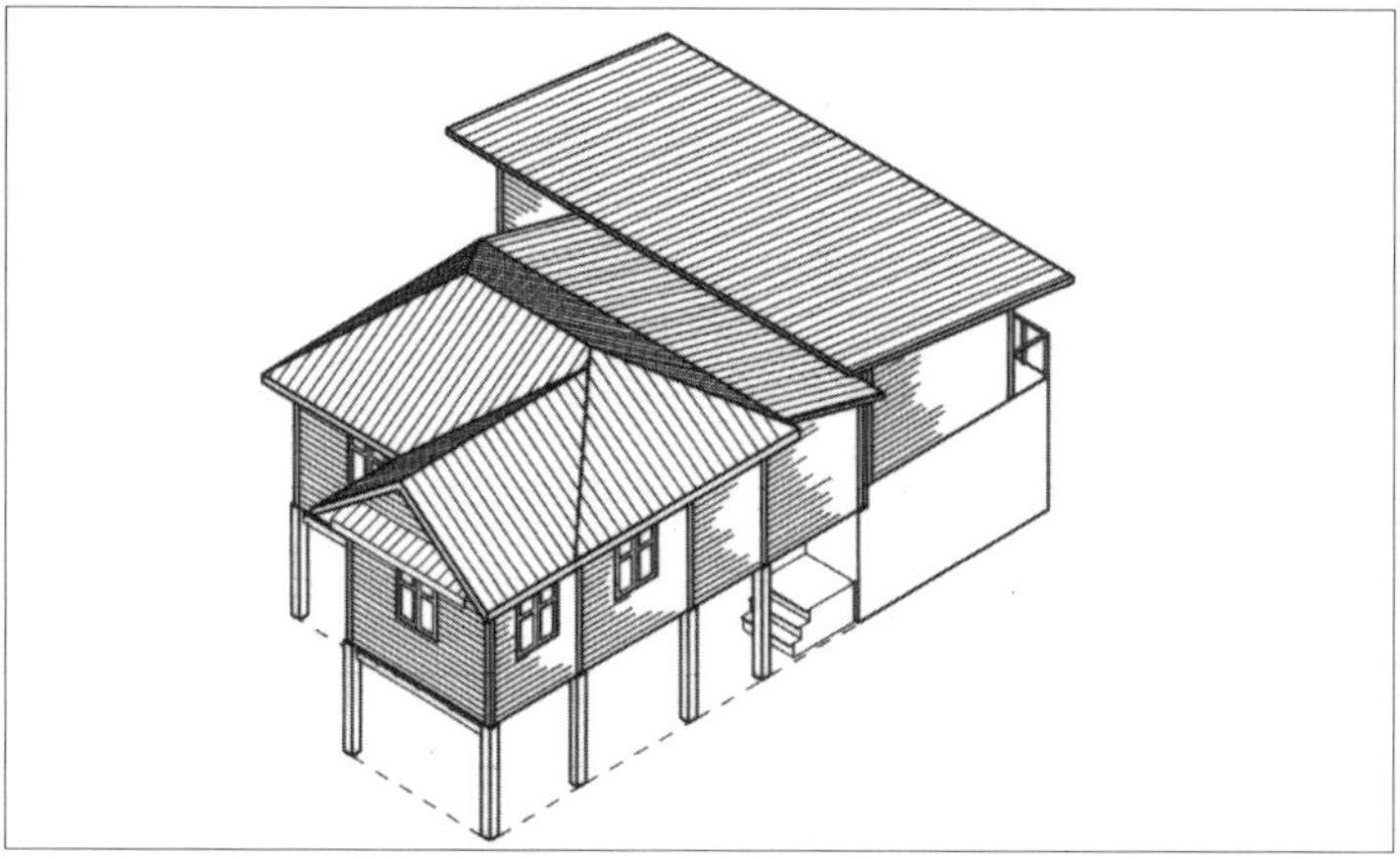

陸上に建つ高床式住居
この間口六メートル弱、奥行き十一メートル強の建物に三世代、九人の人々が住んでいる。中に入ると内部の涼しさに驚く。現在は、増築が進み、一階部分に壁が造られ、室内化されている。実測と聞き取り調査をもとに作図。下はその写真。
実測調査は、常に新しい発見との出会いである。

彼女と共に、以前、実測調査を断られた住宅へ再び足を運ぶ。彼女が私達の調査について説明する。そして、彼女は、首を振りながら私に言う。「この家は実測できない。家主が日本人を嫌っているから」。調査開始から初めて耳にする言葉だった。私達は語学力の無さゆえに、時に相手の不快感すら感じられないということを初めて理解した。

私達は実測調査と共に聞き取り調査も行う。「いつ頃、建物ができたの?」「何人住んでいるの?」などあらかじめ、必要最低限の質問事項は英語とタイ語で用意している。しかし、聞き取り調査において、自由に会話ができなければ、私、質問する人、あなた、答える人というコミュニケーションの一方通行に終わってしまう。それは、時として誘導尋問のようになり、さらに、それがお互いに大きな誤解を生み出すこともある。

私は、より人々の生活に入り込み、タイ語の文献を読み、バンコクの都市構造、人々の生活空間を知りたいと思った。そんな私の一つの答えがタイへの留学だった。バンコクにあるチュラロンコン大学で、スワタナ・タダニティ先生の指導を受けながら、街の中を歩き回る毎日が続いている。

私はバンコクでの調査において、日中、あまりの暑さと日差しに何度か熱中症を患った。同時に、バンコクの都市と建築への熱中症を患っている。

関連文献
■「バンコク・トンブリーにおける水辺都市の空間構成」『二〇〇〇年度大会学術講演梗概集』日本建築学会、二〇〇〇年九月

クルンクン（インドネシア・バリ島）

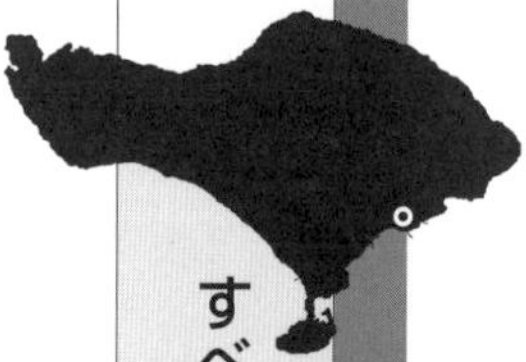

すべてが舞台になる街を体験する

楠亀典之

一九九八年の夏、バリ島からの風が吹いた。バリ島東部に位置するクルンクンで生まれ、現在インドネシアを代表する画家ニョマン・グナルサ氏の呼びかけに応じて「バリの歴史と伝統文化に彩られた古都クルンクンを調査し、その成果をまちづくりに生かす」ための調査研究を研究室で行うことになった。今までの研究室の調査方法はバリにはまったく通用しないだろうと予想され、そこで一体何ができるのかということに面白さを感じていた。

　ゼロからのスタート。バリの魅力に引きずり込まれる二ヶ月前の話である。バリについての知識は旅行パンフレットに載せられている「最後の楽園・バリ島」というリゾートとしてのイメージぐらいである。調査の準備として、バリ島に関する資料を探したが、バリの建築について書かれているものはそう多くはない。バリについての基本的な知識と勢いを飛行機に詰め込んで現地へと飛び立った。

クルンクンの中心にある王宮跡
クルンクンの中心にあるスマラプラ王宮は、1686年に作られ、1908年にオランダとの戦いに敗れるまでの200年以上バリの社会的、文化的な中心的役割を担っていた。最後までオランダの統治に対して抵抗したという土地柄、クルンクンは比較的バリの伝統を色濃く残している。しかし、現在かつての繁栄を偲ばせるものは、バレ・カンバン（水に浮かぶ宮殿）とクルタ・ゴザ（裁判所）のみとなってしまった。

■太陽は北をまわる

　到着早々、クルンクンの街の探索を始める。時期は乾期。空気は澄んで、空は青く高い。新鮮な環境の中、街を歩くために、まず都市と建築の作り方に大きく関係している方位を確認する。方位磁石を見てみるとどうもおかしい。自分の目を疑ったが、針の指す方向に太陽が昇っているのだ。小学校から太陽は東から昇り南を通って西に沈むということを万年の絶対的法則として生活をしていたので、この「太陽が北にある」という事実を目の当たりにして、僕は初めて違う場所にいるということを、南半球にあるバリにいるのだということを実感した。当たり前と思っていたことが一つずつはがれ落ちる。すべては四六時中演劇的生活をしているバリ人の空間の中で、見て聞いて感じて体験していくしかなかった。

結婚式に向かう女性たち
結婚式などの祭礼のときには、美しいサロンを腰にまとい正装で出かける。女性たちは、お供えものなどが入ったカゴを頭の上にのせて式場へと向かう。そして、正装をした人々が集まった空間には色気が生まれ、舞台に華が咲く。

上　中庭での結婚式
結婚式などの家庭内での祭りがあるときには中庭に仮設の舞台がセットされる。そこに、僧侶や親戚、隣人が駆けつけ、賑やかなハレの場へと変化する。

左　数日後の中庭
舞台はすべて片づけられ、家族がのんびりと過ごしており、結婚式の面影はもうなかった。だが、式の最後に植えられた一本の若木が、中庭を舞台に結婚式があったことを物語っていた。

■演劇的バリ人生活

街の中心にはかつての繁栄を偲ばせる王宮跡があり、そこを訪ねる観光客の姿を見かける。だが、王宮に面する幹線道路から折れた道を入ると、ひっそりとした住宅地が広がっている。住宅の敷地は、人の背丈ほどの壁によって四方を囲まれているので、直接中を覗き込むことはできない。しかし、赤瓦を載せた屋根や、美しく彫刻を施された石の祠、木々の緑などがポコポコと塀から頭をつきだしてユニークなスカイラインを作っているので、閉鎖的な感じは受けない。そんな中、塀の向こうから、美味しそうに色付いた果物があふれんばかりに入ったカゴを器用に頭の上にのせた女性が、突然目の前に現れた。また、別の女性が線香とお供えものを道ばたなどにさりげなく置いていく。皆、おおらかでありながらも背筋をピンと伸ばし凛としている。

夜になると、闇夜にガムランの調べが響きわたり、村の人々を寺院に導いている。どうやら年に一度の祭りがあるらしいのだ。祭りの舞台となる寺院の前庭周辺は、正装した人々によって埋め尽くされ、熱気と興奮で異様な雰囲気に包まれている。ガムランの演奏が劇の始まりの合図を告げると、割門(二二四頁写真上)から次々と演者が現れてくる。あたかも割門は、これら芸能のための舞台装置として作り出されたものであるかのように演劇に奥行きと真実味を与えている。

ごく当たり前な日常生活の一断面で

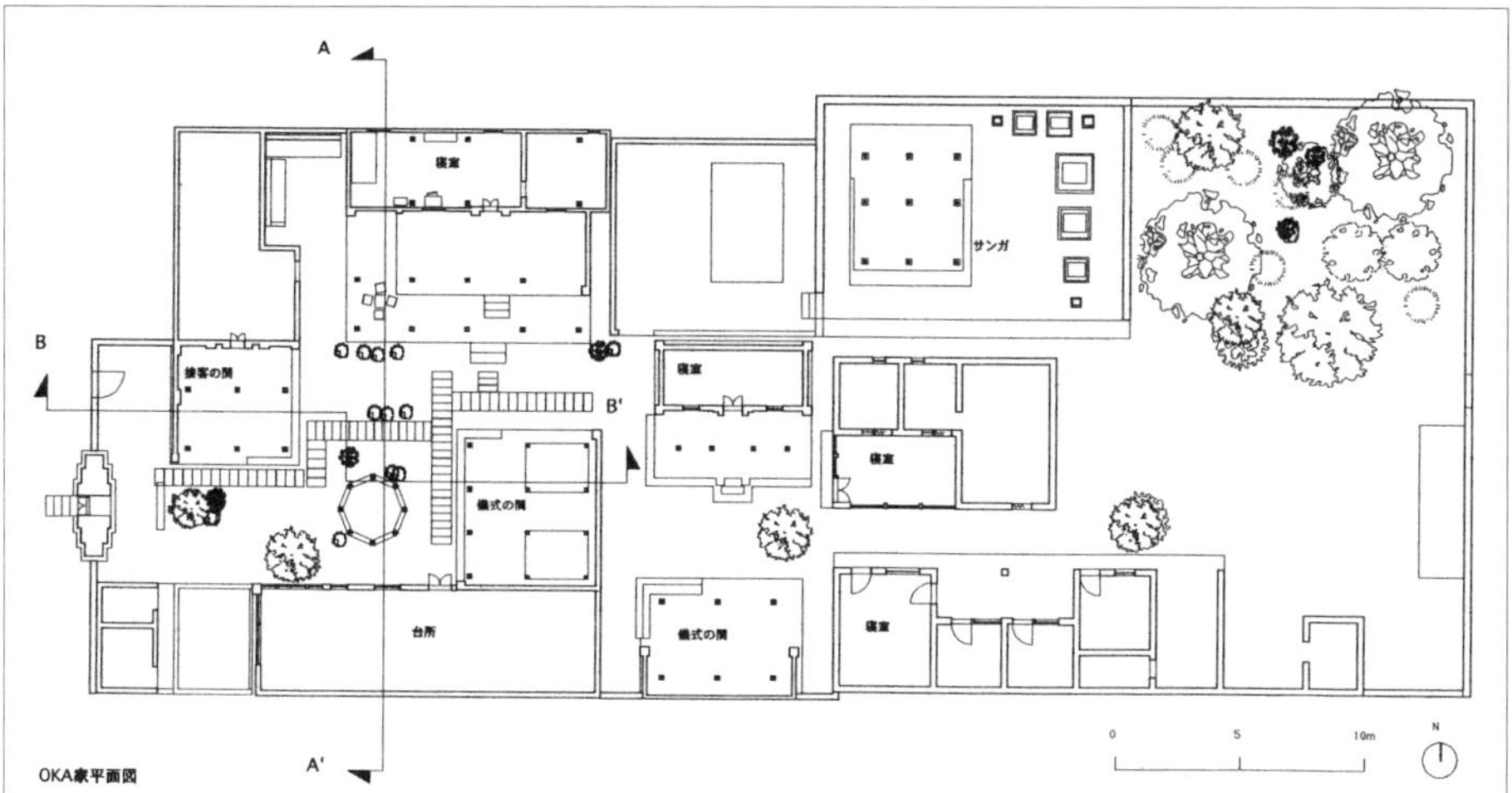

OKA家平面図

A-A'断面図

B-B'断面図

右・上・左　オカ・ハウス（オカ家の住宅）
中庭は、寝室、儀式の間などを一つにまとめるようにして敷地の中心にある。それぞれの棟は、中庭に向かって開放的に作られていて、基壇で高くなった床に座っていると、強い日差しが遮られて、心地良い風が通り抜ける大変気持ち良い空間になっている。
また、敷地の北東方向は一番神聖な場所とされているので、その場所にはサンガと呼ばれる家族寺が配置されている。

あろう光景が、バリの風景の中に自然と溶け込み本物の舞台のようであった。そして、彼らの生活の舞台としての住宅は、どのような空間なのかということに興味がでてきた。

残りの調査期間は様々なタイプのバリ人の住宅を目の当たりにすることができた。そこは、路地の静けさとは違い心地良い中庭が広がっている。バリの住宅は各棟に儀式、接客、台所、寝室としての機能があてられ、北東には家族寺が配置されている。それらは中庭によって、一つの住宅として結びつけられている。バリ人は中庭を中心に生活を営む。祭事のときには、中庭に特設セットが作られ、そこもまた儀礼の舞台となるのである。

二年目の夏、再びクルンクンに舞い戻った際には、中心地区にあるほぼ全ての寺院をローラー作戦で調査した。これにより、儀礼祭礼のときには演劇舞台にもなる寺院の空間構成も理解することができた。

普段の寺院
たいていの寺院は「割門」のある中庭と「儀礼門」のある内庭を持った二段構成になっており、普段は静寂に包まれ凛々しいたたずまいを見せている。しかし、祭りのとき、そこはガムランの響きや人々の熱気で包まれ、むせかえるほど生気を持った舞台へと変貌する。舞台中央の割門から劇の演者が力強く、そしてドラマチックに登場するとき、人々の興奮は一気に高まり、舞台空間と化した寺院はますます熱を帯びてゆく。

エキサイティングな葬式
墓の前の少し広がった道に仮設の舞台が作られ、ここに村中の人々が集まってくる。そして、僧侶の合図で一斉に祈りが始まった。葬式はバリの祭礼の中で、もっともエキサイティングなものである。

■残された王宮を求めて

　住宅と寺院の調査を経て、バリの建築には必ず舞台としての役割もあるということがわかってきた。そして、何かの儀礼や祭礼で舞台としての姿を現したときに、バリの建築空間の本質が見えてくるということも。そのため、住宅、寺院ばかりか、もっとも華やかな舞台空間などがぎっしり詰まった王宮の空間構成を知ることがクルンクンを読み解くヒントになるということに気がつく。しかし、現存するのはほんの一部で、全体の空間構成がわからないのである。クルンクンの王宮の空間構成を理解する手がかりをつかむため、バリに今世紀初頭まであった八つの王国の王宮探訪はこうして始まる。

　西へ東へ、北へ南へ。確実な場所はわからないが、だいたいの場所に見当を付けて乗り合いバスを乗り継ぎながら現地に向かい、その場、その場で知り合った運転手や子供にメジャーの端を持ってもらい、王宮の空間を体験し調査していく。それぞれ王宮は規模こそ違うものの、住空間は庶民のものとほとんど同じ大きさだ。

　そして、王宮探訪で得た実測図を、あらかじめ実測しておいたクルンクンの王宮の図に当てはめてみる。すると、

調査メンバー
毎年、グナルサ氏の家を拠点とさせてもらい、調査にでかけている。街にはそれほどの娯楽施設はないが、毎晩グナルサ氏の家にあるプールで行う水泳大会とビンタンビールが最高の息抜きを与えてくれる。

グナルサ劇場で
最終日、僕たちは村中の人々が観客となっている中、舞台の上で美しい女性と踊り、バリの演劇空間にとけ込んでいった。

調査が終わったあとの楽しみ
調査終了後、ビーチでの楽しみは、なんといってもバリ調査の魅力の一つである。

見事にピタッと収まるのである。洋の東西、いやいや南北を問わず、人が住むための空間は王様であろうが庶民であろうが、ほとんど同じ大きさなのだ。違いがあるのは、それらを取り囲む舞台空間であり、装飾でしかない。

まだまだ、その王宮パズルは完成していない。だが、僕の頭の中にはクルンクンの王宮に人々が溢れ、さまざまなドラマが繰り広げられている舞台空間がぼんやりと見えてきた。僕もその舞台空間にまぎれこみ、バリ人の演劇的生活に溶け込みたいものである。

さてさて、次の調査でクルンクンがどこまで鮮明に見えてくるのか今から楽しみだ。僕に吹くこの風はしばらく止みそうにない。

関連文献
■高村雅彦「バリ島クルンクン—歴史的地区コミュニティと伝統芸術」『第三世界の歴史的地区・街並みの再生　都心地区の復興・再生を目指して』二〇〇〇年度日本建築学会大会（東北）特別研究部門研究懇談会資料、二〇〇〇年九月
■楠亀典之「バリ・クルンクンにおける住居の空間構成に関する研究」『二〇〇〇年度大会（東北）学術講演梗概集』日本建築学会、二〇〇〇年九月

対談——フィールドワークから学ぶこと、伝えること

陣内秀信・中山繁信（司会・高村雅彦）

■宮脇檀さんの「デザインサーベイ」

高村　近年、実測をともなうフィールドワークが建築のあらゆる分野であたりまえのように行われています。きょうは、初期に「デザインサーベイ」の名で宮脇檀さんとともに活躍された中山繁信さんと、現在、世界をフィールドとして展開している陣内秀信さんにその実情と課題を語っていただこうと思います。目的、方法、対象、フィールドが、時間の流れのなかで移り変わってきた過程で、お二人は、どのあたりに位置し、実際にどのようにして、何を対象にしてきたのか。まず、中山さんにとって、最初のフィールドワークはどこだったんでしょうか。

中山　私は倉敷です。突然、宮脇さんがデザインサーベイをやると言い出したからなんです。

陣内　それはいつごろですか。

中山　一九六六年の春、私が大学を卒業したばかり。三月に調査へ行くということになりまして。私は、もう就職が決まっていたのに、宮脇さんが「おまえら、手伝いに行け」と。私と友人の二人、倉敷へ出されたわけ。要するに、図面の書き方を補佐しろということで行ったんです。

　私はいったん就職したんですが、一年で大学に戻ってきたものですから、それ以後、宮脇さんのサーベイを手伝うことになったんです。ですから、いたって消極的な動機です。

陣内　その後、倉敷から、次々にサーベイを続けられたんでしょうか。

中山　そうです。ちょうど宮脇さんが法政大学の非常勤講師としてゼミを担当していたんですが、卒論でデザインサーベイをやることになって、毎年、学生が、三年から四年生になると調査に行くわけです。

倉敷から始まって馬籠、五個荘、琴平と七年間、宮脇さんも設計の仕事が軌道に乗ってきた時でとても忙しかった。その片手間にやったわけです。

陣内　調査地の選定はどんな基準だったんですか。

中山　主に宮脇さんの個人的な好みですが、決定するにはいろいろ諸条件があるわけです。いくら理想的な集落でも、経済的な面で行けないとか、学生の人数とか期間とか、そして、調査対象の集落の規模が一〇〇戸を超えるとちょっと大変なんです。学生の能力にもよりますが、五〇戸から一〇〇戸程度が十人ぐらいの学生が一年かけてできる理想的な規模だったと思います。

いくつも調査の候補を挙げて、最後に残るのはいつも奈良の今井なんですよ。今井をやりたいって、みんな思う。しかし、あれは七〇〇戸あるんですよ。七〇〇戸は、どうしてもできないんですね。それで諦める。宿泊地が確保できるかどうかというのも調査の重要な条件です。いろいろな制約があったけれども、その中でベストな調査地を選んでいった。

陣内　外から見ていて、あちこちテーマというか、対象が飛ぶなとは思っていました。

中山　実際、我々の選んでいる調査地というのは、ちょっと散漫すぎないかと思っていました。集落の形態でもいいし、ソフトなものでもいいから、テーマを決めてやりませんかと宮脇さんに言ったことはあるんですよ。じゃないと、資料が散漫になりすぎて集約しない、結論が出にくいんじゃないかと。ところが、宮脇さんは「これもひとつの方法だから、いいよ」と言うんですね。私はついにその理由を深く聞かなかったのを、今になって後悔していますね。

陣内　ただ、その飛び方が、またおもしろかったりはしたんですけれどもね。

中山　そうなんです。宮脇さんの後で書いたものを読むと、そういう系列化しない、体系化しないやり方、それがデザインサーベイだと言うんですよ。学会風な、固定された方法に染まらない、自由奔放な研究があってもいいと。興味がわき、美しいと思ったら、そこへ行って測ってみようじゃないかという、そういう視点でデザインサーベイというのを捉えていたと思うんですね。

陣内　その場合、例えば、同じようなテーマ、同じような対象を複数選んで系統化しようとすれば、方法もある程度、どこへ行ってもベースとしては共通していますけれど、対象が変わると、性格、営みも違い、形態も違い、あるいは、居住地だけじゃなくて、金比羅の門前の参道みたいなことになると方法も当然変わってきますよね。

中山　そうなります。ですから、宮脇さんがいつも言っていたのは、図面として資料化、記録することがメインなんだと。それに対して多少の分析をしますよね。それは、もう、メモだという言い方をして、雑誌にもそういう書き方をして発表していました。それは、自分が分析したので、人がやれば違うかもしれないということで、

陣内秀信

非常にフィジカルな面だけを強調して、軒高とか、外側とか、それを記号化するような形でしか提案しなかったですね。しかし、それがいつも問題になるんですが。

高村　フィールドワークという意味では、そもそも人類学や社会学、民俗学で一般的であったものが、最近では人文地理や歴史、文学の世界でも必要性が叫ばれています。確かに、宮脇さんが言ったように、フィールドワーク学なるものがあるとすれば、建築は、実測という作業を通して考えることにこそ、その存在意義があるのかもしれません。

■デザインサーベイ協議会

陣内　八王子セミナーハウスでデザインサーベイ協議会やりましたよね。僕は、自分の研究室では何もやっていなかったので、少しでも刺激を得たいというので、オブザーバーで勝手に聞かせていただくという立場で行ったんです。

高村雅彦

中山　七〇年か七一年かですよ。

陣内　武蔵美と八王子セミナーハウスで。そこの席では、宮脇ゼミの方々と、明治大学の神代雄一郎先生のところと、武蔵美の相沢韶男さんたちと、武蔵工大の広瀬鎌二研究室の人たち。

それで、宮脇ゼミの中山さんが格好良く、リーダーでやっていらして、僕らはあこがれるというか、本当にそういう感じで見てました。武蔵美で教えていた宮本常一さんもおられた。

中山　われわれがやり玉に上がるわけ。要するに、民俗学的なアプローチと我々のアプローチって、まったく違うんですよね。向こうはベッタリ入り込んで生活を共にしながら資料を集めていくということ。我々は、彼らからすれば、やりっ放しに見えるわけですね。春一週間とか、夏二週間くらいで、サッとやって帰るものだから。

そういうものしか宮脇さんも興味ないんです。身近に生活をともにしているよりも、都市の構造、骨格を知ることが、宮脇さんにとっては目的だったんですね。僕らもそういうふうに教わってきたし、一年間で卒論を上げなきゃいけないわけだから、どうしても、目的から考えると、できる範囲って決まってくるわけですね。でも、そういうことに対しての批判はあった。正直、私たちも、完全に理論武装できるだけの資料もなく、反論できる立場でなかったですから、甘んじて批判を受けるしかなかった。

高村　三〇年たった今でも、その部分については議論が変わっていないんです。現在でも、いわゆる参与観察という、人類学を中心にした、あるいは民俗学のような、住み着いてずっと見ていくというのと、一方で、我々の建築は、どちらかというと、野外調査と言えばいいんでしょうか。一般的なフィールドとの隔たりはもちろん、目的も方法も、最終的に目指すものが違うのですからいろいろあっていいと思うんですが、いまだにその議論は根強く存在しています。

中山繁信

陣内　でも、例えば、神代先生のところは、ずっと高密な漁村の集落をずっとやられていた。

中山　祭りをテーマにしていましたね。

陣内　祭りをテーマにして、ハレとケと、両方の空間の使い方。それで、コミュニティの規模はどのくらいがいいかということも含めてね。ハードとソフトと両方だけれど、かなり建築の立場から、ある意味で、限られた期間で行って、観察できるものを観察し、記録するものを記録しという。ずっと住み込んでベッタリというのじゃないけれど、やることはやる。

高村　陣内さんは、初めての実測をともなうフィールドワークはどこだったんですか。

陣内　僕は、ともかく何かやりたいなと。やりたい気持ちだけあって、実は、東京電機大学の阿久井先生のところでタンザニアのコンペに参加したり、いろいろな活動を一緒にやらせてもらっていたんだけれど、その頃、阿久井さんとギリシャのエーゲ海の島々を船で回ってデザインサーベイをしようという夢を持って、モーターボートの免許まで取ったんです。でも結局は、それは残念ながら実現せずに、僕は、その後、イタリアのヴェネツィアへ留学することになっちゃったんです。

行くにあたって、向こうで何とかサーベイ的なことをやりたいなと思っていたんだけれども、何もやらずに行っては戸惑うから、ともかく日本でできることを経験しておこうと思って、都立大の石井昭先生の研究室でやっていた萩の調査にくっついていって、お手伝いをしたんです。築地塀の調査ばかりでしたけれど。本当は中に入って住宅とか武家屋敷とかを調べたかったんですけれど、そこの段階では、敷地の周りばっかり調べて。それでも、巻尺を持って実測し、図面化するというようなことをやりました。

■歴史の軸を投入する

高村　研究の方法論を体系づけようとしたのが陣内さんのように思うのですが、萩のあとは、どういった枠組みや視点で調査をおこなったのですか。

陣内　僕は、歴史の研究室にいたし、ある程度歴史の方向でやっていきたいと思っていました。でもデザインサーベイというのはあのころ本当に輝いてたんです。

中山　あの頃はそうだったかもしれません。しかし、私たちにはそのような意識は全くなかったです。

陣内　それで、同じようなことをやってみたいと。ただ、自分だったらこうしてみたいなということはあって、ひとつは、歴史軸を入れていくということ。歴史の研究室にいたから、当然、それをやらないとバカにされちゃいますから。それと、もっと都市をやりたいという気持ちがありました。実は、不思議なんだけれど、我々の世代から都市史というのが始まったんですよね。日本の都市史をやっている連中を見ても、本格的にそれを専門に最初からスタートしたのは千葉大の玉井哲雄さん、日本工業大学の波多野純さん、京都大学の高橋康夫さんなど本当に同世代なんです。ということは、たぶん、建築学科の中で勉強していても、状況がそういう方向へ引っ張っていってくれたんじゃないかと思うんです。江戸をやる人とか、京都をやる人とか。だけど、主に文献史料でやるわけで、必ずしもフィールドを対象にしてやるという方法じゃないんですね。

高村　従来の建築史のフィールドとは違うわけですね。

陣内　僕の場合は、今の環境を理解するということをしたかったので、デザインサーベイの場合は、今そのものを調べるわけですよね。そういうセンスを少し大きい都市にぶち込んで見てみたいなと思ったものですからね。

高村　そんなことできるわけがない、というような雰囲気もあったんじゃないですか。

陣内　歴史の中でできてきた格好いい、おもしろい、人間にとっても価値のありそうな、そういう都市空間を自分で体験し、測って、図面化し、分析し、記述し、ということをやってみたいなという漠然とした思いがあって。ただ、方法がなかなかないので、それで、勉強のできそうなイタリアに行ったわけなんです。

■近代建築へのクリティカルな視点

陣内　中山さんが書かれた（一四六頁）、近代の建築や都市が思うような価値を与えてくれないというか、そういうことへの反発、あるいは、クリティカルな視点から、かつて歴史的にできあがった魅力のある空間にみんなが入っていって、体験し、調べるという、その動機づけって大きいですよね。素直に大きかったと思うんです。六〇年代ですよね。

中山　六六年から始まりました。

陣内　高度成長のまっただ中で、ガンガン壊し、造り、そういう中で、だけど、変だなという、それだけじゃおかしいんじゃないかという、いろんな立場の言説というか、出版物も出るし、雑誌もそういうことを言うようになってくるという状況があって、その中で、素直に魅力を感じる対象としてあった。

中山　若者にとっては、デザインサーベイはストレートに分かりやすかった。説得力があったと思います。今の都市では複雑すぎて何を学んでよいのか分かりにくいと思いますね。オリジナルを素朴なものに求めようとするのは当然かもしれません。素朴なもののほうが原理が理解しやすい。その原理をつかめば、何か新しい都市像が出てくるんじゃないかという期待感はあった。でも、これをやれば、絶対答が出てくるということがその時には分からない。その分からない点が、みんなを引きつけたのかもしれません。

陣内　建築計画の分野で民家に取り組むのは、戦後もあったと思うんだけれど、生活改善なんですよね。民家の空間や形式の価値は、一定程度評価するかもしれないけれども、やっぱり土間を何とかしようとか、台所は改造しようとか、いろんな意味で生活改善の計画学じゃなかったかなと思うんですね。

その後、ある程度時間がたって、六〇年代中盤、後半に、歴史的にできあがってきたものの中にある価値を発見し、体験し、体で学んでいこうという強い情熱というか意思が出てきた。生活改善じゃなくて、デザインを学び、建築を設計していこうとする若い人たちが、あるいはリーダーの宮脇さんが、のめり込んで描き出して表現していこう、体験しようという。それは近代建築の教育の中にはなかったものだと思うんですよ。アメリカのオレゴン大学が金沢で先にそれをやったわけでしょう。

中山　そうですね。オレゴン大学がやったということがセンセーショナルだったんです。日本の大学でなかったというのが逆にデザインサーベイの評価を高めた。

陣内　例えば、『ＳＤ』の創刊号でイタリアの広場の特集を磯崎さんがやって、僕が大変お世話になった田島学先生もベネツィア論を書いていらっしゃるんですね。すばらしい特集です。歴史的な都市への眼差しもしっかり入っている。アーバンデザインの歴史があり、そこに宗教空間や共有のスペースも出てくるんだけれども、住宅や住宅地といった生活空間を丸ごと興味を持って調べ上げていくというような、そういうアプローチ、眼差しって、やっぱりないんですよね。それを一番最初におやりになったのがデザインサーベイなんです。図らずも複数のグループが同時に進めていて、すごい迫力があった。

一方で、時代の雰囲気としては、ルドフスキーの『建築家なしの建築』とか、海外の刺激も大きかったですよね。あれも六〇年代の中ごろに書かれた本で。それをもう一回見直してみたんだけれど、彼は、オーソドックスな建築史が、モニュメント、教会とか宮殿とか、そういうものばっかりを扱っていて、民衆の中の職人や工匠たちが造ったバナキュラーなものへ全然目を向けていない。だけど、そこに大変な知恵があるんだという。それと、できあがってくる空間や景観が非常に魅力があるという。こんなにクリエイティブな形があるというのを、いろんな例を出していましたよね。

中山　アノニマスなんていう言葉が、一時、はやりましたよね。そういうところにデザインのオリジナルを求めるみたいな傾向があって、なかなか衝撃的でした。そういうものと都市の破壊が相まって、もう一度そういうものを見直そうという風潮が大きな流行をつくったんだと思います。

■町並み保存運動との接点

高村　七〇年代の町並み保存運動が関係してきますね。

陣内　でもそこには、ひとつステップがあったと僕は思う。不思議なんだけど、デザインサーベイの運動が、潮が引いていくみたいになっちゃう。それと主役が交代する形で、建築史を中心に違う分野の技術、知識を持った人たちがたくさん入ってきて、ある意味で似たような、だけれど少し違うんですね。目的が最初から保存という形ではっきりしていて、結果的には、伝統的、歴史的な町並みや集落が調査され続けるんだけれど、やり方とか目的がかなり違う。

高村　それを中心にやってきた人たちも違う人たちなんですね。

陣内　かなり違うと思う。伊藤ていじ先生は、ある意味でつなぐというか、両方をやられた方だと思うんですが。

中山　最初から、デザインサーベイの効用の中で、資料の収集もあるけれど、そういった保存、修景の武器にはなるだろうというようなことは前から言っていましたけれどもね。しかし、今、陣内さんが言われたように、やってきた人たちが同じ保存運動に行ったかというと、そうでもないですね、確かに。

陣内　武蔵美の相沢さんは、大内宿を発見したといって話題になった。

中山　そうですよねセンセイショナルでしたね。

陣内　あれはすごかったですよ。朝日新聞のトップに出たんですよ。大内宿を発見とかいって。すごかった。集落を発見して朝日新聞の一面に出るなんてね。今は考古学の発掘がすごいですけれども、あれと同じように。

中山　あの当時でも、そういうものがあったんですよね。まだ、日本にもこのような集落が残っていたのかという驚きがあった。

陣内　知られざる価値のある…。

中山　発掘、発見みたいな要素が、まだそういったところが多少残っていましたよね。我々も、どこかへ行けばそういうものがあるんだろうという期待感があったことは確かですね。

高村　そもそも、一九六〇年代後半からの海外における形態に関する調査、八〇年代のアジアを中心としたフィールド、そして一九九〇年代の国際協力にみる修復・保存といったように、そのフィールドも国内から国外へと自由にその範囲を広めていきました。その過程で、国内では発掘、発見ができなくなったころに、海外に出て行ったということですか。

中山　それはひとつの要因だと思いますよ。行っても魅力がないんですよ、その集落に対して。測ろうとか、そういう魅力がある集落がほとんどなくなったというか、尽くされてしまった。おそらく、相沢さんの大内宿が最後でしょう。

陣内　相沢さんは、後に、保存とかまちづくりとか、そういうことにこだわって。

中山　武蔵美の方ではそのほかに……。

陣内　ＴＥＭ研究所の真島俊一さん。

中山　真島さんと、佐渡の宿根木なんかの保存運動は良く知られてますね。

陣内　だから、つながっている部分もある。特に、武蔵美の人たち。それから、武蔵工大の中心的メンバーだった矢野和之さんが、古墳や城をはじめとする史跡や古建築の保存や環境整備の分野ですごく活躍しているんです。だから、ある意味で、デザインサーベイの協議会に参加していた人たちが、それぞれ道を切り開いて、直接つながっているところに行った方もおられるんですね。あとは、個人的に皆さん、仕事に生かしているでしょうけれども。

中山　私も、工学院で伊藤ていじさんの下で倉敷を調査したんですよ。倉敷は二度目なんですが、法政時代もそうですが、その当時やった学生が、三〇年くらいたった現在でも、全国のいろいろな都市に行って、町おこしとか村おこしに参加しているんです。昔やった調査の体験が元になっていると思うんですよ。

彼らはそういう実体験を生々しく話すわけね、商店街とか、町の人、役所の人に対して。それはかなり説得力があるわけですよ。私たちはこうやったと。今ではあれほどの密度の調査はできないけれども、それに似たような方法で資料化して、それを分析して、彼らなりに読み換えて仕事に生かしているのを見ると、これもなかなかという感じがします。

■学生にとってサーベイの意義はどこに？

高村　ちょうど今、調査の意義というか、回帰というか、そういう話が出てきたんですが、フィールドワークや実測は学生と一緒に行うことが多いですが、学生にとっての意義はどこにあるのでしょうか。

陣内　今の若い人はあまりにも知らな過ぎるというか、体験が少ない。特に、魅力のあるリアルな空間の中に身を置くなんていうことは滅多にしない。もちろん、京都を見学に行くとか、茶室の中に入ったとか、そういう経験はあるかもしれないけれども。あるいは、もちろん街を歩くことは、みんな、好きになってやるようになりましたけれど、もっと中まで入っていく、知らない人と出会って話をするなんていうのは、あまり積極的にやらないわけですよね。

イタリアから帰ってきて、教える立場になって、最初は東京から始めたんです。台東区の下谷、根岸を選んだ。七〇年代の終わりですから、まだ、場所にインパクトが感じられたんです。いろいろな強烈な体験もありました。

大学の中で、講義室であるいはゼミ室でテーブルを囲んでディスカッションをしたり、机上で本を読んだりしているだけよりも、外に行って体験して考える。しかも実測という行為が伴えば、モノにも触るし、スケール感もつかむし、図面もうまくなるし、体験してきたほうがよっぽど教育として効果があるんですね。一年間、ゼミでしこしこやっているよりは、現地へ行って一週間調査してくるほうが、飛躍的に伸びるわけです。そういうのを何回も見ているから、トータルに人間ができあがっていくというか、自信を付ける。あらゆる意味で教育効果があると。

中山　まさにその通りだと思いますね。モノを観念的に考えることに慣れてしまっている人間が、実測で家の中に入れてもらうと、教室で習った住宅とはまったく違う世界が目の前にある。家それぞれ生活の様式も風習も全部違うわけですね。生活というものはキレイゴトではなくて、いたってドロドロしたものだという現実を見せつけられる。

彼らはそれも現実だというふうに受け止めてきて、今まで観念的に考えていた人間関係とか生活というものが生の形でインプットされるというのは、相当教育的な効果はありますね。

高村　体験を通じて自らが成長をしていくということ、あるいは、自分の持っていた建築の概念であるとか、自分の持っている建築の枠組みとの距離というものを、実測、フィールドワークを通して再認識するということが個々に行われればいい。つまり、自己の相対化に意義があるのであって、それ以上の期待はあるんでしょうか。

たとえば、海外の場合、それぞれの地で培われてきた文化とか歴史があるわけですから、自分がそれまで日本のなかでつくりあげてきた自己の解釈とか枠組みを、そのままそこに持ち込んでその土地を見ていくというのはちょっと危険な気がするんです。ですから、少なくとも、海外の場合でいうと、できるだけ長い時間をかける、それから、言葉が話せるというのは必要なような気がします。つまり、フィジカルな空間の背後にある文化を探ろうとするのが、陣内さんのやっている、あるいは中山さんのやってきたフィールドワークだとすれば、住民との対話のなかでフィールド調査を行うとした場合に、ただ単にフィジカルな空間だけを体験して自信を持つ。それは最低限、やればできると思いますが、一方で、研究というところに結び付けようとしたときには、やはり、言葉を話す、あるいは、できるだけ時間をかけるということが必要になってくると思うのですが。

■グループ作業の意味と効果

陣内　単純な話ですけれども、大勢のグループでチームワークよく、ある都市や集落や地域に行ってフィールド調査をやるというような枠組みというか、こういうものは、意外に他の研究ジャンルではないそうなんですね。僕はいろんな人に最近聞いて、つくづくそう思う。それと、外国の建築学部や建築学科ではなかなかやりにくいらしい。日本は、ゼミというのがある。しかもしっかりしている。そこでは、みんなそれで卒論を書く。先生は指導をする。だから、先生にとっては、全体の調査・研究がだんだん広がっていって、ある意味で、系統化しようと思えばできる、そういうポテンシャリティを持っているわけですよね。学生諸君は、自分の卒論になっていくので卒業できる。しかもいい体験ができる。だから、研究をやっていくサイドから、あるいは、そういう社会に対してメッセージを出していくサイドからいっても、学生の立場からいっても、いいんですよね、共同で作業をするのは。

考古学は、もちろん共同作業をするわけです。考古学は、穴を掘るということも含めて、相当な実働が要るわけで、期間も長くかかる。これはチームワークよくやる。だけど、民俗学の調査、あるいは、歴史の文書調査なども、みんなフィールドに行くんですけれども、そんなに大勢で行くわけじゃないんです。数人で行く。先生がゼミ生を指導する。日本でも、社会学、民俗学なんかでも、そんなに大勢でやるというのは少ないらしい。

海外の建築学科は、日本のようなゼミがない。しかも、みんな個人主義だから、チームを組んで、まとまって行くというのはそんなに簡単にはできない。例えば、アメリカのコロンビア大学なんかを見ていても、みんなバラバラ。先生が学生と一緒にチームを組んでやるなんて、どうも考えにくい。

イタリアでも、そうですね。先生もくっついていって、泊まり込みでフィールド調査をガンガンやってくるというような形式はなかなか成立しないんです。そうすると、我々は非常に貴重なことをやっているんですよ。

■サーベイにはいろんな手法がある

中山　言葉の問題は、もちろん言葉ができればいいわけだけれども、オレゴン大学の調査では学生は四人来たんだけれど、日本語は全然ダメだと言ってましたね。教育はしたんでしょうけれど。

もうひとつは、そういうベッタリやるのがいい調査かというと、また別だと思うんですよね。中に入ってしまうと見えなくなってしまうものもあるだろうし、原広司さんのように、そこに数時間しかいないで、数をたくさんやる。都市の骨格だけをパッと押さえてパッと帰ってきてしまうというやり方もあるだろうと思うんです。だから、どれがいいかというのはケース・バイ・ケースで、その状況によっても目的によっても、手法はまちまちだろうと思うんです。それをデザインサーベイとよぶかは別ですが。

陣内　言葉は、もちろん、やれればやるにこしたことはないし、理解度も深まるけれども、逆に、客観的に、ともかく造形的な、形態的なことをしっかり見てこようということよりも、もっと中へ入っていって、別の広がりで研究を深めていくという方向に行っちゃうかもしれませんね。両方の立場があると思う。だけど、学生たちも、しばらくいれば、ボディランゲージだったり、片言の挨拶を覚えたり、愛嬌を振りまいて、それなりにコミュニケーションをするわけで、なんとなくコミュニケートできたというおもしろさ、異文化に触れたというか、そういうものを持って、みんな帰ってきます。それでも入っていけるわけだし、入っていったことによって、普段見られないことを見て、体験し、データをちゃんととってこれる。だから、言葉ができる人がひとりもグループにいないと困るんだけれど、全員ができる必要はないと思いますね。

中山　サーベイというのは、どんな人間でも居場所があるんですよ。学生は個性があってバラバラじゃないですか。そういう連中が生き生きとする場が与えられるというところが、僕はすごくよかったと思いますね。

陣内　調査地をどうやって選ぶかという問題がありますが、感動する美しいところに行くというのはまずありますよね。

中山　それが基本でしょうね。でなければ、あれほど大変な労力はつぎ込めない。

陣内　基本だと思います。やっぱり、空間形態、場所のボキャブラリーというか、構造というか、あるいは景観、それがピッと来るのがないとだめなんです。

だけど、もちろん、街の中に入っていって調べるときには、格好いい建物ばっかり調べるわけじゃない。やっぱり、都市社会とか地域、コミュニティが成り立っている成り立ち方が知りたいので、その中には、際立ったモニュメンタルな住宅もあるし、本当に質素な、単純なプランの家もあるわけですよね。だけど、ある程度バランスよく、全体の構造が分かるように様々なタイプの建物もしっかり調べてくるし、何でもない路地でも、そこに集合上の価値があるとか、都市の構造の上で、あるいは、コミュニティの空間軸として意味があると思えば、それはやっぱり実測してきたい。そして歴史的な発展過程を解いていくのに必要だろうと思われるところは押さえてくるとか。だから、やはり、ある理屈というか、判断の軸をもってサンプリングをするんです。

陣内　宮脇ゼミがなさったサーベイは、全体の図面が格好良くできていて迫力がある。それには全部を調査する必要があるでしょう。

中山　集落という意味でね。そうです。原則として、集落全体の屋根伏せ図と平面図を二〇〇分の一で描くことになっていました。もうひとつは、地域断面図。要するに、谷にあるか、丘の上にあるかというような、地勢との関係を図化するという、それが大原則です。

陣内　僕たちは、できたら悉皆的に全部調べたいという気持ちはあるし、こだわった時期もあるんですけれども、物理的にそれができない。時間が限られているし、エネルギーも限られているからできないということと、そこにエネルギーを投下するよりは、意味のあるポイントを選んで調べることに価値があると思うようになった。できたら複数の住宅のまとまりとか、ある外部空間、広場や街路を取り込んだような空間のユニットをとってくるんですが。そういう拠点を都市の中から選んできて、それは、歴史的な価値を持っているものとか、いろいろメッセージがそこから引き出せるものを選ぶんですけれど。そういうものを選んでいきつつ都市をカバーしていくというか。断面なんかは、でも、地域断面というか、全部とりたいんですけれどもね。その辺の作戦をどうやって立てるかというので、いつも学生と議論しながらやるんです。

■有力者への根回しも必要

中山　日本の場合は、まず村長さんや区長さんに最初に挨拶に行くとか、役所に行ってとかというのはありますけれども。

陣内　やっぱり、勝手に入っていくというのは難しい面がありますよね。それと、モラルの問題としても、それは嫌だというのはあるんです。ただ、ケース・バイ・ケースなんですね。例えば、今やっているアマルフィは、そこの研究センター、アマルフィ歴史文化研究センターがあるんです、そこの所長さんと、有力な研究者、本当にすばらしい中世のアマルフィの歴史について本を書いている人なんですけれど、彼らに全面的にバックアップしてもらってやっているんです。ガルガーノという、僕より若い人なんですが、街の人たちの中でよく知られているし、信頼があるんです。だから、その人に声を掛けてもらえば全部入れるんですよ。これは希な例なんですが。

シャッカというシチリアの街でやった時は、地元で活躍している建築家で、パレルモ大学でも講師をしている友人にパートナーになってもらって、彼があらかじめ地図も持っていたし、だいたいの歴史の流れも知っていたし、どこにどのようなものがあるかというのも分かっている。そういう人と一緒にやった。

中山 何かそういう人間関係の取っかかりが重要ですよね。それが調査の内容や効率に大きく影響する。

陣内 非常に重要ですね。

中山 海外の場合は、特にそうですよね。

陣内 でも、シリアはそういうのがなかったんです。それをきっかけに新井君が留学することになったんですが。我々が行った時は、アブドラ・アラジンという留学生が来ていて、彼のファミリーにお世話になったんだけれど、そのファミリーも、新しいほうに住んでいるし、旧市街にそんなにネットワークを持っているわけじゃないと。考古局という、調査の許可を出す役所があるんですね。そこのトップの人の意向次第で許可が出るかどうかが決まるという、そういう状況で、我々が訪ねていった時には、そこの局長さんが非常に理解があったので許可をもらってできたんです。イスラム社会にはハーラという町会が本当はあるんですけど、そういうのには頼らずに、幸い通訳にしっかりした人が来てくれたので、入っていったんです。その時は、地元の通訳の人と、アブドラ君の家族や地域に根を下ろしている人が先導してくれたので入れた。だけど、一般には難しいですね。

中山 陣内さんの場合、学生が世界各地に留学して、そういう人が結構手引きしてくれてるようですね。

陣内 あります。例えば、レッチェの場合は、菅沢さんという女性が、レッチェの近くのバーリ大学の建築学部に留学していて、そこの先生たちにいろいろ教えを受けて、地元のローカルなレベルで活躍している建築家とも親しくなって、資料も地図ももらい、入れたんです。最初、レッチェで設計活動をしている建築家にガイダンスというか、案内もしてもらったんです。だから、留学生で行ってくれるというのが一番ありがたいんです。

■調査地での作戦会議が重要

陣内 中山さんたちはお寺にも泊まられたんでしょう。

中山 お寺とか、老人ホーム。それから女子寮。

高村 毎晩そこで図面を清書していたわけですよね。

中山 そうです。それを終わらせないと寝ちゃいけないと。それはオレゴン大学流なんです。オレゴン大学がやった図面の描き方や実測の方法が規範になっているわけですね。

陣内 我々の場合は、そこまで図面ばっかりにこだわることはないので、むしろ、翌日、どこへ行って何を調べるかという作戦会議が重要なんです。外国でやる場合には、言葉ができる人の人数ということにも関係してくるんだけれど、三グループくらいに分かれてやる。そうすると、みんな、何を見てきたかというのを情報交換しないといけない。

中山　それは夜やるんですか。

陣内　夜やるんです。だから、夜はレストランに行かないで、昼、レストランというより大衆食堂で食事をして、ちょっとくつろがないと本当に疲れますから。だから、昼食の時間の休憩は非常に重要で、イタリア料理はおいしいから、みんなそれを楽しみながら息抜きをするんです。

晩はミーティングをするわけですね。その時に、何を見てきたか、地図の上で確認しながら。そのプランも、どうだったかという。じゃあ、それを踏まえて次に何をしていくか、何を見てくるのかということを、調査員が自覚していないとトンチンカンになりますから。そういう作業で、結構、夜のミーティングはしっかりやります。

中山　現地では図面は描かないんですか。野帳をとるくらいですか。

陣内　まさに野帳をとるだけで、それを突き合わせて連続平面にしていくとか、それぞれ清書しちゃうとか、そういうことはしないんです。

高村　中山さんたちは、何を調べるかという作戦は、全部、リーダーである中山さんが指示したんですか。

中山　いや、前もってそれは宮脇さんを混えて大学でやって、指示を与えておくんです。予備調査の段階で、収集した情報や集落の特徴から調査内容や作製する図面などを決めるわけです。ですから、現地に行った時はすでに基本的には、やることは決まっているんです。屋根伏せ図、地域断面、各住戸を全部五〇分の一でとる。それが大前提ですね。あとは、現地を見て、「ここの断面を切ったら、おもしろいだろう」といって、「じゃあ、おまえ、ここを切れ」とかその場に応じて決めていく。

高村　そういうのがたくさん出てきますよね。

中山　出てきます。それは、私ばかりでなく、学生達が積極的に意見を出し、それに対して宮脇さんが決定を下す。それで、全部書いてみてダメな部分がたくさん出てくる。それで、追加調査にまた行くんです。結局、予備調査と、本調査と、追加調査、三回は必ず行く。

陣内　我々は、海外なので追加調査はなかなか難しい。最近は二年目、三年目と、できるだけやるようにしているんですが、追加は難しいから、現地にいる間に問題意識を深めていって、できるだけもらさずやってくる。それで作戦会議を大事にします。しかし実際に調べてみないと、何が出てくるか分からないんですよ。

■外国人の目で再発見することも

陣内　僕たちの調査で、中国は高村さんが頑張ってくれました。北京の場合は、清華大学の朱先生という方と、そこの助手、大学院生が、たくさん来てくれて、フィフティ・フィフティでやったんです。彼らにとってみれば、北京の街は地元ですからよく知っていたはずなんです。

だけど、我々の目でどんどん発見していくわけです。こんなのもあった、こんな景観があるのかとか、こんな古い建物が残っているのかとか。宗教空間なんか、文革でなくなっちゃったという感じもあったんだけれど、見ていくと、使われているのは限られているけれども、空間としては残っているものもある。あるいは、ヒアリングで聞いていくと、ここにあったということが確認できる。また遊郭が残っていたりとか、住宅でも本当にたくさんいいものがある。

そういう埋もれているやつを発見していくというか、描き出して評価をしていくのは、デザインサーベイとちょっと違うところだと思うんです。デザインサーベイのあの時代のものは、ある意味で、歴史的、伝統的にできたものが、面的にずっと揃っているわけですよね。その中で歯抜けになっちゃったり、近代的なものに置き換わっていったりという、デコボコはできてきたかもしれないけれども、ある意味で、いい感じのホモジーニアスな世界をまだ構成していたわけでしょう。

中山 そうでもないんですよ。いつも「五年前に来てくれれば残っていたのにね」と言われたんですよ。なぜかいつも五年前なんですよ。

陣内 僕らは、もっとうんと後から、しかも、大きな街をやることが多いので、そうすると、変化が非常に激しい中で、きれいに残っているところはそうないんですよ。その中で、うまく引っ張り出してきて、発見し、価値づけて、論理を作っていくという作業になるんですよ。

中山 その土地の人では分からない部分を他人の視点で発見評価する。調査するというのは、ある意味では、そこに住んでいる人には気付かないものから、違った視点で新しい価値を発掘するというのはありますよね。

陣内 だと思います。僕も東京をいろいろな段階でやってきましたけど、外国人が来て発見してくれる、というより、彼らがどう見るのか、どう面白がるのか、どこに着目するのかを常に聞いているでしょう。それに触発されて動き出すことはずいぶんありますよ。

■サーベイの課題と展望

中山 陣内さんは、これからどういう方向というか、何をやりたいんですか。

陣内 自分の個人的な仕事に結び付けてまとめていきたいのはありますけれども、グループで今のようなサーベイということになると、アジアのほうは、高村君がこれから更に発展させてくれるので、僕は、東京と地中海世界を中心にやっていきたい。

中山 高村さんはどんな計画ですか。

高村 僕の場合、最初に実測を経験したフィールドは品川でした。それから、中国の蘇州や鎮といった江南の水の街の調査に取り組みます。二年間のほとんどを水の街で過ごし、膨大な実測を行いましたが、基本的にはいつも一人でしたから、対象や方法は自分で考えなければならない。常に手探りでした。ただ、この街の魅力を図化してフィジカルに描き出したい。そのためには、何をどのように調査、実測すればよいのか、ということしか考えていなかったように思います。それは、今でも変わりありません。

その後、北京の都市調査で、グループによる、しかも国際共同研究を経験する機会に恵まれ、グループ研究は面白く、きわめて有効であるということを知りました。ここ数年は中国と並行して、バンコクとバリの調査にも行っています。中国都市、水の街、大都市の歴史的な解読、保存のあり方など、今後アジアの都市を考える上で欠かせないテーマと取り組みながらも、個々の場所に応じて、方法や対象も柔軟に変えていきたい。目的が多様であってもいいし、方法としてのフィールドワークや実測の対象も、様々であっていいと思います。

中山　陣内さんは、地中海で何を描き出していこうとしているのですか。

陣内　地中海にはいろんな経緯で選ばれた調査地があるんですけど、もっとサンプルを増やしながら、地中海的あるいはイタリア的な住み方を、あるいは都市というのは何かというのを、もっと体系化したい。

地中海という共通の歴史、風土、文化の根底がありながら、それぞれの地域の違いがはっきりあるわけです。何で違ってくるのか、それぞれ違う価値がどこにあるのかを、もうちょっときっちりドキュメンテーションをしていきたいと思うんです。

さらに、方法論をもっと深めたいですね。例えば、この二年間調べている、スペインのアルコスという街は、アラブのイスラム都市を下敷きにした面白い街ですが、パティオを持っている住宅がキリスト教の時代になって集合住宅化しているんですよ。次回の調査ではその住み方をもっと調べたい。できるだけ歴史的に遡りたいんだけれど、これがなかなか難しいんです。できるだけ、住み方、中身、社会関係まで含めて、実測をしながら解いていきたい。

イタリアのアマルフィの場合は三年やっているんですけれど、もっともっと行って、都市全体を図化したい。デザインサーベイのやり方に近づくわけですが。できるだけ模型とかコンピューターグラフィックスで全体を見せちゃう。それで大きい展覧会をやったり。実際、向こうの連中も我々がやっている仕事を喜んでくれているので、それに基づいて大きいシンポジウムや学会をやるとか、一冊丸々アマルフィの本を書くということを目標にしているんです。現地の人たちにも還元したいわけです。そういう交流をやりながら、進めたいわけです。

近々、アマルフィを中心に、ピサとか、ジェノバとか、ベネツィアなどから専門家を招いて、地中海の海洋都市の国際会議を開催することになっているんです。そういう、地元の人が毎日、何となく接している都市の空間を、我々が行って図化して、アマルフィはこんなにすごいよと、具体的にドキュメンテーションしていけば、彼らも自信を持つし、専門家を招いて大きい会議をやれますよね。そういうコラボレーションをやりたい。

本当は、調査の成果をまちづくりに生かせるようなこともしたい。実は、シャッカというシチリアの場合は、まちづくりシンポジウムみたいなものを地元の建築家がコーディネートしてやってくれたんです。それは彼らにとってもすごく刺激になる。

僕は、学生時代、留学していた時にチステルニーノという小さい街を調べていたんですけれども、一五年後の九一年に、まちづくりシンポジウムをやるので、基調講演をしてくださいと頼まれて、スライドを使ってやったんです。調べたことがだんだん地元にも還元できるはずなので、そういう方向にも持っていきたいなと思っています。外国人が調べたことというのは彼らにとって非常に価値があるんです。オレゴン大学がわれわれにインパクトを与えてくれたようなことを、われわれもあっちでやりたい。

中山　調査した人が、ただ自分の財産にしてしまうんじゃなくて、まちづくりは住んでいる人たちが良くしようとする意識を持たないとできませんからね。たとえ行政がやるといっても、結局、住み手が主役にならないとだめですね。だから、そういう人たちに何かを残してあげられればいいですよね。

■新たな切り口の提示が必要

中山　調査の対象自体は、もう海外しかないんでしょうかね。

陣内　そういうのは、本当はまずいですよね。もう一回日本を取り上げたいんです。

高村　新しい見方を見つければ、日本にはいくらでもあると思います。方法の問題だと思うんです。

陣内　例えば、いま「舟運から見る都市」というテーマで、全国を回っているんですよ。海外にも行くんですけれど。あるテーマ、見方というものをシャープに持っていないと、日本の場合は、なかなかモノが直接語ってくれなくなっちゃったということはありますね。

デザインサーベイ隆盛の頃は、モノの存在感があったわけですね。美しい風景もあった。もちろん近代の新しいものも紛れ込んではいたんだけれど、わりと捉えやすい、迫力のある、存在感のある空間、場所があったわけですよ。それが紛れ込んじゃって見えなくなっちゃっているわけですね。それを引き出してくるのが重要で、僕らは東京をやったわけですけれども、東京は、まさにそれしかなかった。図と地がひっくり返っているわけですから。グラウンドというか、コンテクストがしっかりして、その中に新しいものが紛れ込んで壊れているという状況とまったく逆で、あぶり出さないと見えてこない。あぶり出すおもしろさを、逆に東京で経験したんです。

中山　なるほどね。それは、かなりの経験と知識が必要ですよね。直接的に、いいとか悪いとか、ビジュアルに見て感動するなんていう次元のものじゃなくて、深読みしないとできない話でしょう。

陣内　だから、歴史的に、古地図を使うとか、文献で、こういう空間があったはずだとか、そういうのが描けて分かってくると、同じように存在し続けているものの意味づけがされて、それが語ってくれるようになって、若い人でも関心を持って入っていけるようになるわけです。単なる今の風景としてだけ見ていると、行って実測しようという気になかなかなりにくい。それで例えば「舟運」に注目して港と都市というようなテーマを設定してやると、それなりに、元の構造を残しているところへ行けば、何を調べるべきかはよく分かるわけです。だから、日本でやる場合には知的作戦がますます重要になってきたということでしょう。こういった調査を全国のそれぞれの街でやるべきだし、今は、都市計画の人も、設計する人も、まちづくりの中では、そういうことをやりたいと思っている人は増えているんじゃないですか。

中山　そうですね。現に日本の地方都市でも、そういうやり方で、古い都市構造を読み取って、そういう構造で「まちづくり」「村づくり」をやろうじゃないかという提案をしている人もいますよ。

陣内　その場合に、景観というところに、みんな行くんですよね。景観はわりと分かりやすい、景観条例とか。でも、景観だけだと、ちょっと不満だというのがあって、やっぱりまちの全体の成り立ちとか、構造ですよね。できるだけ中へ入っていってプランもとりたい。道と建物、敷地がどうなっているかとか、やっぱり人の暮らしというところへ入っていきたくなっちゃう。そうすると、調査がより複雑になるということですね。

高村　きょうは、実測だけでなく、フィールドワークという範囲にまで拡げて、お二人に話していただきました。目的や方法、歴史的な経緯、また調査地における具体的な手続きから、今後の展望までをもお聞きすることができました。

とくに、海外の場合、現地ではいかに振る舞うべきかなど、まだ語るべき問題はあるでしょう。ただ、あまり頭でっかちになると、身動きが取れなくなるという一面もあります。実測をともなうフィールドワークが後世に残せるものとは、はたして何かという問題もあります。様々な問題意識を持たなければならないとしても、まずはフィールドワークの有効性を確認することができたのではないかと思います。ありがとうございました。

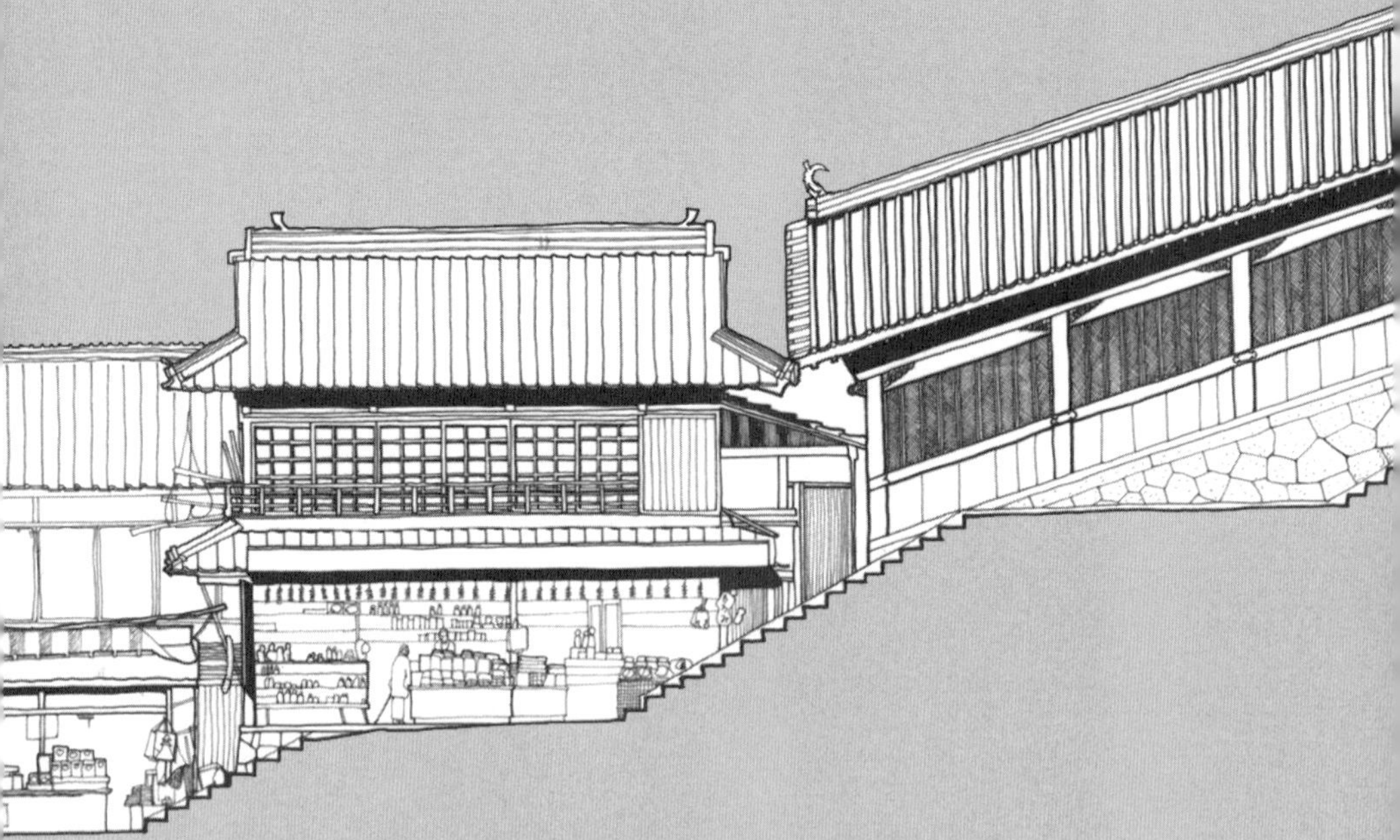

ケーススタディ❷

国内編——宮脇ゼミ

デザインサーベイから学んだもの

——中山繁信

デザインサーベイとは何であったのか、という問いは幾度となく私のなかで繰り返されてきた命題である。しかし、困ったことにその都度その問いに対してはっきりと納得がいく答が見当たらないのである。しかし確かなことは、私自身デザインサーベイから多くのものを学び、計り知れないほどの影響を受け、現在の自分の存在を支えている礎となっていることである。

それは私ばかりでなく、デザインサーベイに携わってきた人たちにも、今の社会的立場、人間関係、価値観、思考形態から、さらに人格の形成などにデザインサーベイは決定的な影響を及ぼしたと思う。それは現在彼らがそうした経験、実績のもと各地の村起こし、まちづくり、保存修景の仕事に汗を流し、または教育者、研究者として活躍していることを見れば明らかである。

デザインサーベイが私たちにどのような影響を及ぼし、また何を与えたかを語る時、私にとってその意味性は大きく三つに分けられるように思う。そのひとつはデザインサーベイによって得られる学問的研究の成果。これはあたり前のこと。そして二つ目は、デザインサーベイの作業から得られるさまざまな実体験からの教訓。そして、もうひとつはデザインサーベイという概念が萌芽してきた経緯や社会的背景やそれに携わった人達の生きざまから学んだ人生訓である。一つ目の学問的な研究による成果は人それぞれであろうからここでは省かせてもらう。二つ目はデザインサーベイにおいて最も体験的で理解しやすい部分のひとつであろう。そして三番目については私個人がデザインサーベイから最も多くの教訓を得た部分である。

デザインサーベイの概念は偶発的に世に出てきたのではない。それらが発生する必然性があり、さらにそれに情熱を傾けた人たちが存在し、ある時それらは偶然という神のいたずらによって時間と空間を超えて生成された産物なのである。思うに、私はデザインサーベイの理念はデザインサーベイの先駆者となった人たちの人生哲学そのものであるように思う。そして実際私自身、それらに携わった人たちに出会う幸運に恵まれ、そうした先達者から直接多くのものを学んだ。私は今、そうしたデザインサーベイの黎明時に立ち会った一人としてそれを語っておきたいと思う。そしてただひとつ言えることは、デザインサーベイから何が得られるかではなく、デザインサーベイを通して自身が何を得るかなのである。

社会とその背景

六〇年代の初め、わが国は高度成長期の入口に立っていた。建築界はコルビュジエやライトの理想都市のプロジェクトに次いで、丹下の「東京計画」、菊竹の「海上都市」など次々と新しい都市ビジョンが提案され、われわれ学生はこうした「輝ける都市」に心を熱くしていたのである。そしてオリンピックの開催が景気に火をつける。それを弾みとして一気に先進諸国にステップアップしようという政治・経済的企図は一応成功しているように見えていた。都心にはクレーンが林立し、槌音が響き街は活気に満ち、都市のあらゆる場所が工事現場のようであった。「オリンピックのため」という大義は全てに優先され、環境破壊も歴史的建築、美観の消失を憂う声などものともしなかった。

今までわが国が経験したことのない神武景気、いざなぎ景気といわれた時代であった。そして、経済性合理性だけが優先され、それらがすべてのものを決定する「ものさし」となっていった。だがその裏で、これらの景気高揚の現象はわれわれの正常な感覚を少しずつマヒさせていった。そして都市の構造も景観も大きく変わろうとしていた。近代都市のインフラの象徴である高速道路は運河を覆い、その水面は空を映すこともなく、澱んだ流れはさらに混濁を深めていた。

私は都市から何かを学ぼうとしていた。その身近な都市に目をやると、何も感動を与えてくれるものもなく、さらに規範となるべきものは何一つ見つからなかった。それは先に述べたように経済成長、合理化の名分のもと、私たちは豊かさと引き替えに「美」をたやすく手放してしまったためなのである。

そういえば、悲しいことだがこの国は西欧のように、自分たちの手で自治権を獲得し、それを守り通したという歴史がほとんどない。その為か、外からの圧力に簡単に駆逐されてしまう。したがって私たちは都市から学ぶものは、負の形、すなわち、このような醜い都市になってはならないという現状否定の選択肢しか残されないのである。いわば、それは反面教師というネガティブな意味での良い「教材」となるのだが、これはあまりにも悲しく不幸な現実である。本来なら、人間的で美しい都市のなかに身を置き、それらを手本にして学びたいと思うのは当然であろう。

したがって、こうした都市の現状を見ていると、「何かが違う」という割り切れない気持ちがいっぱいであった。建築雑誌の誌面を飾っていた先人たちの描いた理想都市とはあまりにも掛け離れた現実と対峙し、若い私にとってその溝の深さを埋める術を見つけることはできなかった。都市の近代化とは、生活の豊かさとは、都市の利便性とは、こういうことだったのか。だとするならば、豊かでなくとも、便利でなくとも人間らしい美しいまちの方が良いと思いはじめる。これは近代都市の創造ではなく近代化に名を借りた破壊ではないか。造ることは一面では壊すことを意味していることを現実に目の前に突きつけられたのである。

新しい概念の芽ばえ

そのような世情の中で、デザインサーベイに水を撒き、陽を当てた人々が登場する。

六〇年代に入る少し前、伊藤ていじと二川幸夫の二人は地方を歩き回っていた。消え行く日本の民家を写真にとどめるために…。ある寒村に夕暮れがせまっていた。田園の中を終バスが停留所に近づく。二川は機材を肩に掛け、乗り遅れまいと必死で走る。しかし、伊藤は走らない。死ぬより乗り遅れた方がましだと思うから。この時、病み上がりの伊藤にとって走ることは死を意味していた。首から下げたニコンSさえ重荷に感じるほどであったのである。

伊藤は七年の歳月を結核のため病床で過ごした。ペニシリンの投与が間に合い死の瀬戸際から生還した時、伊藤は七年間の遅れをどのように取り戻せばよいか考えていた。同僚たちと同じ道を追随するのでは勝負は見えている。ならば、誰もが注目しない分野、かつ金にならない研究なら他を凌駕できる、と考えた。それが庶民の家屋「民家」であった。当時、民家の研究はそれほど権威もなく、一部の学者たちは次元の低い研究という偏見をもっている者も少なくなかった。

二川は早稲田で学んだが、建築写真、ジャーナリズムの分野に進む決心をした。その時、全財産をはたいて買ったカメラを担ぎ、日本の伝統的な建築や空間を写真に納めていた。そして近代化の影で次々と破壊されていく各地の民家の現状を憂慮していた。そのような時、彼のもとに、民家を美的観点からとらえようとした民家の本の出版の企画が舞い込んできた。二川は本文の書ける若い人間を捜していた。そこで学生時代から親交の深い磯崎新に「民家が書けるやつはいないか」と相談をもちかけた。磯崎は「死に損なったが、すごく優秀なのが一人いる」。それが伊藤ていじであった。こうして伊藤と二川が出会った。そして名著『日本の民家』(美術出版社、一九六二年)が発刊され、日本ばかりでなく世界の注目を浴び、一部「きのこのようなもの」と蔑視されていた民家や集村が少しずつ認知され、市民権を獲得していく契機となったのである。先の寒村での二人の光景は民家の取材時の一こまである。後に二川はこれらの仕事を次のように述懐している。「大学を卒業して間もない私にとってこの仕事は生涯の方向を決める決定的な役割を果たした…」と。私は二人の能力もさることながら、若い彼らにチャンスを与えるだけの包容力を持ち得た時代背景も味方したと思う。

しかし、「デザインサーベイ」の登場までにはもう少しの猶予が必要であった。日本の社会情勢や伊藤ていじの存在だけではまだ不十分で、そこに次のような人物が登場する。アメリカのオレゴン大学のスミス(建築学)とファルコナーリァ(政治社会学)の両助教授は日本の文化に興味をもち、その研究の対象をさがしていた。結局調査地が金沢の幸町に決定するのだが、その時オレゴン大に留学していた金沢出身の女子大生の存在が大きく影響したことは言うまでもない。

彼らは調査のための準備に取りかかる。そこへ日本から『建築文化』(六三年十二月号)の特集号「日本の都市空間」が届く。それはフィールドワークによって日本の都市や空間構造を明らかにしたものであり、その内容は彼らの関心を引くに十分であった。二人はある夜、友人宅のパーティに日本から招かれた客員教授が来ることを知った。その日本人にぜひその特集号の内容を詳しく聞こうと思った。この時彼らはその「日本の都市空間」の監修者が、今夜パーティで出会う伊藤本人とは知る由もなかった。それはまさに奇遇であった。

スミスとファルコナーリァは調査の準備に一年を費やした。八人の学生を募り、彼らを徹底的に訓練した。日本の歴史、文化、習慣はもとより、日本建築の基礎的知識、実測の仕方、図面の書き方。特に五〇分の一のスケールで日本の家屋や生活のなかにまで入り込み、それらを緻密に記録しようと思っていた。結局、八人の中から四人が選抜され、スミスを加えた精鋭五人の調査チームが金沢の幸町に足を踏み入れた。

それらの調査にコンダクターとして同行した伊藤は彼らの合理的な調査法と調査能力の優秀さに感嘆させられた。そうした彼らの調査方法は私たちの調査の規範となっていったことは周知のとおりである。

それらの成果は伊藤の取り計らいで、六六年十一月号の『国際建築』に掲載されることになる。その巻頭文を書くことになった伊藤はアメリカではごく普通の一般名詞として使われていた「デザインサーベイ」という語彙をタイトルとして使った。その後この用語は建築界に大きな波紋を投げかけ、建築の新しい概念用語として一人歩きを始めるのである。今考えてみれば、その後こうしたムーブメントを巻き起こす契機となった要因は、こうした外国の大学による日本文化の評価が少なからず影響したにちがいない。

デザインサーベイはそれ以降、学生という労働力を保有していた大学の研究室を主体として広く普及してゆく。

先の『国際建築』の巻頭文に話を戻すが、私はその中の次の一文を今でも忘れられない。

「…破壊の暴行に対する反撃の方法を組織化する手段の一部としてデザインサーベイは浮かび上がってきた」。この一文は、目の前に現実化している都市の状況に疑問をもっていた多くの人の心と体を動かした。そこに何か大きな可能性を秘めている、と思ったのは私だけではなかっただろう。都市化、近代化の裏に隠された破壊という暴行にわずかでも対抗できるかもしれないという拠り所を見いだしたのである。この時、建築を構築する方法論を失い、時代を越えて次世代に継承すべきものを見失っていたわれわれは、そうした新しい概念にすがらざるを得なかったのである。

宮脇ゼミナールの参加

宮脇は若くして法政大学の講師になった。幾人かのゼミ生を担当することになった宮脇は、学生たちの卒論のテーマをどうするか考えていた。当時、芸大や他の大学で行われていた集落の調査に興味をもっていたが、例のオレゴン大学の金沢の報告は宮脇をデザインサーベイへ駆り立てるに十分な衝撃を与えた。

さっそくどのような方法で、どこを調査すれば良いか伊藤に教えをこう。伊藤の意見はこうだった。まず最初に行う調査地の選定の条件は、町並みの保存状況が良く、誰にでも知られているところ。さらに、その調査内容がたとえ未熟であろうとも「他人よりも先」にやることの二点。要は調査地の条件は「知名度が高く、誰も手をつけていない」ところである。調査地が有名であることはその調査研究を広く分かりやすく人々に知らしめ、オーソライズされるという二つの効果がある、と伊藤は言う。これはあらゆる研究に対しての伊藤の一貫した持論である。

そこで幾つかの候補地が挙げられたが、宮脇は諸条件をかんがみて「倉敷」を最初の調査地に選んだ。

デザインサーベイは集落全体を実測記録していく作業である。したがってその作業量は膨大となり、多くの人々の共同作業が必要である。調査の交渉、現地での実測製図、写真での記録から資料の収集整理、聞き込み、さらには経費の管理と全体の統括というような各分野の役割があるが、それに応じて適任と思われる人間を配置していくわけである。

卒論のテーマがデザインサーベイというフィールドワークになったことは宮脇ゼミナールの学生にとって好都合であったかもしれない。当時、法政大学の宮脇ゼミの学生は優秀とはいえず、むしろその逆で積極的に建築論を戦わすような学生たちは少なかった。しかし意外なことにデザインサーベイの作業はそうしたデスクワークの苦手な学生たちに居心地の良い「居場所」を与えてくれる側面を見せてくれたのである。

考えることも調べることも得手としないが、車の運転の上手な者は機材の運搬や資料の調達に駆け回り、高いところを苦にしない学生はカメラを持たされ、火の見櫓に登り貴重な写真を撮ってきた。人付き合いのうまい者は調査の難航する家の説得にその能力を発揮した。たぶん研究室の中では、彼らのそのような能力は何の意味もなさなかったが、ここでは彼らに出番が与えられ、彼らは期待を裏切らない目覚ましい活躍をした。デザインサーベイは協調性さえあれば、誰でもが自分の居場所をさがすことができた。

測ることは測られること

調査地のポテンシャルは研究成果を左右するから、その選定には慎重にならざるを得ない。そこで多数の情報の中から複数の調査候補地が挙げられ多角的に検討される。その調査地が目的とする研究対象となり得るだけ内容を秘めているか、また、調査をするにたる魅力があるか、その調査地が調査が可能かどうか。それは一方的にこちらで調査の対象として選んでも、相手が受け入れてくれなければ徒労に終わる。すべての住民に調査の許可がもらえるか、また、調査地の近くに宿泊や作業場が確保できるか、果てには調査費用に無理が無いか、など現実的な理由が調査地決定の要因になってくる。

特に、私たちのやってきたデザインサーベイは大学での卒業論文の一環として行われてきた。故に、調査人数も期間も、資金的にも限りがあって調査地の選定は限られる。調査地は必ずしも高邁な理由で決まる訳ではなく、毎年調査地の選定は悩みの種であった。

デザインサーベイとは「集落や民家の実測図を作成」することだけではない。それらは表に現れるごく一部に過ぎない。客観的な資料（とはいえ、どうしても主観が入らざるを得ないのだが）を作成することと資料の収集と分析は主たる目的のひとつだが、そうした調査を通して得る成果以上に、それを成し遂げるまでの過程、すなわち人々の理解と了解を得る手続きのなかにその意味性が隠されている。もしそうした手続きの方法や説明の内容が正当性を欠き、社会のルールからはずれていれば、調査をしたい家の門戸は閉ざされてしまう。考えてみれば、誰でも知られたくない、見られたくない部分があるのは当たり前である。見も知らぬ人間が家の中に入り込み、部屋の隅々までも覗かれるとなれば、よほどの信頼関係がなければ家の内部に入れてもらえるはずがない。

当時「東京の学生」というブランドは地方では良いイメージがあったらしく、それによって助けられることが多かった。しかし、基本的には人間として信用を得るために精一杯の熱弁をふるい、必死で交渉をした。いわばこの時、われわれは家を測りに来たのだが、実はその前にわれわれ自身の人間性が「測られている」ことを知ったのである。調査中もわれわれは調査地の人々から見られていた。ひとつの噂の伝達の速さはそのコミュニティの密度と比例している。良いことも悪いことも次の日には村全体に知れ渡るのである。

地方がなくなった

六〇年代の初め頃まで「東京」と「地方」、いわば都市と村が明確に存在していたように思う。地方はアイデンティティをもち、まだ風習や伝統が健康な形で存続し、地方の役割をきちっと果たしていた時代であった。時を重ね、地方がその役割を忘れ中央へ目を向け始めた時、地方の存在価値は見えなくなってしまった。

傾きかけてはいるが内部は整然と片づいていた家、驚くほど物が散在していた家、締め切った部屋で寝ていた老人。人が来てくれたことが嬉しくて私たちの実測を手伝ってくれた子供たち、頑なに家の中に入れることを拒んでいたが、実測が終わる前日実測をさせてくれた家など、私たちは自分の育ってきた家庭とはまったく違った世界や人間に接することができた。醜いことも、汚いことも、不合理なことも、そして古いことも、暗い部屋も皆それは現実であり、それぞれの家の中には住む人たちの人柄がいっぱい詰まっていた。自分だけの「ものさし」以外に多様な目盛りをもつものさしがあることも知ったのである。

以前、私は、古き家々を測り記録することはそこに住む人間と生活を見、建築を詳細に見ることである、と教えられた。だが、私は今、それらを次のように言い換えてみたいと思っている。…デザインサーベイの奥にあるものは、そこに住む人々と共に時間と場を共有することによって、彼らの生活や習わしを五感で感じ取り、同時に集村のあり方や建築を詳細に理解し、それらを合わせてどうあるべきかを考えることである…、と。

また、かつてわれわれがサーベイした地方の古さは単なる時代後れではなく、生きた伝統や歴史そのものであった。まさに江戸や明治という時代が家々の隅々に残されていて、私たちは巻尺を当てながら、歴史が染み付いた柱や床をじかに触れること、いや身体全体で感じ取ることができたのである。

しかし、近代化が日本の隅々まで行きわたっていくと、地方は私たちにとって何の変哲もないただの小東京になってしまった。いわば以前私が感じた七〇年代の東京になってしまったのである。そして、それはデザインサーベイに立ち向かう意欲を消失させるに十分であったし、それよりもデザインサーベイの貴重な戦力となっていた学生たちに価値あるメッセージを与えることができなくなったのである。それは日本の都市や地方に魅力が無くなった証でもあった。

そうした状況と共にデザインサーベイの動きは、その対象を海外に求めるか、または一部熱心な研究者たちによって存続されるようになるが、一時のような大きなうねりから鎮静化の方向に移行していくのである。

私がデザインサーベイを振り返る時、記録、図面化という技術的側面より、むしろ実測を通し、歴史の近似体験のなかで、人々の生活空間の機微を実感した感性の刺激の部分が鮮明に浮かび上がってくるのである。この感性は誰にも侵害されることのない確かな体験であり、自身の五感から得た深遠な知識である。そしてまたそれらが自分自身のなかで咀嚼され、言葉や手で表現された時、それは紛れもない自分自身のオリジナリティなのである。

また一方、われわれの残した種々の図面類は、将来その資料的価値を問われることになるであろう。時に、その未熟さや正確さについて非難を浴びることもあるかもしれない。それは若さゆえの未熟さであると同時に、若さゆえに成し得たことでもある。もしそれを恐れ、その時行動を起こさなかったならば、われわれは今、何も残すことができなかったであろう。

そして、われわれは未熟ながらも全員が協力し、汗水垂らして描きあげたことに誇りをもっていい。われわれの作成した図面が、例え人工衛星から撮影した写真と集落の形が違っていても、何も恥じることはない。何千キロメートル離れた不確かな距離から見た映像より、確かな距離で実際に巻尺を当てて測り、深夜裸電球の下で眠い目をこすりながら仕上げた図面と、自分自身を信じるべきである。それは誰が何と言おうと、われわれがその時代に記した精一杯の「真実」だからである。

宮脇檀とデザインサーベイの軌跡

——倉敷から平福まで

■序章

後に住宅作家として華々しくデビューする宮脇さんが、なぜデザインサーベイにのめり込んだのか、宮脇さん自身のことばで追ってみる。宮脇さんは芸大を卒業して東大の大学院へ入るのだが、「(学生時代に)われわれは伝統論の洗礼を受けていますよ。だから本当のインターナショナルなるものはリージョナルなものの中から生まれるということを信じていて、日本とは何だろうかという勉強を大学の後半から大学院にかけてしていた」という。そして「アルバイトでかせいだ資金で車を買い、寝袋を積んで二ヶ月日本一周をした」「行ってみておったまげたのは、日本の集落がいかに美しいか、日本の建築ですごいのを田舎でいっぱい見」て、修士論文は日本的な都市構造にしようとしたという。

独立と同時に法政大学工学部建築科の非常勤講師の活動が始まる。岐阜高山についての自らの論文やゼミ第二期生の卒論「日本の道」を経て、かねてより接触のあったデザインサーベイの流れに参戦することになる。

「ぼくがその後デザインサーベイをやって、一〇年間レポートをつくって報告したのは、出さないですませた修士論文のつもり」だという。

■デザインサーベイ

「倉敷」

宮脇ゼミの初めてのサーベイであった岡山県倉敷市「倉敷」は、一九六六年三月から八月にかけて六名の学生で行われた。作業の基本姿勢や基礎データの作成法、テーマの発見、作成者としての分析、純粋な資料作成という基本方針を確認。方法も作図も手探りで独自の方法を考えてゆく楽しみがあった。師宮脇二九歳、学生二一～二二歳、張切っていた。遊ぶことも、学ぶことも兄貴のような付き合いであった。五一戸の調査は景観を主眼とし、基礎になる図面を作成した。分析は実測者の立場から三つの仮説(一、他の地域と異なる。二、建築的統一性がある。三、尺度が人間的である)を立て、この町のユニフォミティの解析のため幾枚もの分析図が作られた。

「馬籠」

二番目の長野県木曽郡「馬籠」では一九六七年に延べ四六五日人で「宿」と「峠」二か所一三三戸の調査が行われた。「コミュニティのなかの道」がテーマとされた。しかし作業は大変であった。能力、集中度、活発度は方向を間違えると混乱する。後押しする三年生が辛くも分解状態を救いだし、な

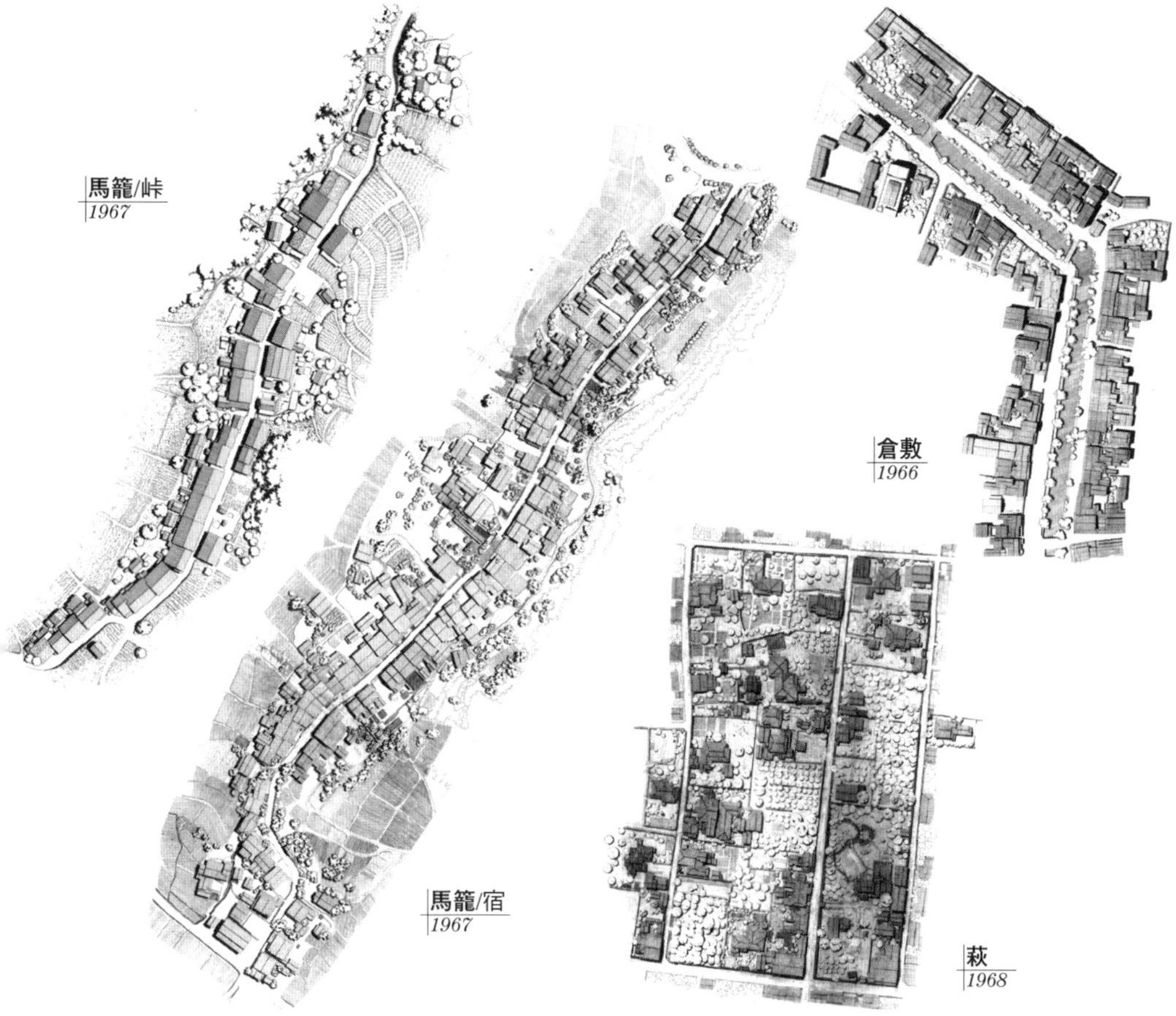

んとか「宿」と「峠」をまとめ上げる。気楽な学生に対し、「保存」という時代の波が押し寄せていた。妻籠についで馬籠も無残な観光地となってしまう。保存という問題にはずいぶん激論が交わされた。宿と峠の二つの集落の比較は機能上の変化がそのままアーバニティの変化となって現れており、道が単なる道でなく建築や街を規制し、造り出す大きなインフラストラクチュアとなっていることを確認できた。

「萩」

三番目は一九六八年で、山口県萩市「南古萩町」の三〇戸が対象であった。長々と続く武家屋敷の塀、広い庭と数十軒の家、ゼミ生の人数のわりに規模が小さく、考えていたテーマが成立せず、名前ほどには予想されたテーマが発見出来なかった。この頃には宮脇ゼミも大部隊になっていたため、余力で緊急に次の場所を探すことになった。歴史的に著名で採集に絶えられる密集した集落は数少なく、歯抜け状態の街

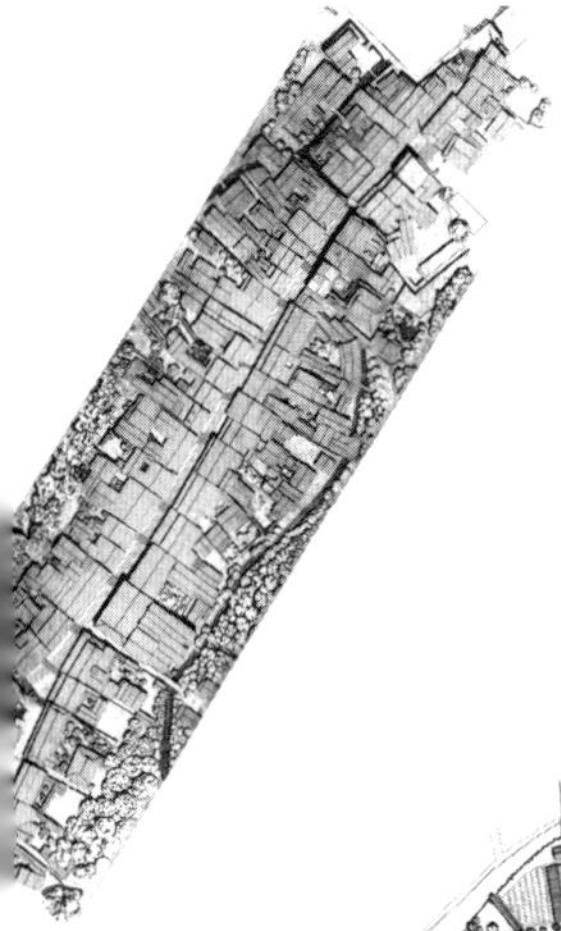

五個荘
1968

稗田
1970

を幾つも見る。宮脇さんは友人達からの情報があると、すかさず車に助手とゼミ生を積んで見て回っていた。萩は基礎になる図面は作成されたが、発表には至らなかった。

「五個荘」

四番目の滋賀県神崎郡「五個荘」は同じ一九六八年に約六〇戸の調査となった。目的の郷はすでに感動の町並みではなく、近くの比較的まとまった山本郷に決まる。集落の大きさが手ごろであり、観光地化されておらず、静かな街のなかで穏やかな人達や子供達と仲良く過ごす。

事務所の設計活動の合間に顔を見せる宮脇さん、相変わらず風のように現れ指示を出して行く。テーマ探し、図面の表現方法、トラブル解消、お金の心配、進行状況などなど。単純核の小集落が持つ空間の濃度がヒエラルキーを持ち、地域の秩序を保っていることなど、後の稗田などの「囲む」に対し「付着」といった形態の集落の構成要

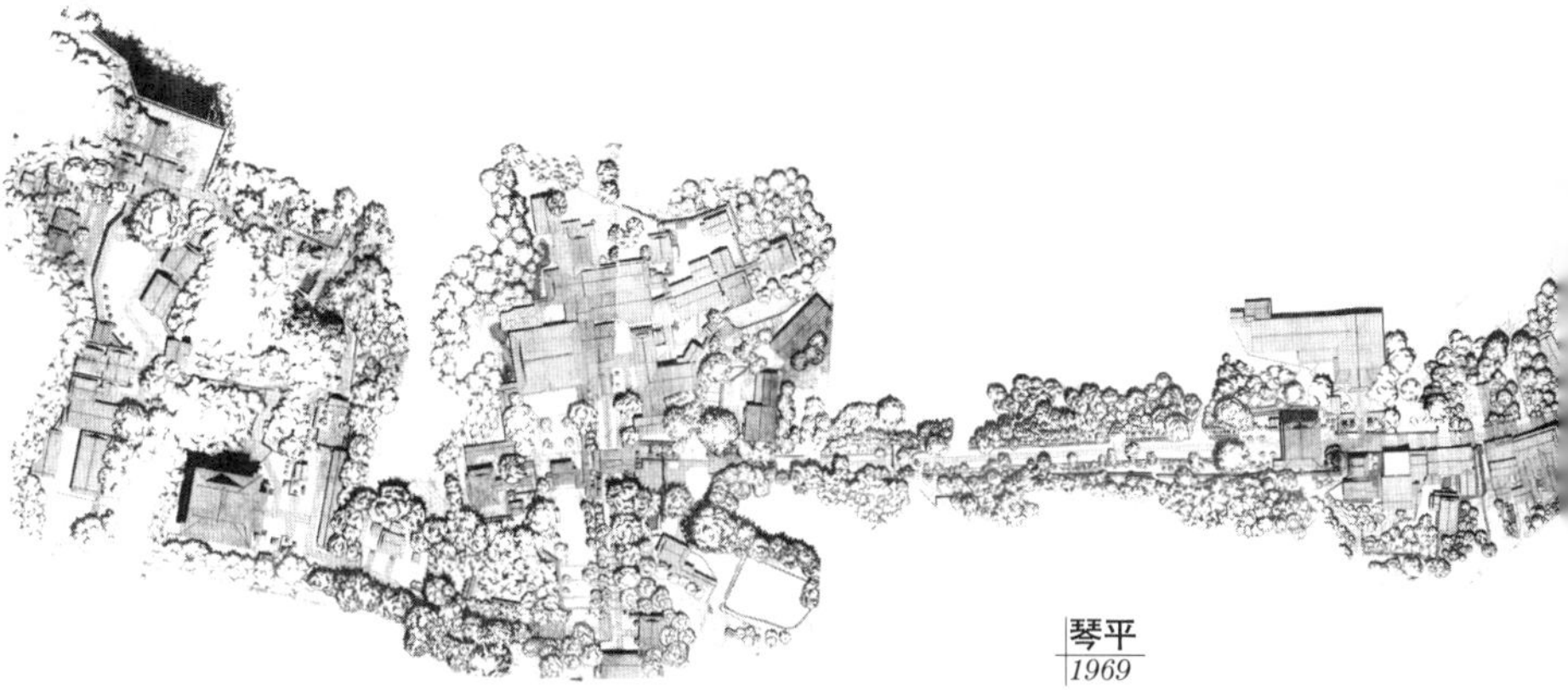

琴平
1969

素が抽出される。

「琴平」

五番目の四国香川県「琴平」は一九六九年で、ゼミ生も増え人数が多いので対象を門前町から広げた結果、延々と続く一二三二段の階段に焦点が移動してしまう。境内から下の坂町だけをやるはずだったのだが。街を構成する八五軒の家の中にも興味のある内容がぎっしり詰まっているが、手をつけられないまま。盛んにフィリップ・シールやケビン・リンチなどの手法の勉強会で皆を煽るが、膨大な作業量の前に消化不良。テーマを「坂のシークエンス」に絞り、装置の作り出す連続性を図解する。他にも様々なアプローチが考えられたが、課題として残された。

「稗田」

六番目は奈良県大和郡山「稗田」一九七〇年、六〇戸の比較的まとまりのある集落に、まじめなゼミ生が集まり、役割分担も順調に決まる。これまでの経験が生かされ調査はスムーズに進む。実家のマイクロバスを借り出す者、大学の測量器材を持ち込む者等協力体制は万全。

環濠に囲まれた集落のまとまりに対し、個々の家が中庭を持つことで何を保ってきたのか。風土や歴史や人間の知恵が日本の都市を作って来たという当然のことに改めて気付かされる。

残念なことに雑誌に発表できず。宮脇さんは幾度も「一〇年は続けて、なるたけ多くのまちの資料を」と言い続けたのだが…。

「室津」

七番目は一九七一年、兵庫県揖保郡御津町「室津」。港を囲み、古くからたくさんの歴史が交錯し、現代に取り残された貴重な街。海が見える小高い岡の上にある合宿所のお寺に手伝いに行った夏の日、蚊取り線香の香り、激しく騒いで楽しむお祭りの夜、協同作業の楽しさ。源平以来の港町の盛んだった海の交通や物流、時代の変化に応じ中心がずれて行く様子が、家屋の密度、建築の型、生活パターン、置構の分布等々の調査で明らかになる。すでに街の崩壊（建替え）が進み始めていた。面白い内容が出てきそうだったが、調査はそこまで至らず、兵庫県教育委員会の報告書で終わった。

「丹波篠山」

八番目は一九七二年、兵庫県「丹波篠山」。依頼調査で内容は制限される。

二か所（御徒士町と河原町）の形態の違う街を調べて何かをいうことの難しさがあった。従来の無理やり丸ごと実測方式と異なる感じになる。御徒士町一七戸（城下町の武士階級の住居）と、河原町（街道に連なる商家）の通り庭形式の町家一五〇戸は日本の典型的な町並みとして興味ある対照をなしている。

純粋に感動した街の実測作業と、保存問題で何かを発言するという立場との微妙な意識のずれが、少しずつ宮脇さんの興味を剥ぎとってしまったのか、時代が立ちふさがったのか、最低限の基礎資料の作成だけとなり、共同調査の報告書が添付されて終わった。

「平福」

九番目は同年兵庫県佐用郡「平福」。日本海文化と瀬戸内文化の中継地に位置し、佐用川運送路の拠点宿場町として長屋門や町家ができ、川沿いに石垣の町並みを残している。

ここも依頼調査のため、多くの人員を割いてはいない。無理にテーマを造らず基本図面の作成を試みるべきだったのかも知れない。物足りない思いが残る。室津、篠山、平福は兵庫県教育委員会の『兵庫の街並』（一九七五年三月）という報告書になっている。

歴史的に残したい町並みでも、我々の興味（都市が街として人間に働きかけている部分の計測を行い、客観的な事実として記録する試み）を満たしてくれるまとまった集落がこの時期にはすでに無くなってきていた。

そして宮脇さんは一九七四年法政大学を退任するのである。

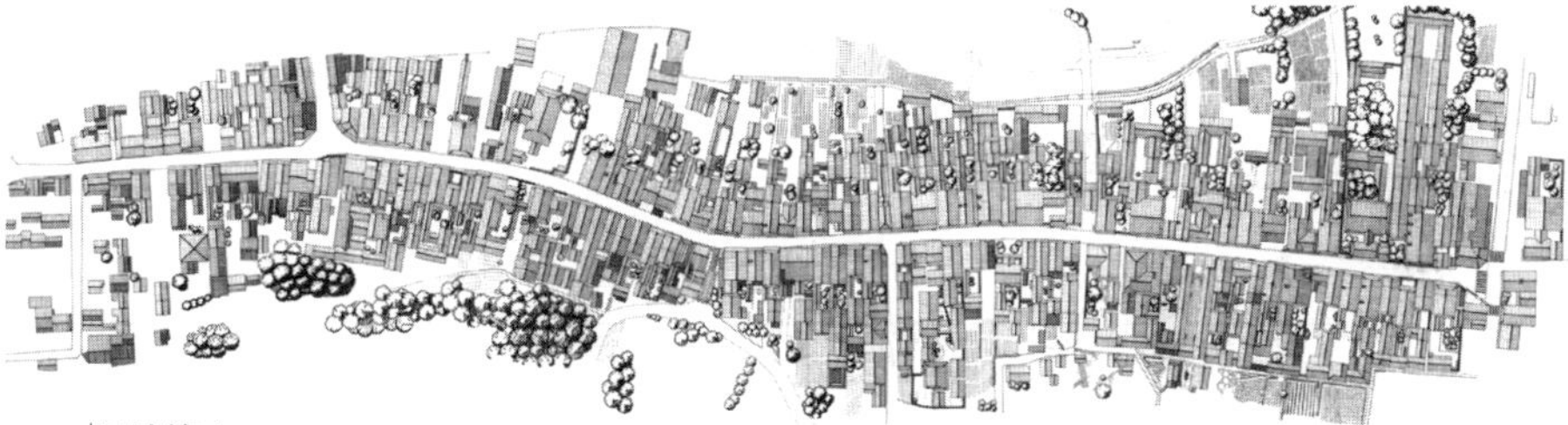

丹波篠山
1972

室津
1971

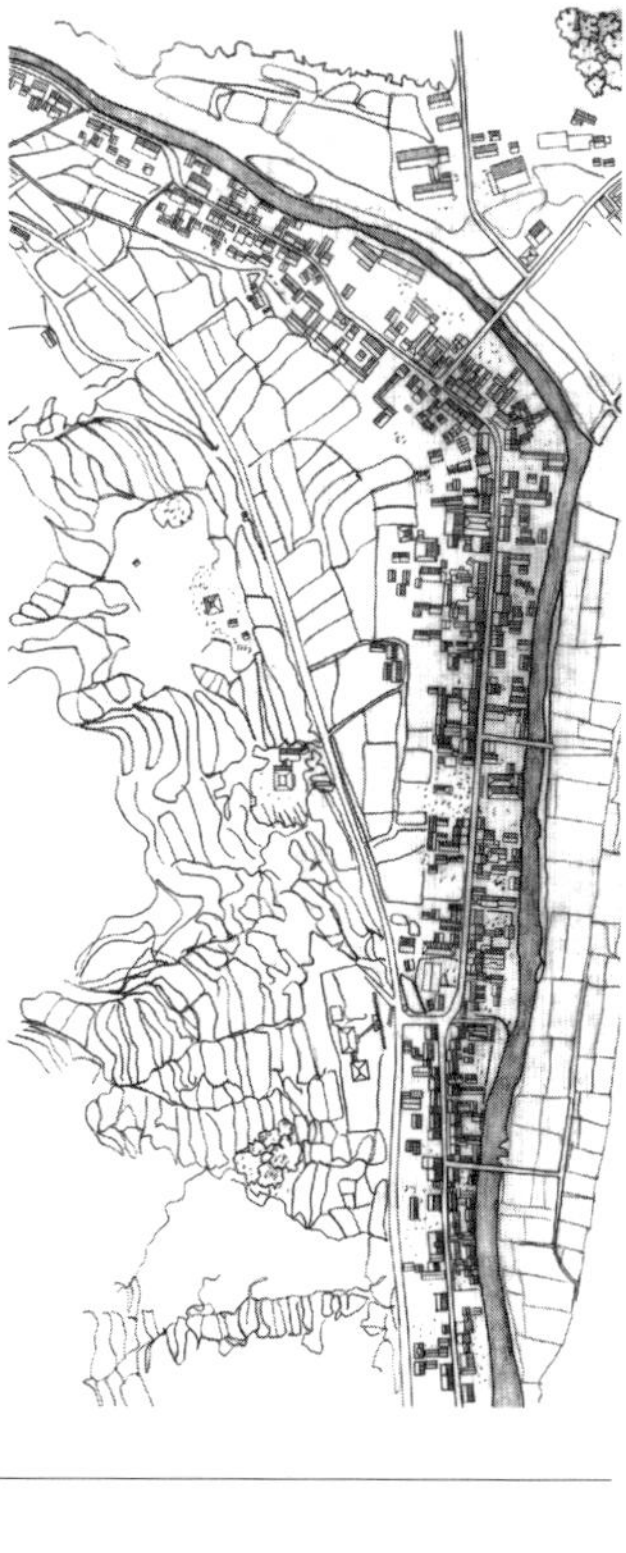

平福
1972

■宮脇ゼミの実測作図手法

宮脇さんのサーベイはつくる立場からの実測であった。興味あるものを言葉でなく、図面という縮尺のある絵に捉えてゆくこと。幾つもの場所をその時点の資料として作図し、比較できるようにしておくこと。そしてその実測者の立場での分析（コメント）を加えておくこと。その集積が都市や建築のデザインの失われている大きな部分を埋めるであろうことを期待して。

そして「類推でありおぼろげな予測、感じであったのを、事実の発掘、指摘、集積によって裏付けてゆく行為を惜しまないこと。それがいわゆる調査を行う者の使命なのだから」と。

宮脇ゼミの実測作図の手法は「集団で、集中的、丸ごと」であった。当時の合意事項を幾つか拾ってみる。

●平面図は床上九〇〇ミリの水平断面を取るのが原則となっていたが、厳密ではなく、その部分が一番理解できるようにとの配慮も必要とされた。

●モジュールはあらかじめ幾つかの柱間を計り、その他は半間、一間などの通称で進行させた。

●構造体と家具の表現。当然柱や壁は濃く表現され、たたみや土間表示は薄く、家具は流し、風呂などの半固定物は実線で、移動家具は点線か表記しないことを原則とした。

●建具と家具。建築図学で学ぶ表現が基本だが、出入りできる部分や窓の違いは下枠を入れるなどで区別、押入れや物置は閉めた状態、ドアはスイングさせる。

●外部。街と人々の生活圏を表現するために、道、畑、庭、樹木、水面等は図面化の時にある程度共通化する。採取時に各担当者がさまざまな表現で書きとってきているため、作図段階で話し合いとなる。その場合の問題はどこまで採るかということで、後日の図面密度や雰囲気が大きく異なってくる。初めの頃は野帳の段階ではとにかくすべて、としたので、ちゃぶ台の湯呑みから庭の踏み石まで描き込まれた。

街全体の平板測量による街路図と、個々の家との接点は接道部分が主だが、敷地とのつながりや、塀などの距離も押さえておかないと、再調査ということになってしまう。

●屋根伏図のために。方位や軒の出、軒高、棟高が必要。朝一〇時の太陽高度の日影をもとに影を描くことになるので、庇や樹木の上下関係も押さえる必要があり、そのために野帳は一ミリ方眼紙の上にトレペを重ねたものを用意して肩から下げた画板に貼る。

●作図の時、高木や低木は屋根伏図と平面図では表記に違いを出し、街全体の形態とそれを形成している個々の家々が分かるように作られた。木の描き方は各自の癖が出てしまい、同じ物が揃うとおかしいので、時々描き込み位置を変えて試みるが難しい。

●全体図面の作成。道の測量作図ののち、各戸の平面図を道路図に貼りつけ、上にロール状トレーシングペーパーを流し、全体を写し取る、大判の合板の上で作図作業が始まる。この時各自の図面密度や表記方法、分析事項などが話し合われるが、コーヒーをこぼしたり紙を破ってしまったりの事件が起こった。

●二階部分。表現上から二階は採取対象からはずされたが、部分詳細図などで、代表的なものは別に表記された。

●縮尺。現地での採取は五〇分の一で取り、全体には一〇〇分の一でまとめ、二〇〇分の一くらいで発表できれば理想。代表的家屋の詳細図は二〇分の一くらいで描き、床下の構造や小屋裏の梁など見えない部分も描くが、時々怪しいものも出来る。

●立面図。全体立面図を作るのが重要で、道路面を断面にして作る。格子割り、瓦枚数、軒高、隣家との関連などを押さえる。影をつけて立体感を出すと作図していて嬉しくなる。看板があったり、木がかぶさっていたり、崩れ落ちた塀があったり、実測時のそのときのままを基本に描く。

●図面はその後雑誌発表用に描きなおされたり、キープランとして密度の薄いものなどが作られ、分析用に使われた。

●事前予備調査と調査地の選択、準備と合宿所の手配、そして実測、街まるごと採取と学生の長期協同作業、帰宅後の作業と雑誌発表、など多くの困難がある代わりに、各調査地の実測図が手元に残り、他校の実測図や資料といっしょに蓄積されてゆく。

最後に宮脇さんがデザインサーベイをどう捉えていたのか見ておこう。

「日本にデザインサーベイという用語が登場するのは　一九六六年『国際建築』一〇月号のオレゴン大学による金沢幸町の調査発表と、それに寄せられた伊藤ていじ氏の論文である。[2]」

「ある地域を観測し、実測またはそれに近い方法で調査し、図面等で視覚化・客観化し、建築やその他のフィジカルな構成要素——生活や習慣、意識や歴史という内的な要素を分析することによって、その地域が持っているシステムの分解と整理を行うという方法は、これを機会にひとつの概念として定着した。[2]」

「…できる限り主観的でない方法によって資料化し、系列化されたデータによって、その内部構造に触れ、それを創造の一つの母胎の一部とする…[2]」

「都市という風土や文明、生産構造や経済構造、時間の生成物である存在が観念だけで考えられようと[2]」している状況に対し「〈日本的都市像〉というものが存在しうるための設計方法論を見出すこと…[2]」

引用文
1 日本現代建築家シリーズ1『宮脇檀』新建築社 一九八〇年九月
2 宮脇檀「創る基盤としてのデザイン・サーヴェイ」『都市住宅』一九七一年十二月号

（高尾　宏）

掘割と柳のある町並み

倉敷
（岡山県）

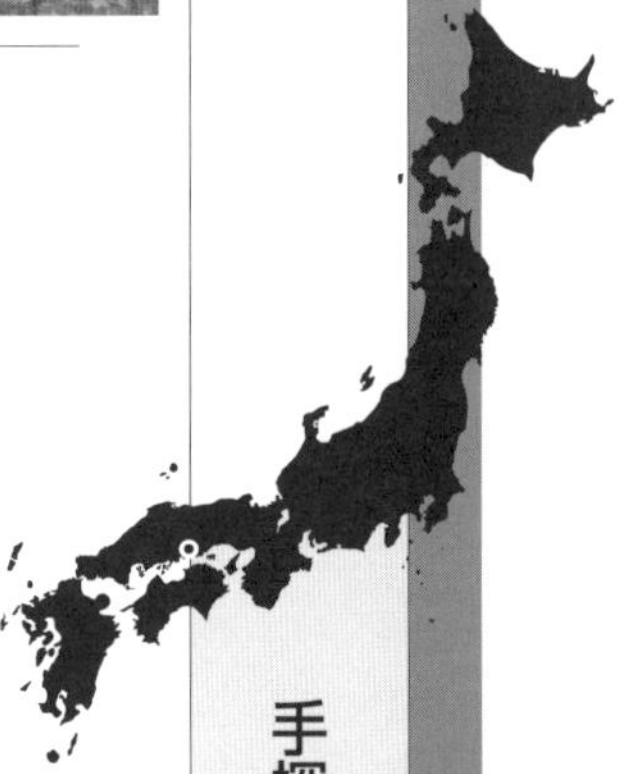

手探りのデザインサーベイ

山本秀代

川沿いの屋敷
天領地として税が免除された川沿いには、このような大きな屋敷と倉が並んで作られ、道を挟んだ川沿いには船着き場とそれに続く階段があり、川港として栄えていた様子がわかる。明治二四年に鉄道が開通し、堀からの輸送はなくなる。

第一回のデザインサーベイの対象地が倉敷に決まったとき、私たちには何の予備知識もなかった。小さな地方都市なのに丹下健三が市庁舎を設計し、浦辺鎮太郎が倉敷国際ホテルをはじめ次々に立派な建築をつくっている街という印象だけであった。

宮脇先生は、学生時代から、集落に興味をいだき日本中を旅行していたらしいが、ゼミで学生の指導に行き詰まっていたとき「デザインサーベイ」に触れ、ひらめいたのだった。この学生を戦力として「集落を調査し、記録をつくろう」と。自分の思いつきに感動し、得意になって叫んでいた先生の姿を今でもありありと思いだす。

先生の職人芸のような、魅力ある図面やパースにすっかりほれ込んでいた私は、宮脇ゼミを選び、三年の夏と四年の春の二度にわたって先生のもとで、デザインサーベイを体験することになった。

■倉敷に乗り込む

倉敷は瀬戸内海と内陸を結ぶ物流の拠点として、江戸時代から栄えていた。明治になり、大地主であり、倉敷紡績の社長でもあった大原孫三郎・総一郎の二代にわたる、芸術文化に理解のある巨大なパトロンに恵まれて、倉敷は大原美術館をはじめ、魅力的な都市施設を次々に加えて美しい町並みを形成していた。

実測にあたり、宮脇先生は大原総一郎さんに直接お願いして調査の了解と、

「旅館くらしき」に向かう川筋
一九六五年当時この地域は、住宅としての保存問題に悩みながら暮らすたたずまいであった。しかし今日では全ての家屋が観光のための土産物屋か飲食店に変貌してしまっている。

紡績女工さんの女子寮を宿舎として提供していただいたのだった。

夏休みに入ると、先生と五人の学生で倉敷に乗り込んだ。まず、市役所をはじめ、挨拶回りに一日を過ごし、市役所建設部では測量の器具一式をお借りした。測量器具といっても、高さを測るためのポールと野帳を記入するための画板程度だ。翌日には手探りで調査がはじまった。しかし、実際の調査は家屋調査のための依頼書もないという状態。

しかも、先生は二日目には御自分の身代わりとして、カメラだけを残して、東京へ帰ってしまった。もっとも先生が残したカメラはニコンのブラックというプロのカメラマンでもなかなか手に入らない代物であった。

幸いにも仲間に写真好きがいて、このカメラは写真記録の上で大活躍し、

「旅館くらしき」
この「旅館くらしき」と「考古館」は倉敷の景観の要にあり、屋根伏図からわかるように、この地に立つと両側の町並みを一望することができ、直線の道では味わうことのできない、道の期待感や楽しみがこの場所でいっきに高まる。

「考古館」
当時も今も目のさめるような白壁となまこ壁の「考古館」は、一歩中に入るとかつては左隣の井上家の蔵であった面影を残している。
夏の実測では、土蔵の中のひんやりとした空気が暑い日射しから守ってくれ、ほっとしたものである。実測のつらさと楽しさを思い出させてくれる懐かしい場所である。

街全体を観察した半鐘
くの字をした道の要の部分に半鐘があり、両側約200mが一望のもとに見渡せ、文字どうり火の見櫓の役目を果たしていた。
実際に半鐘に登ると、町並みが同じ瓦の形や色の連なりで構成されていることが分かった。また屋敷や倉、中庭など道からではわからない個人の生活空間を垣間見ることができた。

特に、半鐘の上から写した写真は倉敷の町並みを見事に捉え、後に『国際建築』の頁を飾ったのだった。この半鐘には何度も登り、街を見下ろしては、全体像を確認していたが、あるとき、半鐘下にこの大切なカメラを置き忘れてしまった。すぐ引き返したのだが、影も形もない。なくした本人は意気消沈、しかし先生はさりげなく許して下さったのであった。

■初めての実測

先生が倉敷で指示したことは、全体の軒高と、道と建物の関係を押さえること、野帳には五〇分の一で平面図と断面図を押さえることであった。
初めての実測だったが、先生の指示に従って、まず軒の高さを押さえ、家屋の配置と平面構成を把握する作業に取り掛かった。屋根瓦の枚数を二人で両側から数えるなど、やみくもに寸法を出していった。夢中で書いていたが、測って行くうちに、日本家屋だから、法則が見えてくる。一週間もすると、

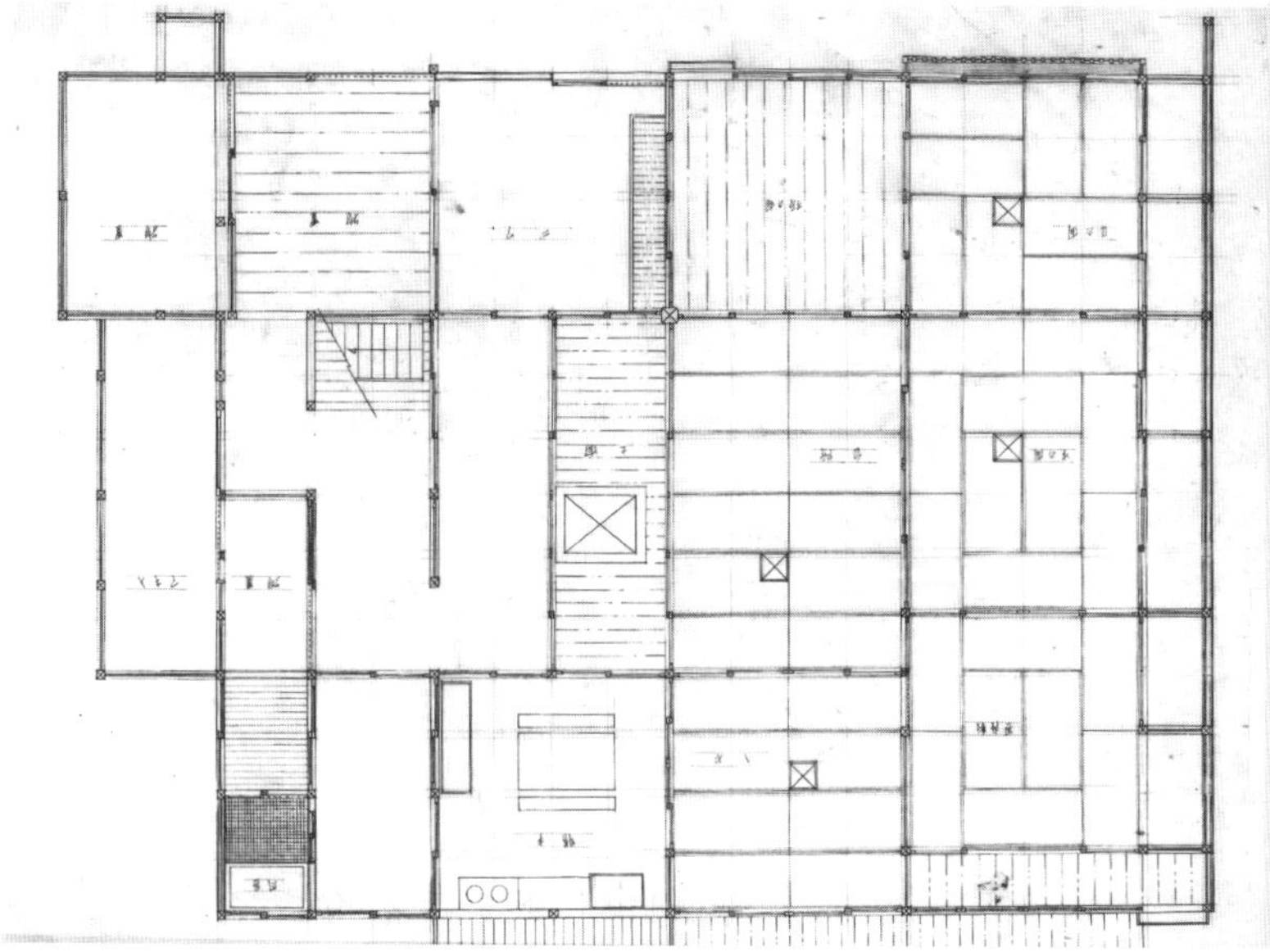

座敷の平面図（部分）
考古館の母屋の井上家は、襖を開けても開けても部屋が続き、中で迷ってしまうほど大きな家であった。最初に実測に取りかかったのがこの家だったこともあり、宿舎に帰り、野帳を突き合わせてみると、部屋が続かない所が出てきて、結局なんども実測をやり直すことになった。これはその一部にすぎない。

あらかた書いておき、少し計測するだけで整合することが分かってくる。こんな発見に嬉しくなり、暑さや過重な作業にも耐えられたのであろう。

しかし、当時の倉敷は白壁が剥げ落ち、下地まで出ている家、屋根が垂れ下がっている家、雨漏りのする家など、廃屋寸前の家もあった。住民は暗く修理にもお金がかかり、こんな不便な家を、と思っていたので、私達の熱心な調査が不思議だったようである。

しかし、その熱意は次第に解っていただけたようで、お漬物や、お菓子の差し入れがあちこちからあった。

私たちにとっては、倉敷は全てが新鮮で、興味の対象だった。真夏の太陽が照りつけ、くらくらするような表と対照的に、一歩家の中に入ると、薄暗く、かび臭くはあったが、ひんやりと気持ちの良い部屋だったのには驚いた。

アイストップになっている「大原美術館」
堀を横切る道は一直線に抜けてしまうことはなく、このように常にシンボリックな建物がアイストップになっている。これが倉敷の町並みの魅力の一つとなっている。

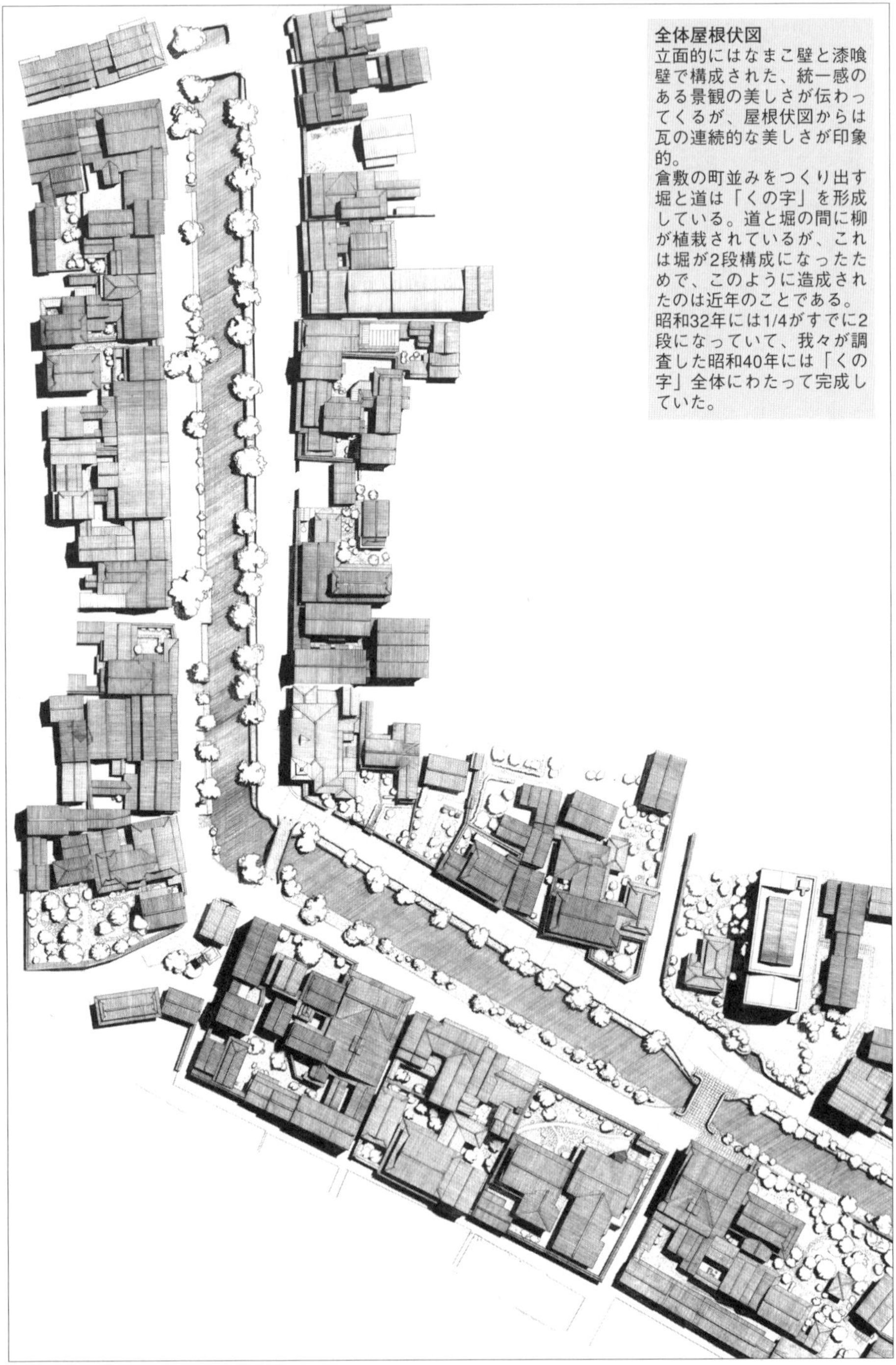

全体屋根伏図
立面的にはなまこ壁と漆喰壁で構成された、統一感のある景観の美しさが伝わってくるが、屋根伏図からは瓦の連続的な美しさが印象的。
倉敷の町並みをつくり出す堀と道は「くの字」を形成している。道と堀の間に柳が植栽されているが、これは堀が2段構成になったためで、このように造成されたのは近年のことである。昭和32年には1/4がすでに2段になっていて、我々が調査した昭和40年には「くの字」全体にわたって完成していた。

襖を開けても開けても部屋が続いて、迷子になりそうなほど奥深い間取りにも驚かされた。

しかし、あまりの暑さ、作業の大変さに耐えられず、東京に戻ってしまう学生も出る始末。それでも残された私たちは、日中二人一組で野帳を作り、夜は女子寮の宿舎に戻り、デコラの座卓の上に図面を拡げ、裸電球の下で、したたる汗が図面に落ちないよう日本手ぬぐいで頭を縛って作図に取り組んだのである。図面はまず道路を書き、野帳から家屋を一軒一軒写し、繋ぎあわせてゆく作業である。

一日の測量結果を図面に落としてゆくと紙面に町並みが徐々に浮き上がってゆく。これがつらい作業の中の喜びのひとときである。

翌年の春には、先輩二人が応援に加わって、補足調査を行い、全体図に樹木と影を効果的に描き入れてゆくと図面はいっきに生き生きとしてきた。この時の感動はいまだにはっきりと覚えている。

堀からの目測
リラックスしているように見えても、実際は石垣や階段、堀からの景観などを調査している。
当時は「大原美術館」と喫茶店「エルグレコ」「考古館」「民芸館」そして「旅館くらしき」が堀に面して開いていただけで、おそらくそのほとんどが冷暖房設備などなかったはず。太陽の暑さを除けば、空気はきれいで、騒音もなく、堀の水も澄んで美しかった。

■移動した半鐘

先日三四年ぶりに訪れた倉敷は、当時とあまりにも変わり、整然として映画のセットのような街になっていた。週末ということもあり、うら寂しかった当時とはうって変わって、まるで繁華街のような人込みであった。

翌日、私たちが町並みの観測所にしていた半鐘に登ってみた。さすがに足下が気になったが、街の全貌の再確認のためにはここが一番である。ところが、半鐘の位置が一〇メートル近く奥に移動しており、さらに掘割の柳が大きく生長していたため、町並みを一望できなくなっていた。一〇メートル移動しただけで特徴ある「く」の字の道の両側が見渡せず、倉敷の街の印象がずいぶん違ってしまったことに驚かされたのだった。

■ディテール

町並みの建物は一見忠実に再現され

ている。しかし、全体のプロポーション、瓦の色や形が微妙に違っていて違和感を覚えた。何より変わってしまったのが、「旅館くらしき」側の通りと「民芸館」の通りで、掘割に面していたなまこ壁と漆喰の倉は、開口部を大きく開け、土産物屋や飲食店の店先になっていた。町並みのシルエットは同じでも、まったく異質な街になってしまったのである。

また、当時の倉敷では一般に二階は天井が低い屋根裏で、普通は物置に使っていたが、今は一階を店舗に改装して、二階をおそらく住居にするためであろうか、一メートル近く屋根を高くしてしまった例が見受けられた。

ディテールを見ても、屋根の本瓦の平の部分が広くなったため瓦に落ちる影が粗になっていたり、丸瓦の高さが低くなったことで影が浅くなっていたり、全体にいらかの波が薄く感じられたのである。

路地もかつては掘割から米を運ぶ荷車のための轍に敷かれた敷石がいかにも倉敷らしい表情をつくっていたのだが、今ではほとんどが歩きやすくフラットに舗装され、微妙なディテールは失われてしまった。映画のセットのように生活の匂いが感じられないのは、こうした本当の時を重ねたディテールの積み重ねに欠けるからではないだろうか。

大原家ゲストハウス裏の路地
道がわずかに曲線を描き、視線を途中でさえぎって、路地に魅力的な表情を与えている。

■街の再生の難しさ

かつては瀬戸内の小さな一寒村にすぎなかったこの場所が、中世から江戸を経て明治にいたる歴史の中で、瀬戸内海の物流の中心となってゆく様はダイナミックな歴史の証として倉敷の街に今も刻み込まれている。

しかし、私はここに、開発と保存という、まったく正反対のベクトルが交差する建築のありさまを見ると同時に、この場所における現在の生活者にとっての街のあり方という、いくつかの異なる現実を直視せざるをえない。デザインサーベイにのめり込んでいたあの熱気の中では見えなかった現実、そし

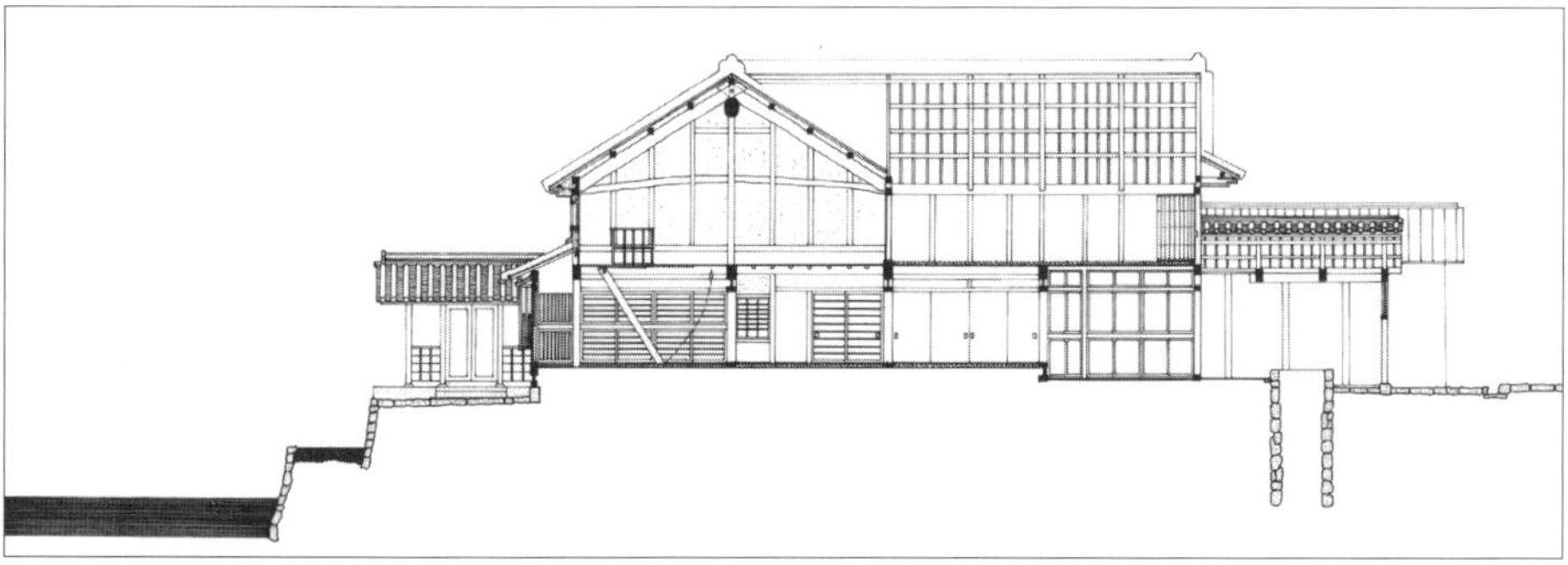

大原本家断面図
この大原本家は倉敷の中でも特に大きい屋敷で、2階の立ち上がりが高い。屋敷奥には中庭があり、井戸が設けられていた。我々が調査をした時には堀は２段構成に造成されていて、上から、通路部である上段、柳の植栽がある中段、堀、となっていた。この大原本家は保存地区の入口部に位置し、そのため人の通路である上段に門が設置されている。

前神橋
この街を鉄道で訪れると「大原美術館」のある今橋から入り、最後にこの前神橋にたどり着くことになる。我々も実測は「大原美術館」の方から攻めたため、暑さと根気が続かず、この前神橋付近の調査は手薄になっていた。このため翌年の春に再調査が必要になった。

て改めて倉敷の街を歩いて直面した戸惑いは、街を保存することの難しさを体感させてくれた。

最後に、私たちが行った実測という行為は単に記録としてのデザインサーベイというより、人と街の出会いであり、街の空気や匂いを含んだ空間を体験することだったのではないかと思う。

保存や再生のための調査の方法は今日では様々であろう。しかし、街を読み取ったつもりでも実際に住んでいる人にはしっくりこなかったり、リアルさに欠けることもある。反対に、街を体験し、生活の匂いを嗅ぎ、人々に触れてはじめて本当の答えは出てくるのだと思う。私たちのような原始的なデザインサーベイはもう行われることはないだろう。しかし、基本的な空間体験の意味は今後も変わらないと思う。

今回の旅で、考古館館長の真壁さんから「倉敷川畔特別美観地区」の指定の時には宮脇ゼミの実測図が役にたった、今もまちづくりの基本図になっている、というお話を聞かせていただいた。

関連資料
■法政大学建築学科宮脇ゼミナール「倉敷の古いセンター」『国際建築』一九六七年三月

馬籠（宿・峠）（長野県）

火の見櫓と写真

中山繁信

馬籠宿
中山道の一部である木曽川に沿っている道を木曽路という。したがって、この道沿いの宿場の多くは谷間にあるが、馬籠宿と峠の二つの集落は北木曽路とよばれ、尾根道に沿ってできた宿場である。

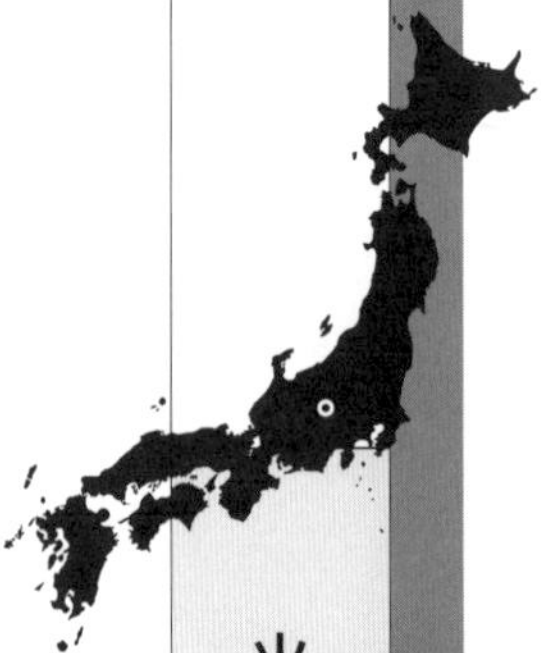

■一人旅

中津川からバスに揺られ、一人馬籠宿のバス停に降り立った。宿場町の入口特有のS字に曲がった道をゆっくりと上っていく…。これは、四半世紀以上も過ぎ去った日の光景である。今、その時のかすかな記憶を思い起こしている。

確かなことは、この時すでに馬籠を調査することは決まっていて、大学院に入った私は調査の下見のための一人旅であった。馬籠が木曽路の宿場町であり、藤村の「夜明け前」の舞台であること、谷口吉郎の設計によって藤村記念館がすでに建てられていること、集落が「宿」と「峠」の二つに分かれていることなど集落の概略は知っていた。「宿」は本来の旅客や要人たちを迎える宿駅として機能し、一方「峠」は牛馬など労役をサービスする牛方宿であった。

馬籠のように道を基幹として成立した宿場の形態は、日本の集落構造の典型のひとつである。わが国は「道の文化」であるといわれているとおり、おそらく道についての研究は奥深く、多様なテーマが馬籠には隠されているように思えた。

この年は宮脇ゼミナールとしては二回目のデザインサーベイであった。もちろんデザインサーベイは住民の人達の協力があってこそ可能な調査であり、それが最も重要なことは言うまでもない。そのほかに集落の規模、宿泊所や

峠の家並み
ゆるやかに蛇行した道に沿って軒の低い家並みが続く。宿、峠を問わず、母屋の形態は「平入り」で、屋根は「切妻」がほとんどであった。当時は石置き屋根がまだ健在だった。

作業場などの条件を把握し、調査の人数や日程、そして調査内容などを決めてゆかねばならない。したがって、本調査の戦略体制を決めるためにも、そうした幾つかの問題をチェックしておく必要があるわけである。ここではそれらのチェック事項のすべてを述べる余裕がないため、その中の二つのことについて述べてみようと思う。

　一つは、「集落全体を俯瞰できる場所があるか」、もう一つは「記録写真の現像をどのようにすればよいか」を確認したかったのである。二つのことは些細な問題のようにみえるが、後にこれが作業効率に大きく影響するのである。

■屋根伏図と火の見櫓

　集落全体の屋根伏図は集落の構造と成長発展の原理を知るうえでもっとも重要とされ、デザインサーベイでは欠かすことのできない図面である。前年調査を行った倉敷では堀に沿った町並みが「く」の字に折れた要所に火の見櫓が建っていて、それが調査の大きな手助けとなった。その鉄製の櫓に恐る恐る登り（当然許可を得なければならない）、そこから撮った写真は雑誌（『国際建築』一九六七年三月号）の扉や見開きを飾ったし、当然そこからの写真は屋根の形態を知るうえで重要な情報を与えてくれた。

　しかし現実には、いくつもの屋根が複雑に重なりあい、解らない部分が出てくる。そのため、よその家の屋根に乗せてもらったり、近くにある樹木によじ登るなどの危険を侵して調べるのだが、それでも不明なところが解消できない。そのような場合、全員で宮脇さんを囲み、ベタ（密着）焼きの写真をルーペで覗き、野帳と見比べ、いろいろな角度から推敲を重ねるのである。屋根の形式、勾配、棟や谷などの状態の下図が何度も描き直され、最も理にかなった形態が浮き彫りにされる。このようにサーベイは、見たものをそのまま記録するだけでなく、時には見えない部分も知識と論理で描かねばならないのである。

　こうした経験から俯瞰するためのいろいろな方法を考え、知恵を出す。今となっては笑い話だが、ラジコンの模型飛行機にカメラを積んで写真を撮ることを考えたり、凧にくくりつけて俯瞰写真を撮れないかなど真剣に検討したものであった。

峠のスケッチ（上・宮脇檀　下・中山繁信）

火の見櫓の位置は村落全体を見渡せる場所、多くは村落の中心部にあって、その高さは村落を十分見渡せる高さを必要とした。言い換えれば、村落の大きさは火の見櫓の高さと比例し、村落の構造と規模を端的に表す象徴でもあった。また視点を変えれば、村落のどの位置からでも櫓を見ることができたということでもある。いわば、火の見櫓は非常設備を越えた村民たちのシンボルであり、ランドマークでもあった。

馬籠の宿に話をもどそう。宿場に入ると一本の道の両側に家並みが続いている。家並みが途切れるまで歩いてみたが火の見櫓は存在しなかった。考えてみれば、櫓に登ってみなければならないほど馬籠の集落は大きくなかったし、走って大声で叫べば村の隅々まで声が届く距離であった。それが馬籠の宿を歩いた実体験から最初に学んだことである。

馬籠は周囲に山が迫っているため、そこへ登れば家並みが一望できるだろうし、家屋も低く、複雑な形式の屋根がほとんどないため、今回は屋根伏図に対しての心配は少なさそうである。

両側に水路がある道
道の両側には必ず水路がある。かつてはこれは共同の生活用水であり、またこの流れで水車を回していたという。

石垣で造成された宿の敷地
馬籠宿は緩やかな南下がりの道に沿っている。傾斜地のため、敷地は石垣で造成されている。その素朴な積み方から見て、ここの住人たちの手仕事であることが伺い知れる。

■写真と現像

もう一つは写真の問題である。これは写真を写す技術の問題と、フィルムの現像の問題の二つに分けられる。写真は景観を記録したり、状況を伝える手段として図面以上に効果を発揮する。情報量が格段に多いのである。野帳をとっていても、意外に見えていなかったり、記憶に残っていないというのが常で、人間の記憶はいたって不確かである。そのフォローのための記録

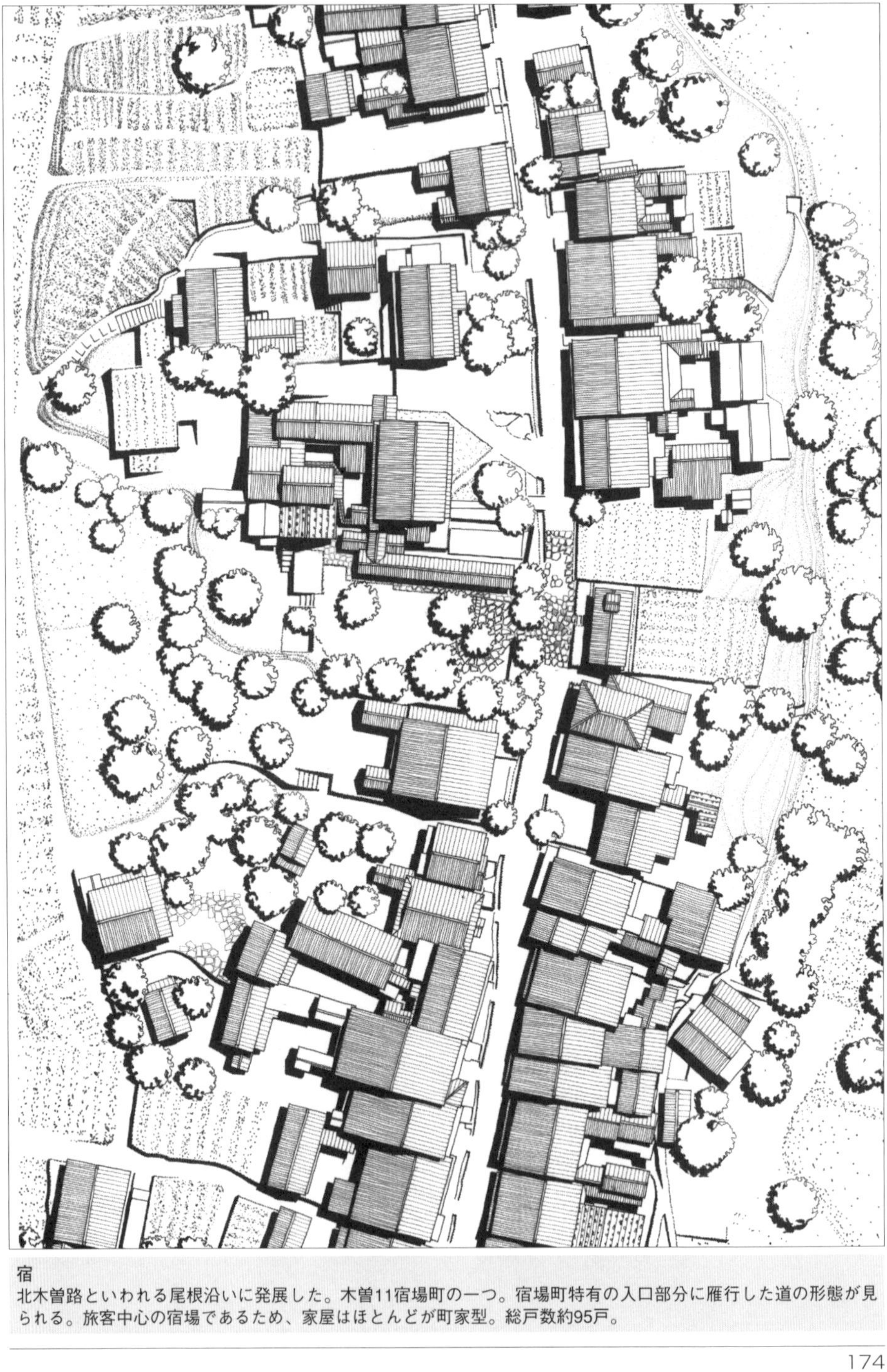

宿

北木曽路といわれる尾根沿いに発展した。木曽11宿場町の一つ。宿場町特有の入口部分に雁行した道の形態が見られる。旅客中心の宿場であるため、家屋はほとんどが町家型。総戸数約95戸。

として調査には欠かせないものである。しかし、当時のカメラは露出計が付いていないものが多く、たとえ付いていても簡単なもので、あまり精度は良くなかった。こうした大ざっぱな露出計では逆光などの複雑な光や室内など暗いところでは失敗も多かった。フィルムが一本まるごと真っ白だったり、真っ黒だったりすることが稀ではなかった。そこで写真の腕が問題になるのだが、だからといって、写真の上手な者に任せるわけにはいかないのである。それは図面化する本人が野帳をとる際、どこを記録し、どこを写真に頼るかを判断しカメラに納めなければ、それがたとえ写真として優れていても、図面化するためには意味のない写真になってしまうからである。いわば、調査する者と撮影する人間が一緒でなければならないのである。

　また当時、写真についての知識がうとかった私は、写真は日差しの良い日に撮るものだと思っていた。しかし、それではコントラストが強過ぎて庇の影が真っ黒につぶれ、立面図や屋根伏図を起こすためには役に立たなかった。むしろ、低い光線の朝日や夕日、また曇りの時に撮影すると、影の部分もつぶれずに下見板や格子なども判別できるソフトでフラットな調査用の写真が撮れるのである。こうした経験を積ん

宿の出桁造り
家並みは多少の高さの差はあるもののほとんどが、二階建である。二階部分（厨子）が低いほど建築年代は古い。二階部分が張り出している「出桁造り」といわれる様式が多い。

生活空間としての道
道や土間に人々の生活がはみ出してきている。道や路地は通行のためばかりでなく、住人たちの欠かすことのできない生活空間であった。

で少しずつサーベイの精度と効率を上げていくのである。

後者のフィルムの現像の問題については、調査の作業効率にかかわるため予備調査で忘れてはならないチェック事項である。当時はカラー写真は高価で調査などには使えず、当然白黒写真なのだが、その現像が一週間か三、四日もかかったのである。さらに地方の山村であれば現像所などあろうはずがない。現地でフィルムが現像できないとなれば図面化の作業は大幅に遅れてしまう。結局この時は、馬籠の近くに写真を現像するところがなかったため、中津川まで三〇分も車を走らせねばならなかった。

しかし写真屋ならばどこでもよいわけではなかった。できるなら人の良さそうな写真屋を捜し、可能な限り早急に仕上げてくれるよう頼むのである。そして事情と目的を話せば、一週間が三日に、さらに翌日までに仕上げてくれることもあった。おそらく夜を徹して現像してくれたにちがいない。このへんはまさに人情厚い地方の良さであり、今でも感謝の気持ちは薄れていない。

■サーベイの習性

生前、宮脇さんは「一に旅、二に旅、三と四がなくて五に建築……」などと冗談を言うほど旅が好きであった。その旅先で一番最初にやる事は、ホテルの部屋の実測である。これはデザインサーベイから得た習性であることは自明である。どんなに長旅で疲れていようがこれをやらないと落ち着かないら

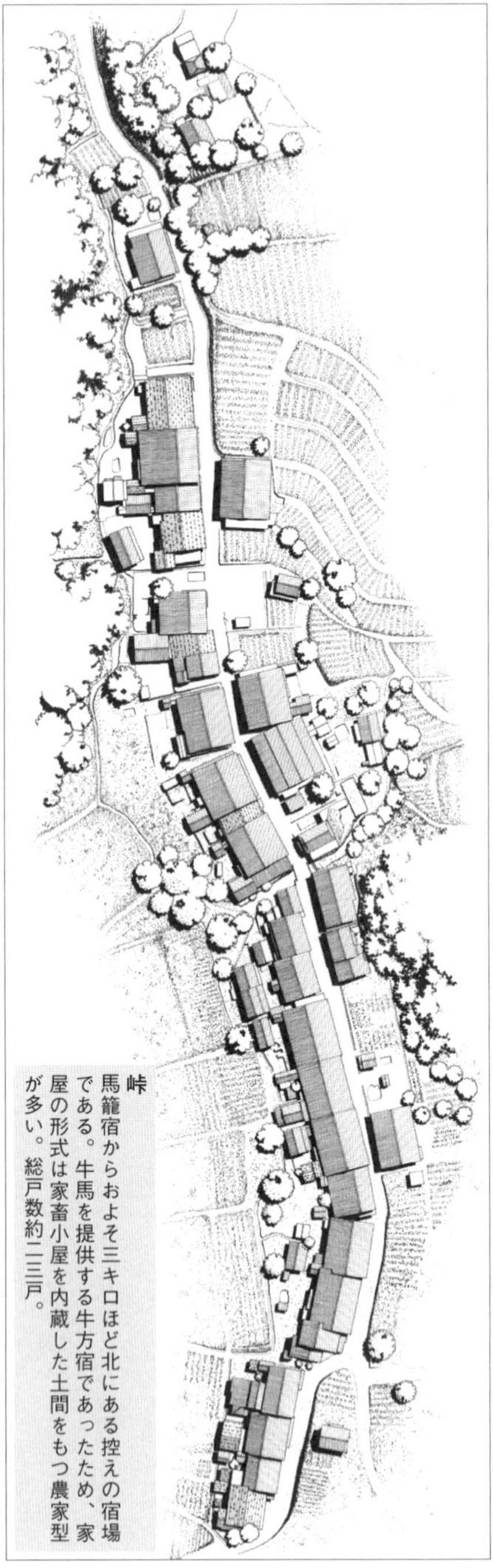

峠
馬籠宿からおよそ三キロほど北にある控えの宿場である。牛馬を提供する牛方宿であったため、家屋の形式は家畜小屋を内蔵した土間をもつ農家型が多い。総戸数約二三戸。

しい。
　そして、その次がその集落や都市の最も高いところに登ることだった。数えあげれば切りがないが、イタリアのシエナのマンジャの塔、バルセロナでは聖教会の塔、ネパールのカトマンドゥではスワヤンブナート寺院、そして、ブータンのタシチョゾン寺院では高所のため息切れして、さすがの元山岳部の宮脇さんもロバの背に乗った。それほど高いところが好きだった。そしてそれは、倉敷の火の見櫓や馬籠の山などに登って観察するという実測の経験から、上から眺めることが、都市の構造を理解する手っ取り早い方法であることをデザインサーベイを通して学んだに違いない。

宿のファサード
かつての格子や板戸、障子などから、ガラス戸へ変化している。

　そういえば最近、火の見櫓を見る機会が少なくなった。都市が巨大化し、また建築も高層化してしまい、火急を人間の目で確認することができなくなったからである。人間の五感に頼っていたものが、高度な通信技術に取って代わられたのである。

宿の路地
主幹線道へ通じる枝道。「宿」は奥行きの深い町家形式の家が並んでいるため、このような路地が何本か見られるが、幹線道と平行する道はない。

　また、写真も現像など必要のないカメラも普及している。さらに精度の良い航空写真や衛星写真も簡単に手に入れることができるようになった。以前のように、息を切らし、危険を冒してまで火の見櫓や山などに登らなくても、おそらく今、屋根伏図を描くというだけの目的に限れば、そうした写真を手に入れ、コンピューターで処理すれば簡単に、しかも正確な図面を描くことができるかもしれない。そうしたハイテクノロジーを人類の進歩と見るか、人間の感性の退化と見るかは人それぞれである。

関連資料
■法政大学建築学科宮脇ゼミナール「馬籠」『建築文化』一九六八年八月号

五個荘（滋賀県）

見慣れた風景から学ぶこと

仁科和久

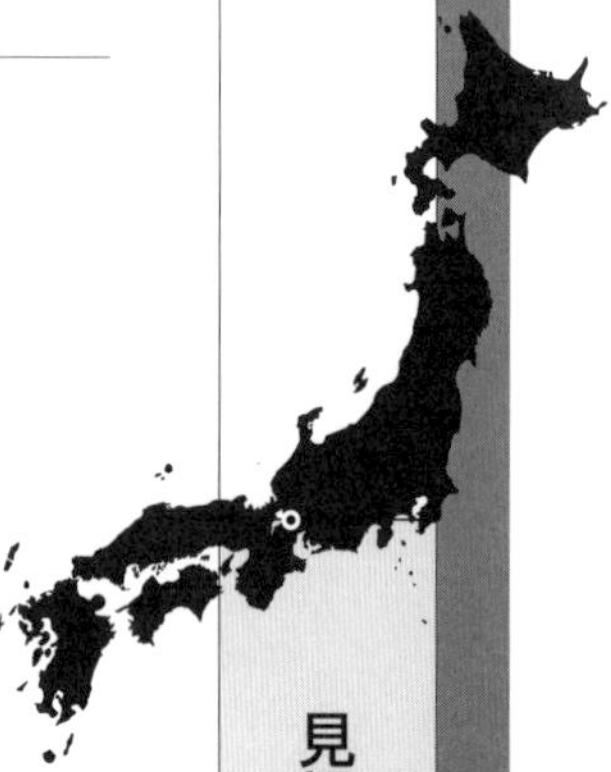

■五個荘山本郷というところ

東海道新幹線で東京から西へ向うと米原を過ぎるあたりから車窓にはかつて、わが国のどこにでも見られたようなのどかな農村風景が開けてくる。どこまでも畔が一直線に伸びる平担な広がりとそびえたつ森を中心とした民家の塊。平担な広がりは格子状に展開された条理制の遺構であり、そびえたつ森は点在する字が持つ寺社の森である。

琵琶湖の東南に位置するこのあたりは近江八幡や日野と並ぶ近江商人発祥の地として良く識られているが、近年ではＮＨＫの朝ドラ、「澪標《みおつくし》」（この原作者は地元出身の外村繁）の舞台となったところでもあることから記憶に新しい人も多いと思う。

私は新幹線でそこを通るたびに今でもさして変わらないその風景の内に当時調査した山本郷を見つけようと必死に目を凝らすのだが、同じような風景が次から次へと現われては消え、よほど注意していないと見過してしまう。かようにその風景は何の変哲もない些細な風景であるが、その平凡さがかえって私に心のふるさととでも言うよう

上部に見える高架橋は東海道新幹線の軌道
村内から当時としてはまだ目新しい新幹線がものすごい勢いで通過するのを眺めて、そのミス・マッチになぜか胸がわくわくした。

ななつかしさを思い抱かせる。司馬遼太郎がこのような風景を称して「近江の国はなお、雨の日は雨のふるさとであり、粉雪の降る日は川や湖までが粉雪のふるさとであるよう、においを残している。」と美しく語っているが、そのようにここには人間と自然の素朴で親密な関係が成立していた頃の穏やかな心地良さのようなものが残されている。

　近江商人は柳行李を天秤棒で担いで全国津々浦々に商品を売り歩き、中には江戸や大阪に出店を出す者まで現われたが、決して本拠地を移すことはなかったという。商いで稼いだ蓄財は村の土地や家屋の整備として故郷に環元され、遠方に居ても盆暮には妻子が留守を守るわが家へ必ず帰ってきたという。

水路と塀に囲まれた道の景観は確かに美しかったが、閉鎖的過ぎるところが少し気になっていた。だから、開放的な周縁部へ行くといつもほっとした。

　このような状況を反映してか、周囲からながめると平凡に見えるこの集落も内に入ると美しい水路と舟板塀に囲まれた複数の倉を有する質の高い民家が立ち並び、目を見張るものがある。その質の高さは押さえられた質の高さであり、成金趣味のかけらもない。時の為政者の分割政策により、字ごとに配置され、少数の檀家によっての存続を余儀なくされた寺が六〇戸ほどの小さな字には似つかわしくない豪荘な構えを有しているのも、この商いによる蓄財の一部がさかんに寺社に寄進されたことによる。質の高い集落が形成されたその背景にはこのような字への強い愛着心が関わっていた。魅力的で質の高い環境が一度形成されれば、次には人は自然の行動としてそれを保全し

全体配置図（部分）
いたるところで湾曲とクランクとをくりかえす道─アノニマスな集落だからこそ起こりうるアイストップによる多様なシークエンス

ようとする。このような環境→意識→行動→環境…という連鎖が望ましい方向で働いた豊かなコミュニティの姿がここにある。

■山本郷サーベイの顛末

一九六八年、夏。われわれは本命の調査地である萩（山口県）に既に入っていたが、そこからはなにもでてきそうもないということで、にわかに調査地として追加されたこの山本郷に何の予備知識もなく（と言ってもかえってその方が良いこともある）急遽移動した。そのため、充分な労働力と時間が確保できず、相当の困難が予測された。

水路
道に直接民家が面するか否かで、町並みに潤いを与えてくれる水路は相当重要な意味をもっている。

しかし、若さとはすごいもので、「集落を前にして美しいと感じたり、魅力的だと思ったら何はともあれまず実測してみる。それがデザインサーベイだわさ！」と豪語しつつ、意気揚々と目的地に入りこみ、ましな道具と言えば買いたてのニコンFと平板くらいのもので、あとはあり合わせの竹竿と巻尺、画版を頼りに朝から晩まで炎天下を麦わら帽子ひとつで歩き廻り、夜は夜で深夜まで、持参した裸電球の灯る寺の本堂で、蚊の襲来と戦いながら野帳に記録された情報をせっせと図面化した。

ひと息つけるのはもの珍しそうにわれわれの後を付いてくる近所の子供たちを相手にふざける時か、村に一軒しかない店の前でコカ・コーラを口にしながら一服する時ぐらいであった。そして連日の睡眠不足でへとへとになった頃、親しくなった地元の人達との別れを惜しみながら村を後にした。

大学へ戻ってくると、これらの資料

小泉家住宅
家が広すぎ、掃除に明けくれる毎日だと夫人はこぼしていた。
われわれの実測も同様の理由でなかなか捗らず難儀した。
塀の高さの微妙な差で外部と内部の関係が
明らかに異なってくることを感覚的に実感。

を繋ぎ合わせ、インキングする作業が待っていたが、その頃には多少精神的にも余裕が出始め、卒論の締め切りが近づきつつあったことも手伝って「図面だけをおこしていてなんになる！」という思いが頭をもたげ始め、不法占拠した広い製図室の片隅で部屋いっぱいに広げられた図面の上に座りこみ、データを作成するだけで良しとする通称データ派と議論にならない議論を交わし、その議論に負けたくない為に数多の本を読み、また議論を交わすというくり返しの中から、私にとってのデザインサーベイは意識化されていった。

当時、世間では『都市住宅』という雑誌を中心に崩壊に瀕したコミュニティが話題の中心になっており、ケビン・リンチやフィリップ・シールあるいはゴードン・カレンといった都市研究者の著作に親しむうちに都市デザインに興味を持ち始めていた私は、人間の視点が忘れられているのではないかと気づき、コミュニティとしての集落の構造とその中で生活する人々との関係についての調査を行うべきだと思い始めた。それまでのデザインサーベイでも文献やアンケートあるいはヒヤリングなどによる調査は行われていたが、それはあくまでも社会構造を確認するための資料のレベルにとどまっていた。ということはソフトデータが不足していたわけで、夏に実測しそこなっていた穴埋め調査も兼ねて再度山本郷に出向くことになる。

じつは実測データや写真も人間的な視点の可能性を秘めているのだが、当時はその自覚がなかった。

追加されたのはイメージマップ（記

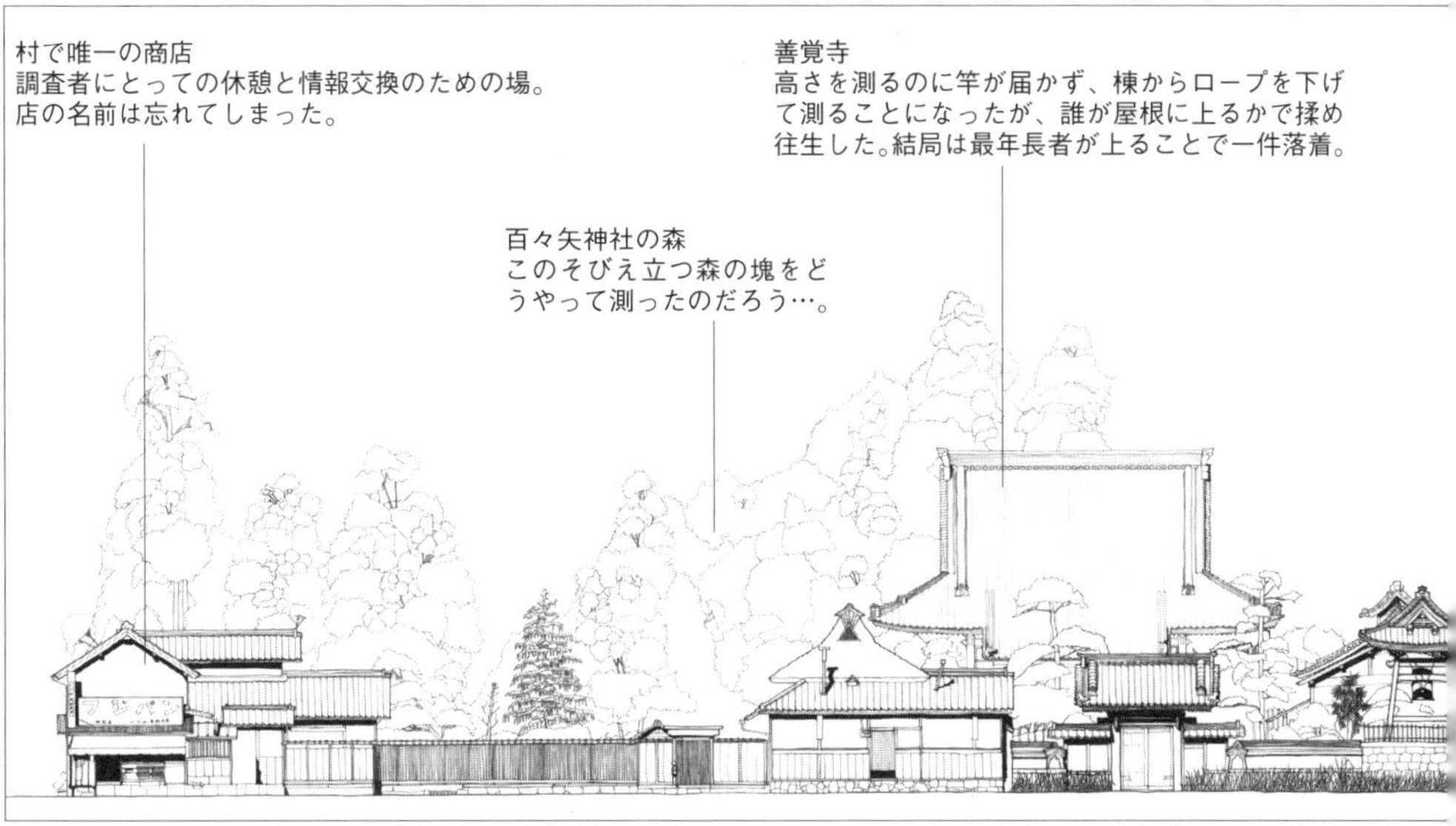
村で唯一の商店
調査者にとっての休憩と情報交換のための場。
店の名前は忘れてしまった。
百々矢神社の森
このそびえ立つ森の塊をどうやって測ったのだろう…。
善覚寺
高さを測るのに竿が届かず、棟からロープを下げて測ることになったが、誰が屋根に上るかで揉め往生した。結局は最年長者が上ることで一件落着。
集落の中心部（善覚寺前の通り）のファサード

憶地図—記憶だけを頼りに描いた地図）と生活行動調査、それに多少のヒヤリング。ソシオメトリー（一種の近所付き合い調査）なんてのもやろうと思ったが、準備が間に合わなかったことと、完結したコミュニティには不向きであろうとの判断から次回にゆずることにした。

今回の調査は被験者の手を煩わす調査であったため、はっきり言って相当てこずった。特にイメージマップは訪れる先々で絵が下手だとか、目がよく見えないからとか、あげくの果てには居留守まで使われて、一向にらちがあかなかった。先方に作業が発生するとともに、普段地図なんか描く体験などめったにないのだからいたしかたないと言えばそれまでだが、こちらの準備不足も否めない。

こうして、考えあぐねた末、夏に仲良くなった子供たちをだしに地元の小学校へ駆け込んだ。小学校では意外にもそれを快く引き受けてくれ、授業時間まで割いて児童を指導し（もちろんわれわれが立ちあったわけだが）約三〇人程のマップがわれわれの手に届けられた。そしてあとは分析を残すのみとなった。見送られたソシオメトリーについてはその後、集落を対象としたデザインサーベイと平行して始められた都市コミュニティの調査で日の目をみることになる。

■集落構造とイメージ

構成の仕組みという視点から集落を捉えるなら、平野部に立地するわが国の塊村は廻りに濠を巡らした奈良の環濠集落や縦に板を立てかけた風除《かざ》（防風壁）で廻りを固めている上越の集落

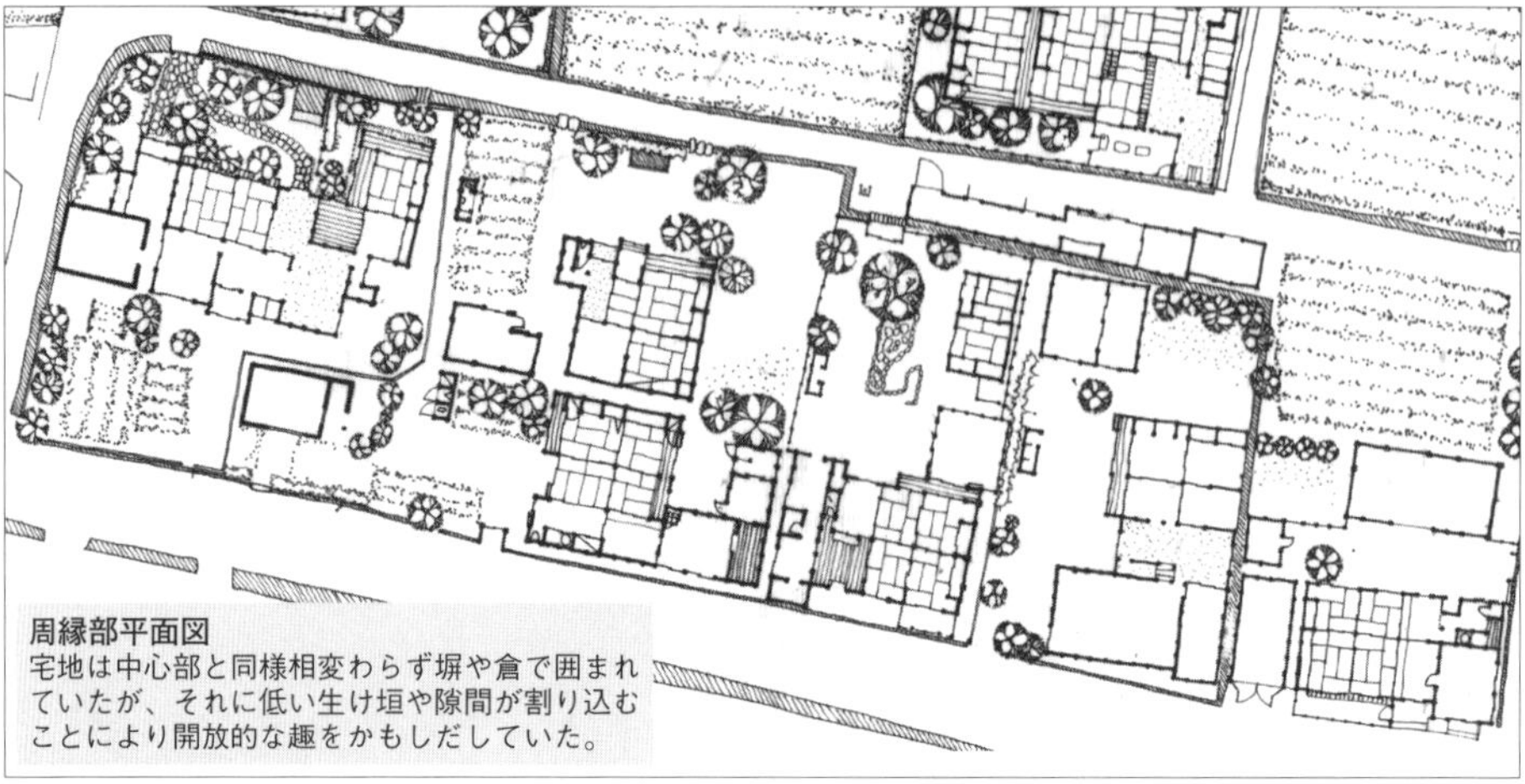

周縁部平面図
宅地は中心部と同様相変わらず塀や倉で囲まれていたが、それに低い生け垣や隙間が割り込むことにより開放的な趣をかもしだしていた。

など、いわゆる周囲に明確な境界を形成しているものを除くと、あとは五個荘集落のようにシンボル（寺社の森）の周りに他の要素が寄り添う単純なヒエラルキーを構成しているものが多い。それは海外においてもほぼ同様で、寺社が教会や庁舎、あるいは広場に入れ替ったと思えば良い。要するに中心から離れるに従ってあらゆるものが除々に薄められてゆき、最後には平坦で均質な広がりへと消失している。集合体が成立する時の最もプリミティブな構造がそこにある。

山本郷の集落はまさにそのようなプリミティブな構造のプロトタイプであった。字の塊は本家～分家、地主～小作という単純なヒエラルキーの社会構造を反映しながら、盤の上に置かれた碁石のように条理制による二本の道の交差部を中心に成立している。その交差部にシンボルとしての善覚寺と百々矢神社の一団、及びわれわれがよく休んだ商店が面し、後はこの二本の軸に沿って、周縁部へと、宮脇さんが空間濃度と総称した家屋の規模、高さ、質、閉鎖度などが徐々に薄まってゆき、最後は田畑へと至る穏やかなシークエンスを形成している。

イメージマップ調査の結果は各児童の個性と行動領域の相違から細部では千差万別なものが集まってきたが、シンボル（寺社、村で唯一の商店、小泉家住宅―寺に隣接する村内最大地主の邸宅）と二本の主要な道、それに中心部から周縁部へと至る記入密度の減少などに、もののみごとな一致が見られた。また、生活行動調査の結果は日常生活の道と儀式の道（婚礼や葬儀などの行列が通る道）に明確に役割分担された二本の道が主要な道としてあぶりだされてきた。ケビン・リンチがその著書『都市のイメージ』で「自らの位置が常に確認できるような全体構造ができ上がっていることは人に一種の安心感を与え、それがしいては自らの都市への愛着心へと発展する」というようなことを言っていたが、そのような状況の好例がここに存在していたように思える。それを物語るように村内の道と水路は常に清潔に保たれ質の高い町並みが保全されていた。

大人たちとの接触の機会をつくりだしてくれた好奇心旺盛な村の子供たち。

■終りに思ったこと

今思うと何に取り憑かれていたのか、全員がまあ実に良く、健全に活動したものだと我ながら感心する。そこまでわれわれを駆り立てたものとはいったい何であったのか。卒論を完成させねばならないという脅迫観念からか、周りにさぼるに適した環境がなかったからか、はたまた集落があまりに美しかったからなのか、いろいろ考えられるが、決定的であったのはおそらく実測という行為そのものであったような気がする。実測という行為は事実をデータ化する作業として捉えられるが、同時にそれは調査者にとって自らの周りの世界に直接向きあうことを意味している。この行為自体がリアルな世界から遠ざかりつつあるわれわれにとっては実に新鮮に見えたのではないかと今は思っている。

もしかしたら、われわれは古い共同体の中に深く入り込むことで、無意識のうちに自らのアイデンティティを確認していたのかもしれない。

参考資料
■法政大学建築学科宮脇ゼミナール「デザイン・サーベイ五個荘—単純核の構成」『建築文化』一九六九年九月号

琴平（香川県）

テーマを発見すること

高尾　宏

琴平町坂町の遠景
伊予街道との分かれ道から急勾配で登ってゆくところ。象頭山の稜線に沿ってアプローチする様子が下の町からも望める。宿泊所だった養老院からの撮影という説もあるが、遠い昔のことで記憶は薄れる。

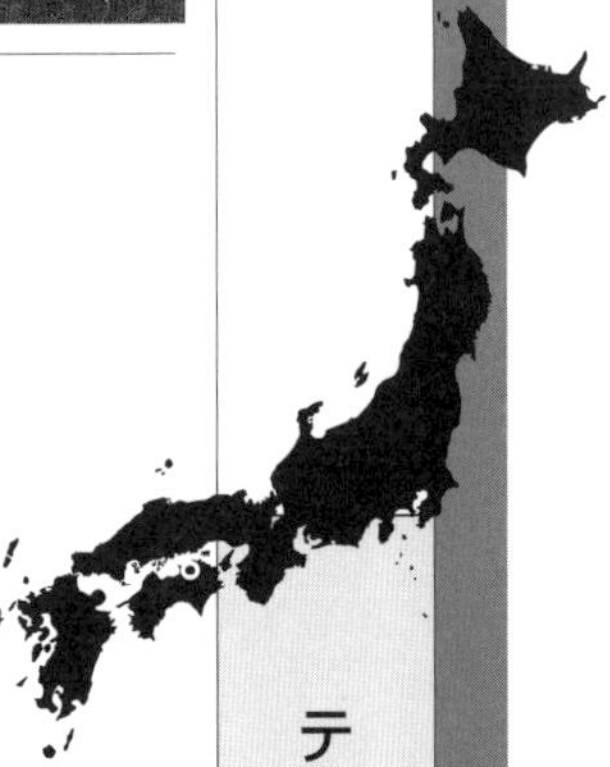

■一九六九年夏

大学二年も後半になるとゼミの選択が話題になる。特に計画系学生は先輩や雑誌から情報を集め検討するが、圧倒的人気は、雑誌に掲載され名前が載る「サーベイ」である。旧い街を巡る旅ができて、合宿があり、大きな図面を皆で作成している。それらを次々に雑誌に発表している宮脇ゼミはそれだけで面白そうだ。『国際建築』一九六六年四月号に東京芸術大学グループ（益子義弘、水野一郎等）の「外泊」が掲載される。それ以前には『建築文化』一九六三年十二月号で「日本の都市空間」の特集（伊藤ていじ、磯崎新他）があり、日本の都市デザインの解析が始まっていた。古本屋で買い求めたこれらの本を見ながら、その後続々と発表されるサーベイに興奮していた。オレゴン大学の「金沢」、東京芸術大学の「白豪寺」、法政大学の「倉敷」、そしてゼミ室の「馬籠」の図面、と「萩」の実測中の話、更にもう一つ始まる「五個荘」の話など…。

後に東京工業大学（篠原研）、明治大学（神代研）、東京電機大学、武蔵野美術大学などが着々と発表してくることになる。

我々四年生には正確な判断や知識はなかった。幾つかの候補地の中から選び出されたこの不思議な空間にとりつかれ、ただただ闇雲に活動を開始した。日本三大聖地とされる金毘羅《こんぴら》さんの門前町琴平町坂町の実測調査に乗り込んだ。

　春の予備調査で宿舎や町会、役所など手配を済ませてあるが、どのくらいの期間がかかるのか、どこまで調査するのか等は未知のまま。まずは三人一組で平板測量により外部の図面を作成する作業にとりかかる。

坂町の景観
振りかえると讃岐平野が広がっている。実に気持ちのいい眺めで、黙々と階段を上る途中で、幾度も振りかえりたくなる。坂町の下の方はテントや看板でこの景色は見えない。両側の店は少しずつ改装されているが、この石畳と石段の連続がこの街全体に統一感を保持している。

籠に乗って降りる参拝者
参拝帰りのくたびれた人が籠に乗って降りてくる。下の方に俗世界ともいえるお土産屋さんの看板、呼び声があふれるテントのトンネルの中に入ってゆく。籠を担ぐ人、乗っている人と杖を持ち道をあけて待つ人との短く楽しい会話が、石段と囲われた長い舞台で演じられ「ハレ」の気分が盛り上がる。

　勾配のある道や背後が川で自由が利かない測量は大変。この時点ではまだ町の有力者にしか情報が知れていないので町民に不信がられる。が半日もすれば少しは顔が売れてきて声がかかる。「何してるの?」「税務署?」

　事前に大学の印が押された紹介状とアンケート用紙を持ち一戸毎に挨拶に回り家の中の実測の説明をして了承を得て行く。大学の建築学科の学生であることで信頼感を持ってもらえるのか家の中に入れてもらえる。

■勢いがきめて

　すべてを図面化するのだからプライバシーはない。親戚関係を調べ、宗教を聞き、先祖や家柄を尋ね、寝室にもぐりこみ、便所の戸を開け、どんどん入って測り、野帳に書きこむ。この勢いが要る。この勢いがうまくゆくと街の人達を巻き込み、「次はうちかしら」「うちはまだ?」などの会話がそここで聞かれ、行く所によってはお茶を

伊予街道との分かれ道部分の屋根伏図
両側から迫る山の樹木と、1本の石の階段がこの街を強く支配している。下の家々では後方に多少のスペースが取れ、中庭などが造られている。影の描き方で高低差や屋根の上下を表現しているつもり。山側、谷側、南北、1階2階等要素が多く、描いてるときは随分悩んだが「そんなこと何になる」との意見も出る。

客を待つ籠と見えてきた大門
坂町の長い階段を抜けてやっとついたと思うのだが、そこはまだ入口でしかない。お土産屋の店舗と混ざって両側には石積みの擁壁や建物が多くなる。大門のなかはしばらくの興奮を冷ます静寂の参道になる。観光客に紛れ調査に向かう二人づれ。

ご馳走になったり、子供達と仲良くなって遊ぼうと追っかけられたり、はたまた娘さんとデートなどしてしまう者もでてしまう始末。

今日ではとても考えられない作業の仕方であった。なかなか理解してもらえず、すでに作成した図面を見せ、白抜きの部分を示して迫る方法もある。体育会系のハードな行程に、もちろん全員がのめりこむ訳ではなく、時には手抜きあり、逃亡ありの合宿生活である。

前日に渡された調査地の家に二人一組で行き午前一件、午後一件程度が終わると宿にもどり図面を起こし部分部分の修正を加えて行く。平板で作った全体図の中に入れ込んでゆく。明らかに精度の差があり、採集作業の密度の違いも生まれる。塀の裏や境界などいつまでもわからず、再々調査によって合わせてゆく。細かいところの写真も撮り後日の作図作業に備える。その都度協議し形を整える。

夜遅くの作業になる。実測を終えて帰ってくる者達から予期せぬ報告が続々と入り、「それも調べよう」「それも」と次から次へやることが増えてくる。伊予街道との関係、お土産屋の昔の業態（旅籠）、金丸座の話、遍路道との関連、住民の生活導線や町内会、焦点が絞れないなか図面造りは続く。

■何をどこまで測るか

実測の精度もなかなか決まらない。道に参加しているありとあらゆる装置を押さえねば、この不安は押さえられない。終いには階段の石の寸法まで測ることにする。（本当はどこからどうやって運んできたのか知りたかったのだが）図面の中に記入すると意外にいい。毎日取り組んできたこの空間の気分が表現できる。各家々の平面を図面化し資料となったものを眺めているとこの街の成長の仕方が良く見えてくる。ひなびた農家の集合、街道の宿場町、信仰の門前町、旅籠からお土産屋へ、出来る限り多くの細かいデータの集積

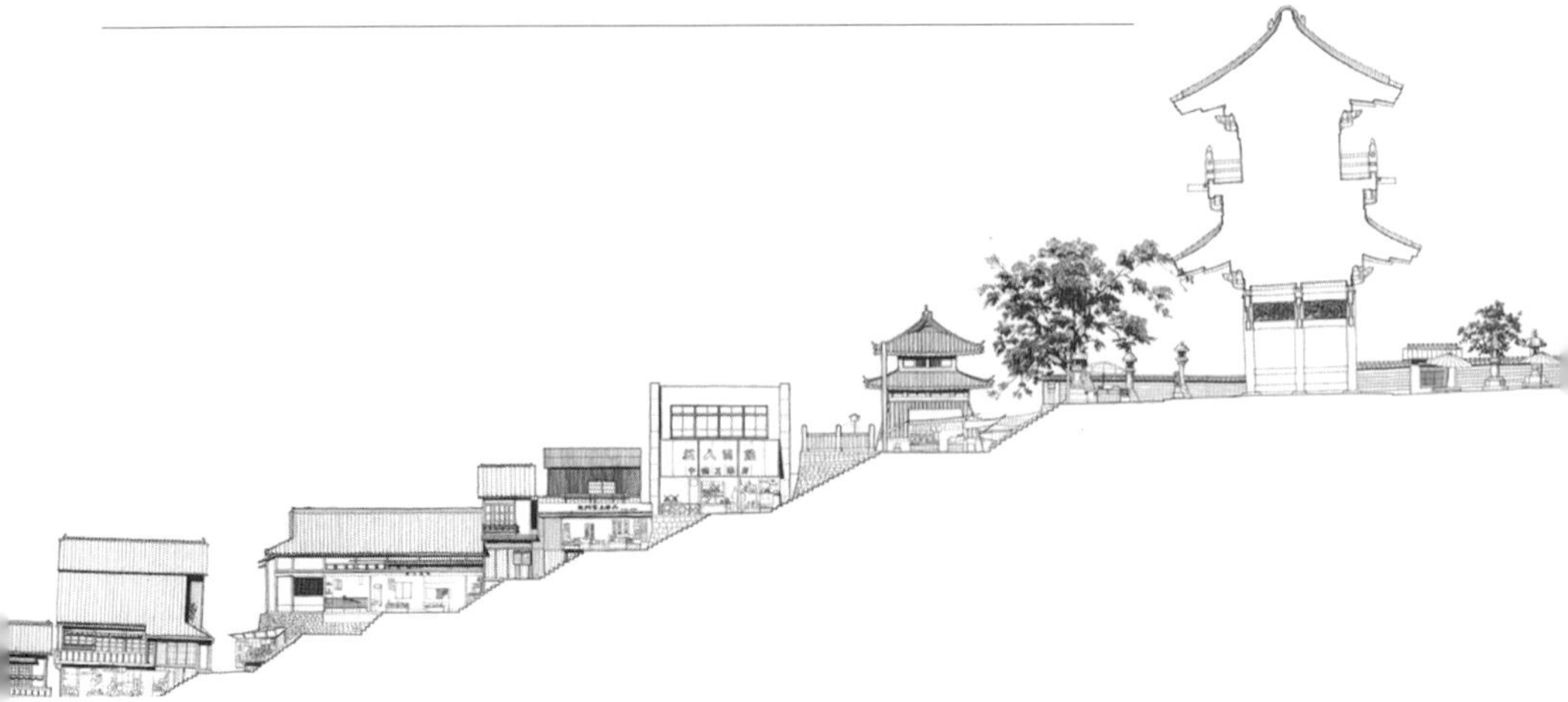

は後日の分析に役立つこととなる。デザインサーベイの基本だと思う。

この琴平は階段の街であり実測も高さが重要な要素になる。特に地域断面図の作成が重要である。それには一番簡単には階段の蹴上げと踏面を個々に調べ、高さを推定して行く方法がある。が、必ずしも踊り場が水平な訳がない。当然勾配を持つ。で、店の間口毎に水平線を想定しその高さを押さえて集合させる形になる。いまではトランシットなどできちんと測る方法があるのだが…。遠方等は望遠レンズ付カメラで焦点を合わせ、そこまでの距離を出し角度を測りなどと信じられない方法も考えてみた。

断面は小屋裏などの梁組は明記しない、あくまでも外面だけである。民家個々の調査ではなく、地域の空間を押さえることに重点がある。我々のサーベイでは常に二階の平面は切り捨てる形になった（平面の構成より都市の形態の方の興味優先なのだ）。が、ほとんどの家が二階を持ち住居形態は重要な要素なのだけど、我々は取らないと決めた。しょうがないので代表的な地域断面として選んだ部分を記録することで済ませてしまう。

立面図はその地域の特性をあらわす重要な図面になる。何箇所かを赤白の測量ポールで測って行く。屋根勾配や瓦の数等から棟の高さを推定、他の家との比較からおおよそを作図、木割りや外壁材などでの推定も加える。何箇所かの測定で一間を一八〇〇ミリで決めるとそれを使ってしまう。個々の違いはこの場合重要ではない。低く垂れ込める日除けテントや比較的高くに巻き上げてあるもの、そで看板や正面看板等の寸法は全体のバランスの中で後日写真を見ながら描き込む。数カ所の実測数値をもとに推定の作業になってしまう場合もある。

境内での難物は樹木である。大きい木や小さい木様々あり、全く無視して同一の木では図にならない。これはこ

静寂の境内
名物の飴屋「五人百姓」の傘で店番のおばさんたちと無駄話でつかの間のサボり。大門の入口は遥かむこうに広がる讃岐平野を額縁で捉える。大木が空を覆い、涼しい風と少しの広がりがしんどい階段登りの動悸を沈めてくれる。反対側進行方向には長い階段のない参道が見えている。

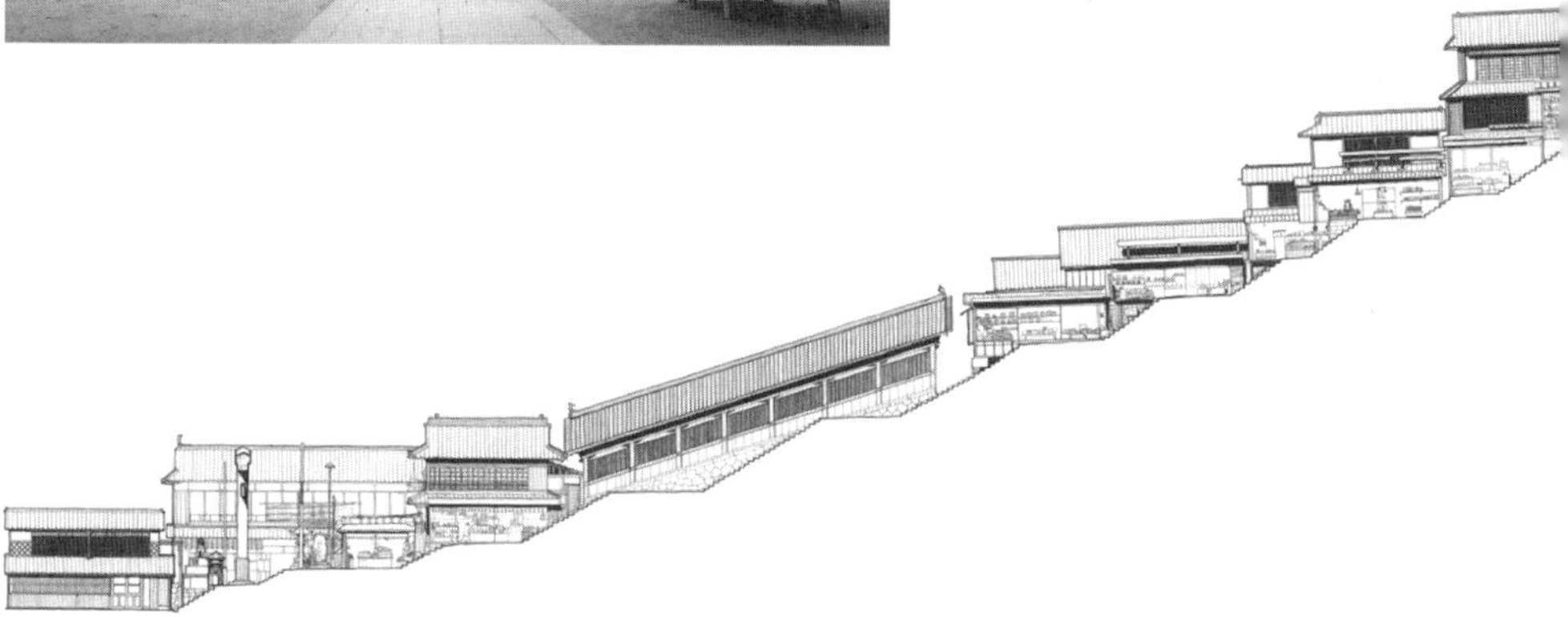

圧巻！　坂町上部の縦断面図（部分拡大図は144―5頁）
伊予街道との分かれ道から大門まで。縮尺の関係で詳しくは見えないが、お土産屋の店頭や看板なども描き込み、大門付近の木は宮脇さんに託す。大門の内部構造は描いてない。この上の部分と下の部分では勾配も店の構成も違うのだが、石段の連続が統一感を出している。

の位かなとか、あの崖の所まで延びているとか。それはそれで図面の雰囲気を出すのには気を使った。特に持ち帰ってからの作図は木だけでの表現のような感もありで、宮脇さんも時々ゼミ室に顔を出しては、我々の描いている木にケチをつけ「俺が描く」といっては重要な個所の木を描きこんで行く。屋根伏図の樹木隠れの参道を見ていただければ、その辺の苦労がわかっていただけるだろう。

■石段との格闘

下の坂町での作業まではまだよかった。それでも数百段の石段を朝登り、昼食時に降りて、再び午後登る。トイレや計測用機材を忘れたりすると大変。さらに加えて上の境内へ行くのは悲惨なものがある。あがっておりてあがって、もおーっ！弁当持って上がりっぱなしという者やお宮の木陰で昼寝等という事態もあったらしい。足がワナワナ、でも下の街へ降りてきて店の人々に「ご苦労さん」などと声をかけ

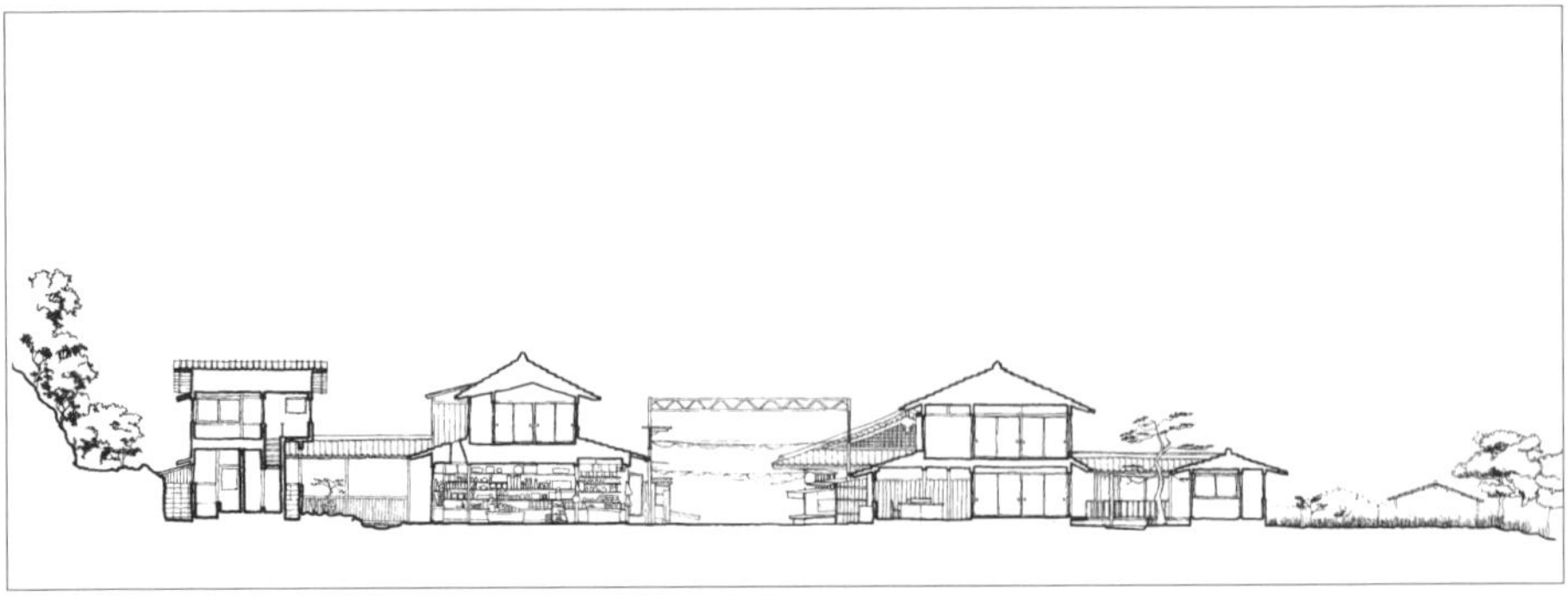

横断面になると琴平町もこんな感じ
テントが架かる中央部が道、中庭もある町家だが、片側は山が迫り反対側は谷。門前町とはいえ、長い時間相当なエネルギー（経済的、肉体的）がかけられている。街が形作られてゆく過程が見えると面白いのだが想像しか出来ない。

てもらえてくると、まずまずそれはそれで満足感も出る。

このあたりになるとこのサーベイの焦点が見え始めてくる。つまりたかが参拝という行為にこんな山登りをさせるための飽きさせない装置として、この石段は機能的にも視覚的にも重要な要素の一つであること。全体（坂町から本宮）に共通の要素としてこの空間に統一感と連続感を与え、人々に金毘羅さんを認識させている、その石段、石道を背骨として様々な要素（看板、旗、幟、日除け、売台、商品、鳥居、灯籠、傘、木札、石垣、大きな木、巨大な社、小さな祠）がこの長くきつい空間を盛り上げてゆく。

登り降りする人々の息や汗、杖、籠、疲労感、達成感、お土産屋の呼び声、上下に動く視界、石段でとまる視界と讃岐平野が広がる視界、変化する明るさ、色、等々がこの場を通過する人々の共通の非日常空間になり、人々の記憶にとどまり、長く語り継がれ、そのことが街の人達の共通認識となり、街を維持し、今も残る日本の代表的な都市空間の一つになっていると思う。

我々は外部空間における人間の反応の基本原則を分析する手段としてゴールド・スミスや、フィリップ・シールの手法や反応の記号化（ケビン・リンチ）の方法を模索し解析の図示を図った。看板セクション、看板の位置と大きさ図、光量測定図、視野限界測定図、テクスチュア分布図、庇位置図、階段勾配位置図、左右振れ角図、商店売台位置図、店舗奥行間口グラフ、ランドマーク分布図、装置エレメント分布図など十分納得いくものに表現できていない。それよりも百分の一で採取された全体平面図、屋根伏図を見てもらうのが一番。細かく図面化することで様々なものが見えてくる。歴史、地形、成長、賑わっている音までも聞こえてきそうだ。

■金刀比羅宮を支えたもの

瀬戸内海は日本の昔からの物流路で

まずは平板測量から
夏は暑いので測量は上半身裸でご勘弁。平板測量だけではこの街は攻略できない。が、まず平面図から始めねば見えてこない。
道に置いてある一つ一つのものが、「こいつはなんだ」「なんでここにあるのか」「この部分はどう表現して記録しようか」などなど考えざるを得ず、作業はなかなかはかどらない。

陸路より海路であった。都のある京、大坂、堺と大陸文化の流入先を結ぶ穏やかな海は多くの文化と都市を育んだ。商業文化が発展する室町期より、多くの和船が陸伝いに港々に寄港しつつ物資（塩、米、魚、酒など）を運び、その寄港地として四国多度津があり丸亀がある。

　江戸後期北前船による収益は当時としては破格のものであった。難破などの危険性を含む北の航海から荷を積み播磨灘付近に戻り、沿岸の見なれた山々（象頭山など）を見てほっと安心したのであろう。冬場の休業と船の修理の合い間に水主達は金毘羅さんに詣で次の航海の安全を祈り絵馬や灯籠などを寄進している。また遊興に使う金も並外れ、街の賑わいを維持した。当時高松にもなかった芝居小屋が二つもあり繁栄を競っていた。金丸座は今も当時の姿で再建されて残っている。

　特に江戸時代の鎖国の弊害から大きく頑丈な船は作れず年間何千艘という難破船を出していた。当時の航海安全は本当に祈念されるものであった。寄進された旧い石柱一つ一つが語っている。そんな信仰が金刀毘羅宮を日本全国各地に広めその元締めとして四国の「金毘羅《こんぴら》さん」はある。だからあの千数百段の石段は信仰の象徴として認識されてきたのだろう。そしてそんなことを考えているうちにあの日除けテントの仕掛けは和船の帆の仕掛けを利用したものだと気がついた。

　歴史の中で生まれ育ってきた街はまだ成長を続け、調査当時（一九七〇年）はアスファルト舗装道路であった下の旅館街に幅広の石が張られ、上部の階段の坂町との統一感を演出している。坂のシークエンスは遍路道を横切ってJR琴平駅まで続こうとしている。

参考資料
■法政大学・宮脇ゼミナール「坂のシークエンス」
『建築文化』一九七〇年六月号

稗田（奈良県）

受け継がれた美意識の遺伝子

小島建一

集落の中の道
この村の中の迷路のような道から道へと、我々は平板測量の平板と、ポール、巻尺を持って、村中を測量してまわった。まずは集落全体の正確な測量図を作ることが最初の仕事で、夏の暑い日にはこれが結構大変な仕事だったが、村の全体の感覚をつかむのには良い準備段階となった。そうしてできあがった測量図に、一軒一軒調査して集めたプランをはめ込んでいった。

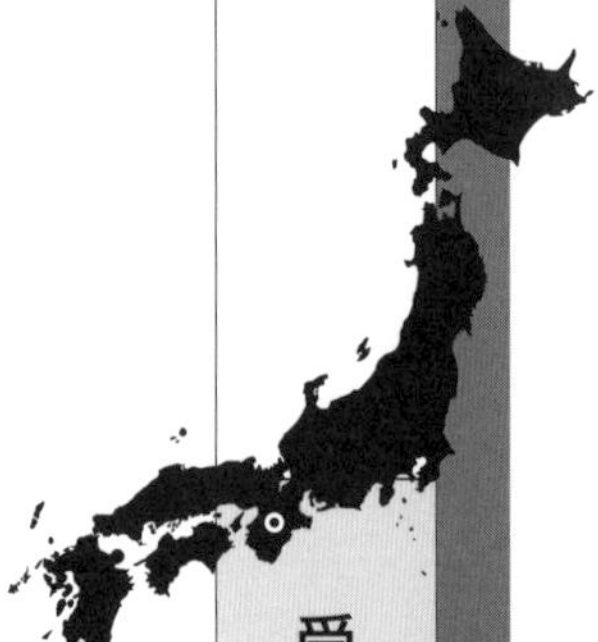

デザインサーベイについての考え方は、それぞれ人によって違うと思う。一つの集落全体から、一軒一軒の民家の内部に至るまでの、空間のヒエラルキーのどの辺に興味を持つかによってもそれは変わってくる。もちろん個から全体にいたる、その全てに興味はあるわけだけれど、僕の場合はその個の部分、民家のプランのバリエーションに強い興味があって、それがどのように集合してゆくのか、全体を形作ってゆくのか、また逆に全体から規定されてゆくのかということに関心を持っていたように思う。

■個と全体の秩序

まだやっと建築のことが少しわかり始めた学生のころ、自分にとっての原体験とか原風景が、ものを作る原点になるというようなことが盛んに言われていた。戦後の何もない焼け野原が自分の原風景であるとある作家は言い、天井の高い民家で子供の時期を過ごしたことが自分の空間体験としての原点であると言う建築家がいた。僕たちはすでに戦争を知らない世代だったし、東京の近郊の平凡な家に育った僕にはそのような空間体験もなかった。そんなときに、ひとつの集落を、時間をかけて隅から隅まで調べてゆくという作業は、自分にとっての貴重な空間体験になると思えたし、そのときから三〇年近くたって、その後の自分の仕事を考えるときに、いつも立ち戻る場所になっているようにも思える。

僕が学生だった六〇年代の末は、世界的に学生が既成の社会体制に異議の申し立てを行っていた時期でもあり、全体が個を規制するという秩序に対して、個から始まって全体を作り上げてゆく方法論に対する興味が、デザインサーベイの方法に重ね合わせて考えられていたという一面も僕の中にはあった。

■環濠

僕らが調査を行った稗田町は、奈良県大和郡山市の南に位置し、一九七〇年の調査時で、住戸六〇戸余り、人口三七〇人弱の村落であった。稗田が集落として特徴的なのは、その周りを環濠と呼ばれる堀によって完全に囲われて、周囲の田園風景の中で孤立した集合として見えるところにある。一般に日本の農村集落は、中心から周辺に向かって徐々に密度が下がって行き、はっきりとしたエッジを持たずに田畑の風景の中にとけ込んで行く形態が多い中で、稗田のように環濠という境界の中で密度の高い集落を形成している例はめずらしい。ちょうど、中国やヨーロッパの都市が城壁に囲われて、周辺の環境から孤立して存在している姿に似ているといえるかもしれない。中国やヨーロッパの都市が防御のために城壁を築いたのと同じように、稗田の環濠も一つには、中世以来、僧兵などの略奪からの防御のためといわれている。ただ、この環濠にはもう一つ農業用水の確保という大きな目的があったようだ。

自然を残した環濠
環濠の幅はまちまちで、広いところで5mぐらい、狭いところでも2mぐらい。内側は所々石垣になっているけれど、外側は土の縁のままで、そのまま外に田圃が広がっていた。

石垣のある環濠
きれいに石垣を積んだ内側には比較的裕福な農家の屋根が連なっている。勾配の急な藁屋根と瓦を組み合わせた、この地方独特の「大和棟」はそう多くはなく、その家の富を象徴している。

■コートハウス

調査の時から三〇年近くたって、ずいぶん当時の記憶は薄れている。というよりもほとんど忘れてしまっていると言った方がよいのかもしれないが、鮮やかに感覚として体の中に残っていることもいくつかある。

　当時、各住宅の内部の調査は二人一組で行っていた。夏の暑い日に、目的の家に向かって僕たちは村の細い曲がりくねった道を歩いていた。村内の道は両側を建物と高い塀によって囲われて、夏の強い日差しが濃い影を落とし、狭い道をさらに閉鎖性の高いものにしている。目的の家の門をくぐるとまず広い庭に出る。その中庭に入ったとき、今まで狭い道の暗さに慣れていた目には、庭に広がる日の光がまぶしかった。と同時に、奇妙な安心感、守られているという平和な感覚に満たされている空間に出会った気がした。稗田の民家はほとんどの家が、中庭を中心に建物を配置する、いわゆるコートハウスの形式を取っている。

　僕は、もちろんいろいろな本や資料を通して、コートハウスについて知ってはいたけれど、実際にその中に入っ

中庭を予感させる門
道の突き当たりに家の門があり、開いた扉からはその中にまた別の空間が広がっていることを予感させる。

中庭の風景
中庭にはこのようにのどかで平和な風景が広がっていた。正面が母屋で、右側に門と同じ屋根の下に便所と風呂がある。そして左側に離れの部屋と、写真には写っていないが、後ろには大きな農作業用の小屋があった。
中庭は、基本的に農作業のためのスペースで、このときは竿にかけて干瓢を干していた。僕たちは、庭の木一本一本を正確に野帳に書き込んでいったが、今そのときの図面を見ると、そのことが図面にリアリティを与えて、当時の風景がありありと蘇ってくるような気がする。

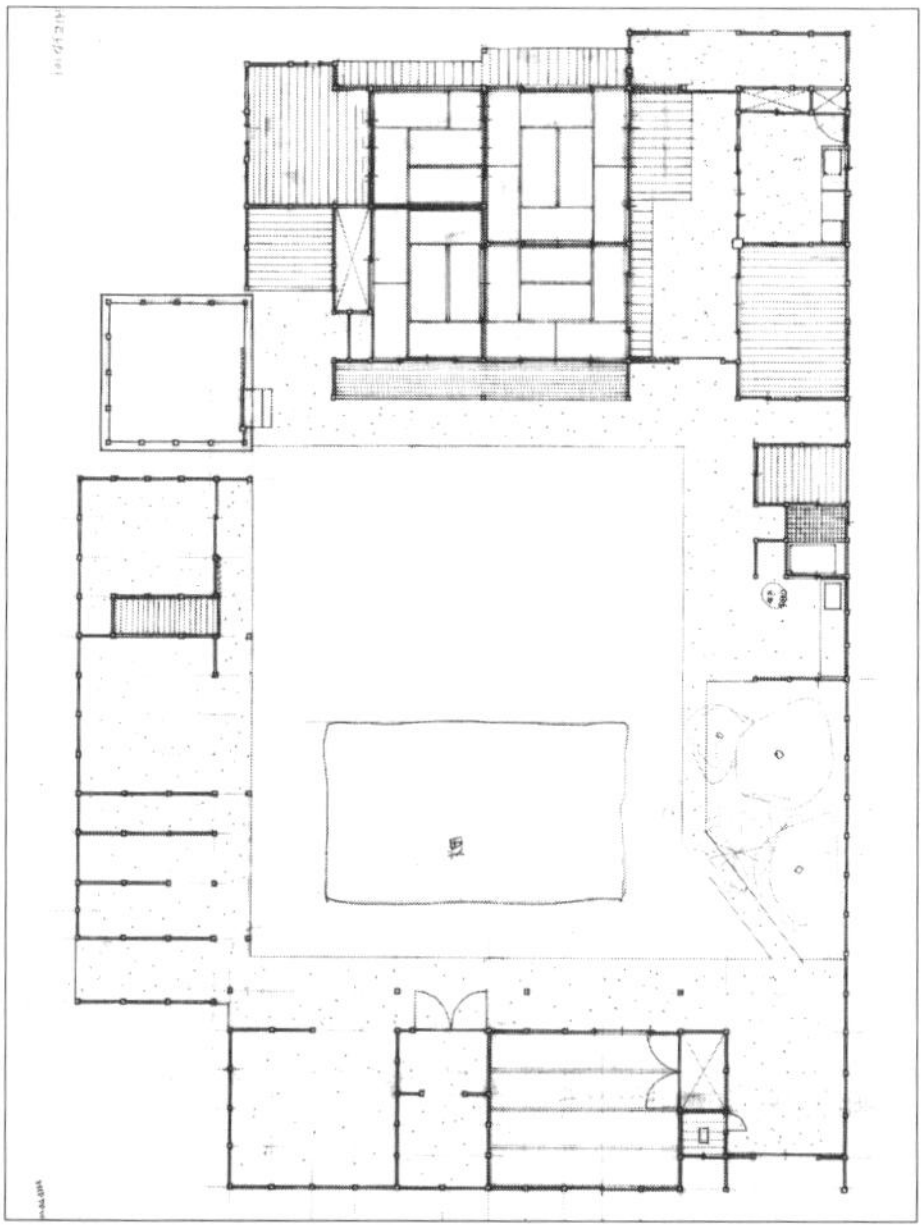

典型的なコートハウスの民家
北側に田の字型の平面と土間を持つ母屋が、西側に風呂と便所、南側と東側に門、納屋、作業小屋などが並んで、広い中庭を囲んでいる。

石段のある石垣
環濠の石垣の一部には石段がつけられていて、環濠が一部生活用水としても使われていたことを物語っている。

てその空間を体験したのはこのときが初めてだった。典型的なコートハウスの例としては、京都の町家の坪庭や、中国の四合院形式の民家、スペインのアンダルシア地方のパティオなど世界中にその例は数多くある。ぼくはその後、コートハウスに興味をもって、いろいろな国を旅行するたびにその国の民家を見てきた。たとえば、コルドバの旧市街のように、迷路のような狭い道に沿ってパティオを持つ閉鎖性の高い民家が集合している様子は、稗田の町並みにとてもよく似ているとも思った。ただ違うところは、稗田の民家の中庭は、農家の農作業の場としての機能を持っているために、建物の規模に対して庭が広いこと、建物が基本的に平屋であるために明るい空間であることなど。建物の高さと庭の広さの比率、バランスなどは当然のことながらその国、地方によってずいぶんちがうようで、稗田の場合は、そのバランスに人をほっとさせるような安定感があるのかもしれない。

稗田の民家がコートハウスの形態をとることは、環濠で囲われた集落であることと密接に関係している。農村としては珍しく、その集落としての密度が高いために、各家々のプライバシーを守るために、徐々に家の周りを、建物と塀で囲うようになっていったのではないだろうか。環濠で村が囲われていること、さらにコートハウスとして

村全体の屋根伏図
こうして全体を見てみると、環濠に囲まれて家々が密集している様子が良くわかる。かたちは正方形に近いのだが、東北の部分が少し欠けており、南西の部分が少し張り出している。これは鬼門と裏鬼門の魔除けのためだという説がある。

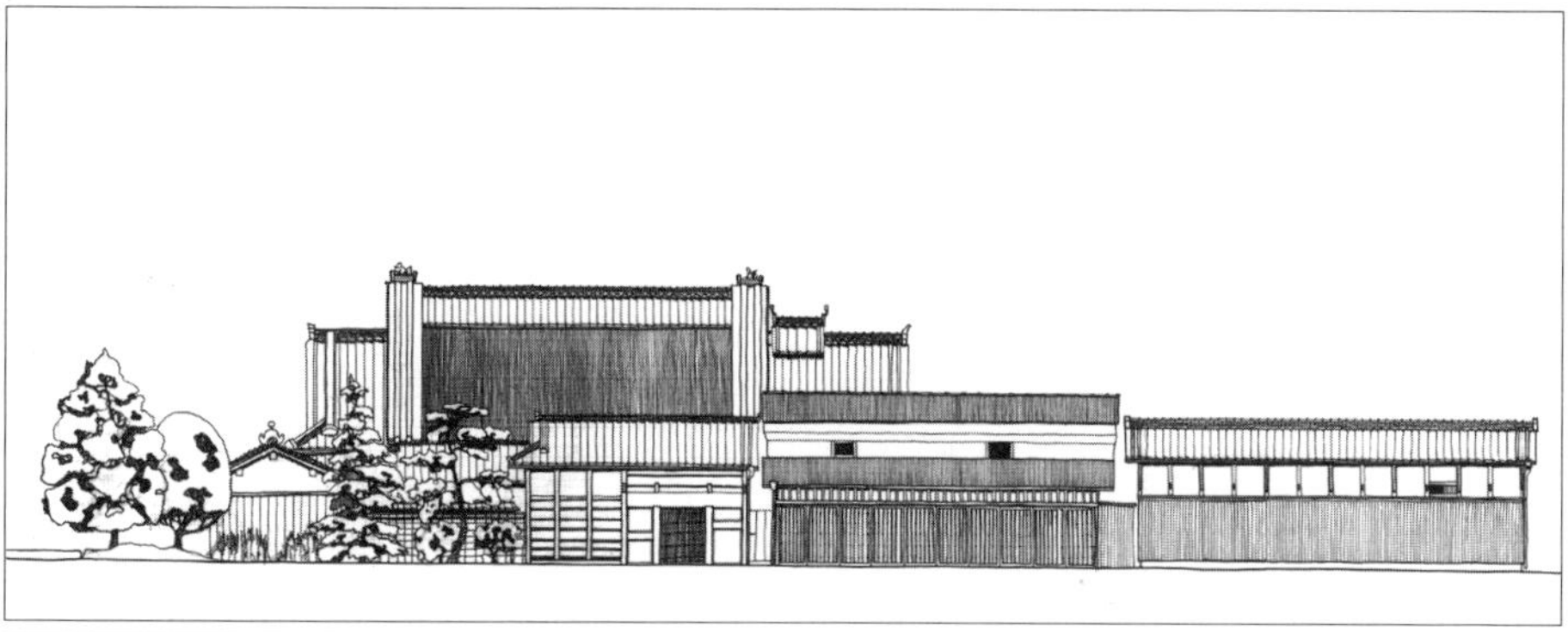

大和棟を持つ家の立面図
大和棟とはこのように急勾配の、藁葺き切妻屋根の、棟の部分と両端の妻側部分だけを瓦で葺いたものを言う。比較的裕福な大きな家に多く、稗田では３軒ほどしかなかった。

囲われていることによって稗田の民家は二重の閉鎖性と安定した空間を作りだしている。

■維持されたコートハウス

この原稿を書くために、三〇年ぶりに稗田を訪れてみた。三〇年前は自然の土のへりで出来ていた環濠は、周りが石積みの立派な堀に変わっていたけれど、村の内部は心配していたほど変わっていなかった。一軒の家がそのコートハウスの形態を崩して敷地を三つに割って、道路に面して直接玄関のついている建て売り住宅に変わっていたけれど、それ以外は道路も昔のままで、その家並みに余り変化はないように見える。

中に入るのがはばかられて、当時の実測図を見ながら、一軒一軒の家を門の格子戸越しにその庭を覗いて行くと、さすがに建物は建て直されている家が多く、昔の「田の字型」のプランの民家ではなくなっているのかもしれない。しかし、不思議なことにその配置、建っている場所は母家もその付属屋も、ほとんどどの家も変わっていない。つまり建物が変わっても、中庭の形式は変わっていないということなのだ。コートハウスにこだわっていた僕は少し嬉しくなった。住宅のプランは、生活形態が変化するにつれて変わって行くのだろうけれども、コートハウスという敷地全体を含んだ形態は、生活の変化に対してもう少し許容性がある、または普遍性があるということなのだろうか。

■環濠というエッジ

その集落の形態が長い時間を経て受け継がれて行く、または変化して行く要因は、経済的な要因、政治的な要因、生活の変化等いろいろあげられると思うが、僕はその根底にそこに住んでいる人たちの「美意識」というものが必ず存在していると思うようになってきている。その「美意識」は遺伝子のように何代にもわたって受け継がれて行くもののように思える。今の日本では、その都市に対する美意識が急速に失われて行くような危機感を僕は最近感じている。

「美意識」を持続して行くためには、ある種の装置が必要なのかもしれない。たとえば、シエナやアッシジのようなイタリアの山岳都市が、変わらずにその美しい町並みを残しているのは、周りからはっきりと区別できるエッジを持っているからであり、日本の都市の多くはそのようなエッジを持たないためにその形態がずるずると崩れていってしまう。

稗田の場合は、環濠というはっきりとしたエッジがあるために、その形態が保たれているような気がする。それは、住んでいる人たちの意識の中でも共同体としての連帯感を作っているのかもしれない。

■守られた集落

失礼かもしれないと思いつつ、何軒かのお宅に家の中を見せていただいた。そのうちの一軒は、大和棟の立派な母家を持つお宅、御当主は五〇代半ばの方で、古い家を本当に愛着を持って大事にしているようで、生活には不便があるのですが、祖先から譲り受けた家ですからこのまま建て直さずに住んで行くつもりですと、笑って答えてくだ

視界を遮る湾曲した道
村の道はけっして真っ直ぐではなく、緩やかに曲がっていたり、鍵の手に曲がって視界を遮り、高い塀とともに空間の密度を高めている。道を歩いて行くと、その塀のラインと建物の屋根の組み合わせが心地よいリズムを作り出しているのがわかる。

街を構成する素材
道に面した建物や塀を構成している素材は、足下の石積、杉板の壁、上部の白い漆喰の壁、そして屋根の瓦と、どの家も同じ材料である。組みあわせ方は異なっているのに、同一の素材が見事に統一された空間を作りだしている。

さった。

母屋は、せいが八〇センチほどもある立派な梁を持つ典型的な「田の字型」の平面の建物だった。入口からつながる土間の奥には、元々は土間に「へっつい」を置いた台所だったはずだけれど、さすがに今は床を張って現代風なダイニングキッチンになっている。やはり土間の右側は、昔はどの家も「はた部屋」と呼ばれた機織りの部屋だったはずだけれど、ここはソファーを置いた応接室になっている。ここでお茶をいただきながら、いろいろなお話をうかがった。

調査の合間のワンショット
当時の学生だった僕たちはこんな格好で一日中村の中を歩き回って調査をしていた。春夏、それぞれ一〇日間ほど十数人の学生が村の道から道へ、家の中の隅々まで入れてもらって調査をしていたのだから、村の人たちにとってはさぞかし迷惑だったのではと、今になれば思ってしまう。不作法な学生たちを受け入れてくれ、また協力してくれた村の人たちには本当に感謝している。

その中に興味深い話があった。

僕らが調査をしていた当時から、村の北側に新しい住宅団地が急速に広がってきていて、やがてその中に稗田そのものが飲み込まれてしまうのではないかと僕たちは危惧していた。ところが三〇年ぶりに訪れてみると、その住宅団地は村から一〇〇メートルほどのところで止まっている。その話をこの家の御当主に聞いてみると、稗田の周りには村を水害から守るために、請堤というものが巡らしてあるのだが、新しい住宅地はここまでで止めるという決めごとがあったらしい。

この請堤は道路のところで切れているのだが、大雨の時には堰板を立てて水を防ぐようになっている。先年、大雨で危険が迫ったときに、村の人たちは伝統に倣って、北側の請堤につながる道路に堰板を立てて、土嚢を積んだ。おかげで稗田は水害から守られたが、その北側の住宅地は、床が浸水するほどの水害に見舞われたらしい。後日、警察が道路を勝手に封鎖したのは道交法違反であるとして書類送検すると言って来たそうだが、村としては古くからの慣習に従って水害から守るために行ったことであると反論して話は収まった。しかしこれからは稗田だけのことを考えて行動するわけにも行きませんな、といって、当の御当主は笑っていた。

これらの話を聞きながら、稗田の共同体としての意識がいまだに健全なことを知って、僕は少しほっとした気持ちで稗田を後にしたのだった。

ウシガエルのなく里で

残された野帳

野帳からサーベイを想う　冨田悦子

岸辺に草木が生い茂る環濠
ウシガエルが生息していたのだろう。現在は護岸工事がなされ、周辺もきれいに整備されて、当時の面影はなくなってしまった。

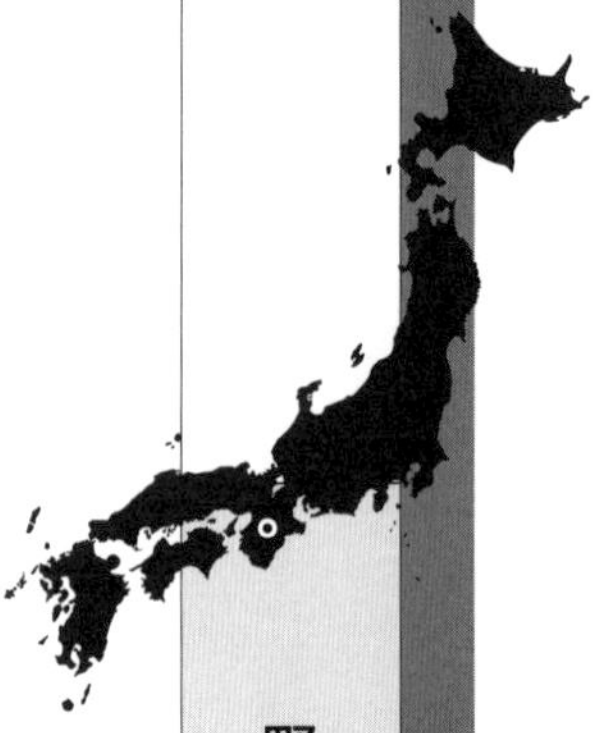

私は法政大学の建築学科に入学して、宮脇ゼミを卒業したと言っても、過言ではないと思っている。サーベイに参加したことが、それまでに受けた授業と比較にならない大きさで、体全体に体験として残っているからである。

当時（一九六九年）、法政の建築学科は三年生からゼミを決めるカリキュラムであった。

若者の憧れであったVANジャケットをビシッと着こなして一番若手であった宮脇先生のゼミに入れていただき、先輩たちから聞かされていたとおりの「粗衣粗食に耐え」琴平のデザインサーベイに参加したのだった。

合宿調査は予定どおり二週間で終わり現地解散。来る時は新しかったTシャツと綿のパンツも薄汚れ、帽子はよれ、靴は古ぼけ、顔は日に焼け全身にセピア色のトーンがかかっていた。でも皆の眼は満足感で一様に輝いていたのを覚えている。家に帰省する人、旅を続ける人いろいろだったが、私はまっすぐ東京に戻った。

■**環濠集落稗田**（一九七〇年春）

四年になった春休みに、卒論の対象となる奈良盆地のほぼ中央にある稗田に基本調査にでかけた。今回は親からマイクロバスを調達してきた人がいて、車での旅となる。車に平板測量の道具一式、製図板やT定規、カメラ、照明器具、アンケート用紙、等々一杯詰め込んでの出発である。

今度の宿泊先は「松尾寺」で稗田の

西約一〇キロのところ。毎日全員が車で往復することになる。貸してもらえたのはお寺の本堂で、まん中に製図板を並べ、裸電球をセットした。そのまわりでみんなが就寝するわけであるが、男子が優しい心遣いで、女子二人のために衝立をセットしてくれた。これには感謝感謝である（建築を学んでいるのだから、これくらい当然かな）。

　春とはいえ、夜はかなり冷え込んだのをおぼえている。食堂が別棟にありそこで朝夕は食事をしたが、お寺なので、精進料理に近いもので実測で集落を動きまわっていた者には「粗食」という感じであった。ここでは、午前の作業が済むと売太神社に集まり、車で少し離れたところまで昼食をとりに行ったが、このときが一番のんびりできる時間であった（なかには、夜こっそり抜け出してあそびにいった人もいたようだが）。

集落をとりまく環濠と田畑
集落はきわめて高密度に形成されていて、環濠内側には田畑はわずかしかなく、外側に田畑が広範囲に広がっていた。

　稗田の集落は、周囲を環濠とよばれる水路で囲われた環濠集落であり、古くから稲作が行われてきた農村である。前年が門前町としてにぎやかな琴平だっただけに、第一印象はたいへん田舎だな、というのと同時に何か外部の者を受け入れないような静けさを感じたのだった。市役所や町内の主だった方に挨拶をして調査開始。今回は、集落全体の平板測量が主な作業である。

　測量していると町内の子供たちが近づいてきて、巻尺を巻くのを手伝ってくれたり、長髪の男子がめずらしいらしく、「あの人は男?・女?」と聞かれたりした。全員が琴平の調査に参加していたこともあり、測量班、写真班、

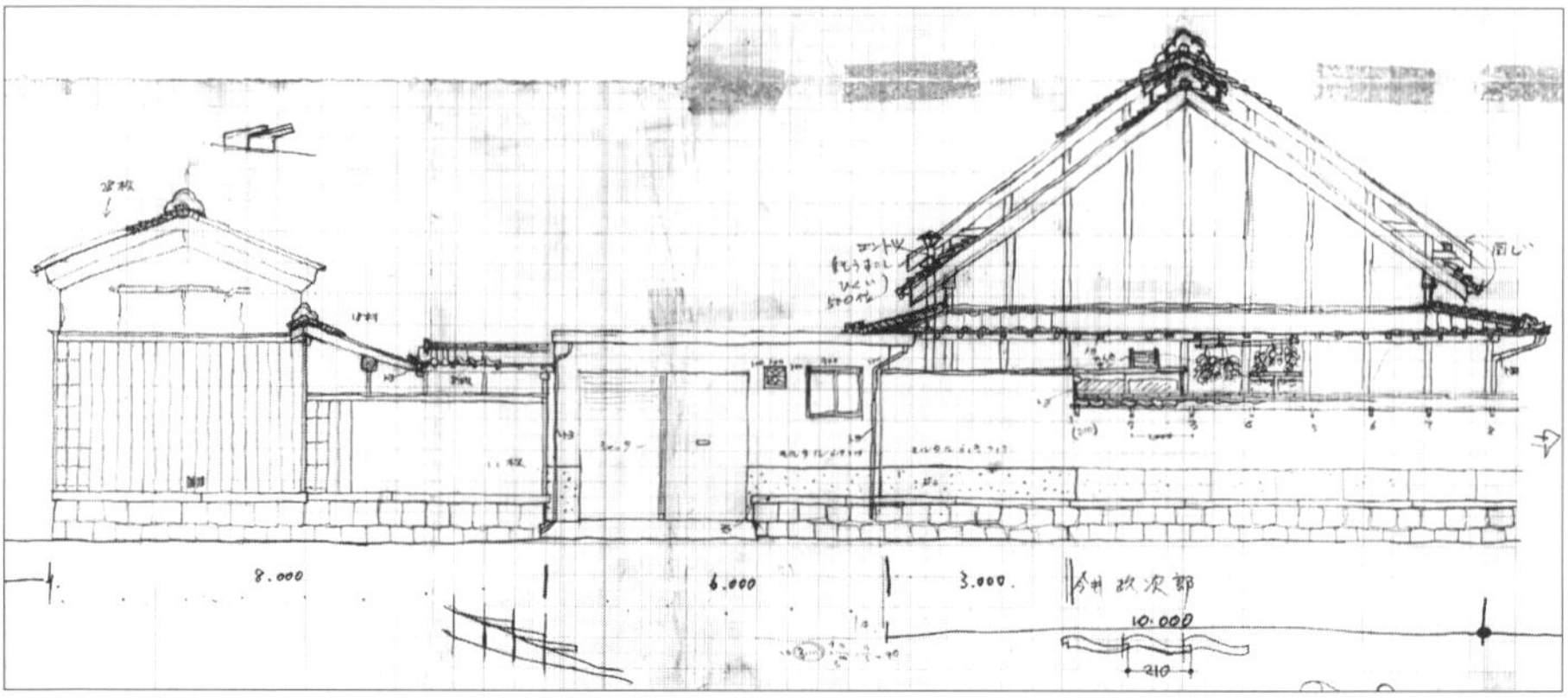

野帳2　この家では瓦の表現に苦労している。母屋・倉・土塀の瓦の形と寸法がそれぞれ異なっている。垂木の本数、瓦の枚数も数えている。

資料収集班も順調に作業は進み、宮脇先生達がやってきた時には、慈光院や法隆寺を見学に行く余裕もあったくらいである。最後の日に松尾寺では豚のすき焼きを用意してくれ、先生を囲んでこれからの方針を話し合いながら楽しく過ごした。

学校に帰ってから測量図をつなぎあわせると環濠が環にならず、皆で悩んでいると、五年生の一人が、すべての繋ぎ目を少しづつ調節して環をつなげ、「これでいいよ。」と言った。わたしは「うまいことやるな!」と感心して見ていたのであるが、もう一度夏に「あやしい部分を測量しなおそう。」という意見が優勢であった。

■環濠集落稗田（一九七〇年夏）

夏の本調査に三年生が何人来てくれるかなと期待していたのだが、男性二人に女性一人であった。それでも女性が参加してくれたのはうれしかった。今回は集落の中にある集会所を借りることができ、ここに製図板を並べ例の

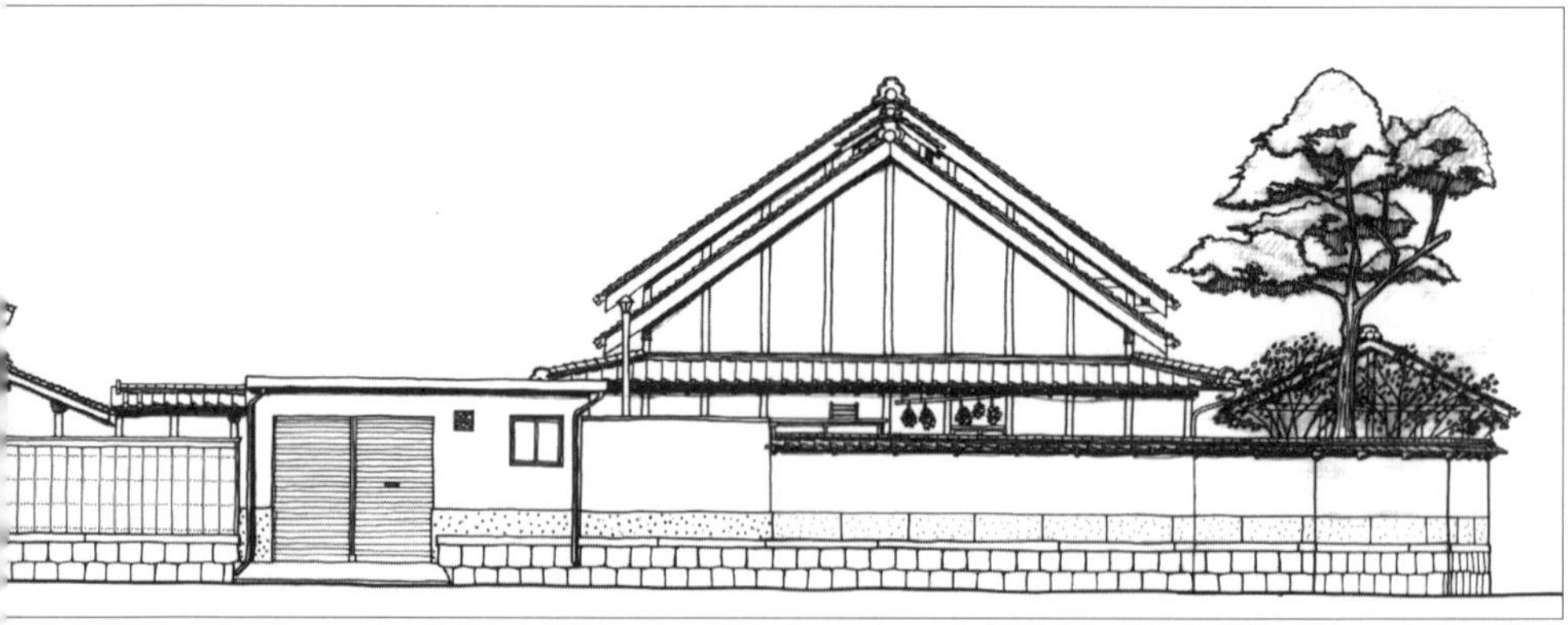

左の家の風呂屋部分は建て替えられてRC造となっているが、コートハウスの形式は守られている。右の家の母屋の屋根が野帳では微妙にムクリがついているのに、図面で表現されていないのが残念だ。

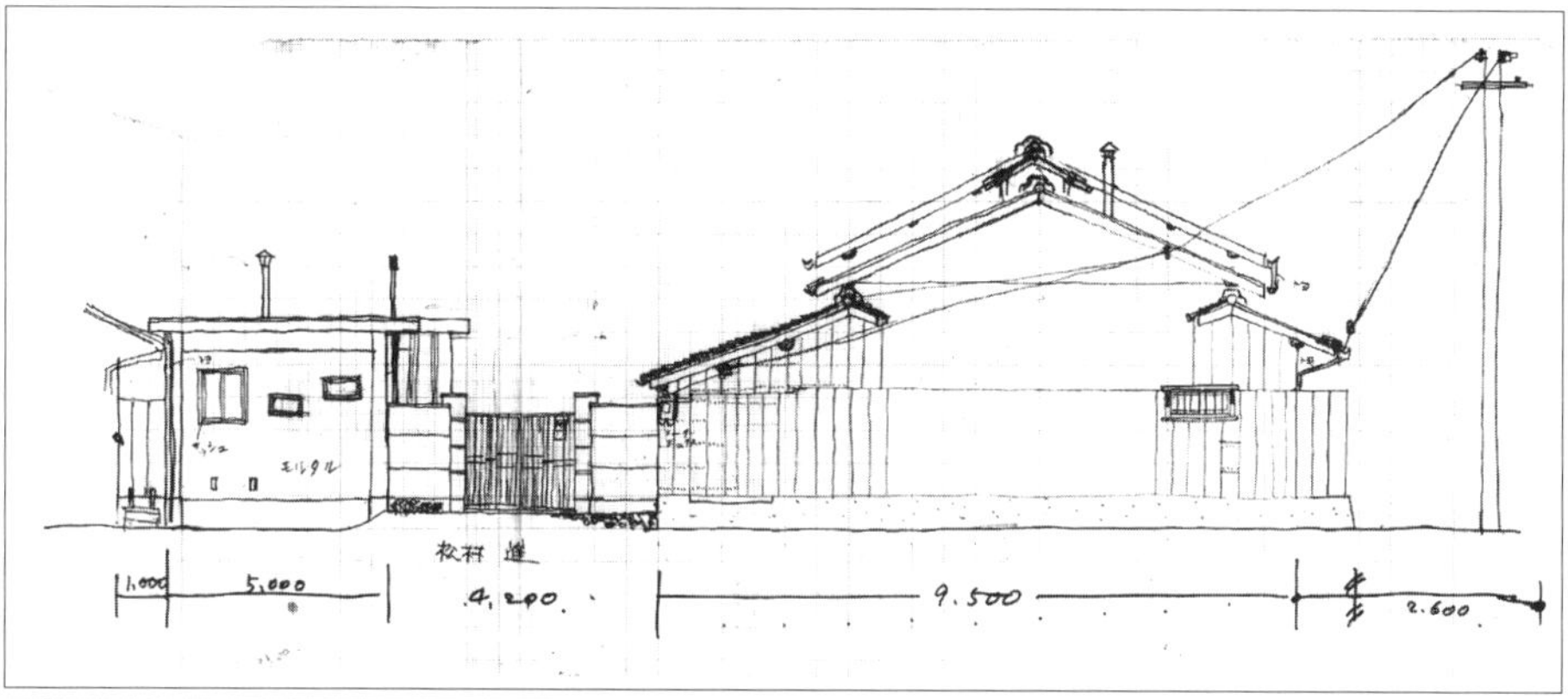

野帳1　下に書き込まれている寸法が、道路際に流された巻尺で測ったもの。左側の風呂屋部分は、用紙が足りなくなり水平距離のみ適宜縮めて書き込まれている。

ごとく裸電球を吊るし作業をした。ここが狭かったため、女性三人は町の役員さんの離れを借り、そこから集会所に通うことになった。だんだん町の人たちが、私達を受け入れてくれたことの証である。おかげで平面取り、立面取り、全体断面取り、修正測量と作業は順調に進んだ。

　現地に到着した夜のこと、どこからか「モォ～モォ～」と牛の鳴き声が聞こえてきた。春の調査では、牛の姿は見かけなかったのに変だなと思いながらもその夜は寝てしまった。翌日調査しながら、牛が何処にいるのか注意して見たが、やはり何処にもいない。宿舎に戻って夕食のときに「きのうの夜、牛の鳴き声を聞いたのですが何処かで牛を飼っているんですか？」とたずねると、しばらくキョトンとした顔をしてから、「ああ、あれはウシガエルですよ」と笑われてしまった。周りは環濠だし、その外側はずうっと田畑が広がっている。そこでウシガエルが合唱

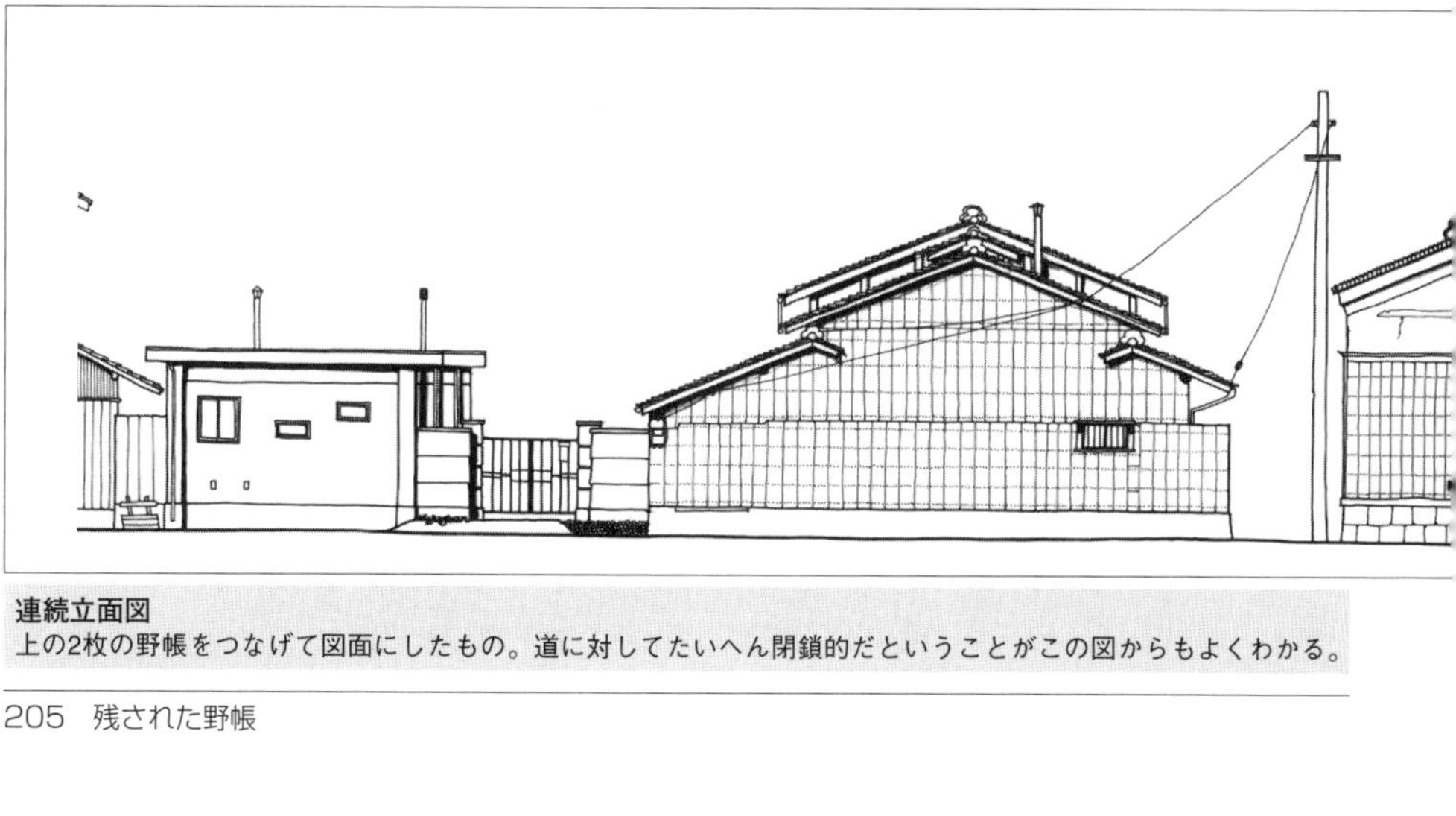

連続立面図
上の2枚の野帳をつなげて図面にしたもの。道に対してたいへん閉鎖的だということがこの図からもよくわかる。

釜屋（台所）部分の屋根　「落棟」にして生活の必要性から生まれた煙出しの小屋根が、印象的な形をつくり出している。

していても不思議ではない。しかし、一度もカエルの御馳走はでてこなかった。

■手元に残った野帳

私の手元に、私が「稗田」で立面取りした野帳が二枚残っている。「宮脇ゼミナール」とゴム印の押されたA2の一ミリ方眼紙に、約五〇分の一のスケールで書かれているものである。ところで、どうしてこの野帳を私が持っていたのか不思議だ。なぜなら、宮脇ゼミでは平面にしろ立面にしろ、採取したその日の夜に図面化して、作業が終われば、家ごとにナンバーをつけたA4の茶封筒にアンケートと野帳と図面を入れて、ダンボール箱に納めていたからである。これは現地を離れ、ゼミ室に保管されているときも守られていたルールである。サーベイは共同作業だし、いつでもだれでも共有の資料を見られるようにしてあったからだ。しかし、三〇年の歳月を経てこれらの資料は全て失われてしまった。今となってはこの二枚がデザインサーベイの現場作業を伝える唯一の野帳なのである。

この二枚、二軒分の野帳は、二人一組で一日に行ったうちで私が記帳する側にまわった分だろうと思われる。一枚は屋根の棟の部分が記入しきれなくなって、セロテープで用紙をつぎたしている。現地での作業は臨機応変も大切だが、これは計画性のない私の性格を如実に表しているなと、我ながらおもしろく思う。二軒共釜屋（台所）部分が一段低い屋根となる「落棟」で、その上に煙出しの小屋根が乗っている。集落の半数ぐらいがこの屋根の形をしていた。また、母屋・門屋・倉・風呂屋・瓦の乗った土塀等で囲われた中庭をもつコートハウスの形式であることが、野帳からもわかる。

どのようにして採取したかというと、一人が巻尺を道路際に流し、ポール（あるいはテープで目盛りを印した竿竹だったかもしれないが）をもって立つ。巻尺で水平距離を測り、ポールで塀の高さ、軒高を測り、屋根勾配を推測して棟高を出し、タルキの本数を数えピッチを測り、瓦の枚数を数えピッチを測り、テクスチャーを書き込み、電柱と電線を書き込み…してゆく。首から下げた画板の上で、眼前の家を塀を樹木をひたすら客観的に書き込んでいくのである。こうして採った野帳と写真をもとにして図面をおこす。

ここで一軒の軒下にタマネギらしきものが書き込まれているのに気が付いた。宮脇ゼミでは、移動可能な家具や生活用品を採取する必要はなかったはずである。建築自体の美しさ、町並みや集落そのものの美しさをとらえようとしていたように思う（他の調査地の図面には電柱さえ書き込まれていない）。ところが、我々の年代は生活や風習・歴史といった民俗学的な方向へ流される傾向があったのである。他の学校で行われていたサーベイの影響が、このたまねぎや電柱にあらわれているというわけだ。

集落内の道
環濠内部の道は狭く、曲がりが多く入り組んでいて迷路のようだった。この空間に電柱はたしかに不釣り合いである。

■サーベイのエネルギー

このように、汗とほこりにまみれて実測をして野帳をとり、黙々と図面化するという、ある意味では「無」にならなければ出来ないようなサーベイの作業を続けさせたエネルギーはどこからきていたのだろうか。

法政大学の工学部は小金井にあり、離れ小島のようなところで当時の学生運動も無縁の環境であった。しかし、この頃になるとさすがに影響を受け、階段教室が占拠され入口にバリケードが築かれた。休講が続き不穏な学園と化していくなかで、学生達は右往左往していた。否応なく紛争にまき込まれた私達にとって、琴平にしろ稗田にしろ、時の流れに押し流されずに残ってきた集落はとても大きな存在感あるものに見え、私達に安心感を与えてくれた。その集落を実測したのだから、楽しくないわけがなかったと今では思える。その楽しさが実測をするエネルギーを与えてくれたのであろう。

サーベイは、自分の足で歩いて集落の大きさを知り、ポールとコンベックスで家の大きさを知り、眼でプロポーションを感じ、手で触れることによりテクスチャーの質感を知る等、多くのことを体験させてくれた。

そして今、住宅を設計する立場となり、サーベイで教えられたように地に足を付けてものを見、そしてつくることの大切さを強く感じている。

美しい集落を追って

琴平から室津へ

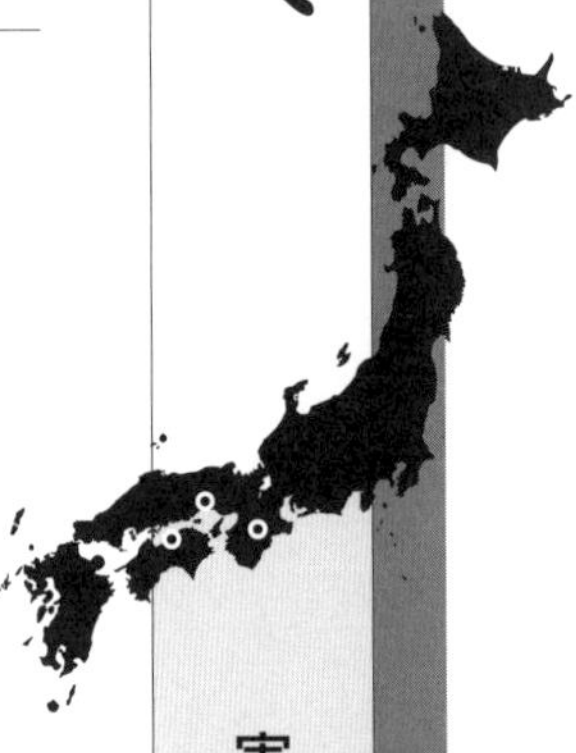

実測にあけくれた日々

清瀬壮一

飯ごうの飯と寝袋（宮脇ゼミ）

三年生になり、ゼミを選ぶときに「集団生活と飯ごうの飯、寝袋持参」とちょっと体育会風のインフォメーションのあるゼミがあった。デザインサーベイという手法で、集落や街を共同で長期に合宿して調査するのだという。

他のゼミのように難しそうなこと言っているわけでもないし、宮脇さんの個性も面白そうだという訳で覗きに行き、そこで「飯ごうの飯を炊くことと、寝袋で寝ることには自信があります」と言うと「おい！高尾、あとは詳しく教えてやれ」と早口に四年生の高尾さんという番頭格のような、鬼軍曹風の学生に指示された。

「えーっとですね、これが所持品の目録、これが…」と手際よくゼミ合宿に必要所持品のリストの説明があり、今回の合宿はおよそ二週間位の長期になることなどの説明の後、最後に和辻哲郎の『風土』とケビン・リンチの『都市のイメージ』を読んでおくようにと言われた。気がつくと、いつのまにか、宮脇ゼミの一員になっていた。私にとっては、それが最初の宮脇さんとの出会いだった。

■はじめての合宿

琴平に向かう当日、ゼミ三年生はゼミ室に集合し、製図板、巻尺、測量用ポールなどを各自学校から持ち出し合宿地へ向かった。主だった四年生は先発隊としてすでに琴平に乗り込んでおり、我々が到着する前に、地域自治会やら、土地の有力者への挨拶回りをしている。

琴平まで、新幹線を利用し、宇高連絡船を乗り継ぎながらの旅でようやく宿舎の老人ホーム（これも事前に宮脇さんが金子知事に直訴して宿舎として用意された）に到着する。そして軍曹の高尾さんから今後のスケジュールを聞くと、宿舎の快適さなど考える余裕もないハードスケジュールであった。

初めて参加する三年生にはどこからどのように調査すればいいのかその全体像がつかめないのは当然で、最初の一週間ほどは、四年生に指示されるまま家のなかを動き回り、測った寸法等を四年生が五〇分の一で方眼紙の野帳に書き込む。そのため、屋根裏や床下を実測したり、覗いた日は体中ほこりだらけになっていた。しかし、こうして家や路地の実測になれてくると、不思議なことに自分の身体のスケールと実際のスケールの感覚がわかるようになり、実測するスピードも上がってくるようになっていた。

　その日の実測が終わると宿舎に帰り、各部屋で持参の製図板を使って一〇〇分の一で平面図を作図する。ただ、学校や自宅と違ってここには製図用の照明器具はない。部屋の照明だけでは暗いので、白熱灯をロープで吊るし、明るくしての作業になる。その日に実測したものはその日のうちに作図することがノルマで、三年生には結構、大変な作業であったが、作図を終え、四年生の部屋に図面を持ってゆくと、そこには作図を終えた図面が、測量された道が書かれた図面の上に貼り付けられ、街の全体像が徐々にわかる仕掛けになっており、それが面白くてだんだん調子が乗って来る。

坂町参道の階段
階段の両側に土産物屋などが並び、店の人の呼び込みや、行き交うお遍路さんの鈴の音、カゴかきの掛け声などで活気にあふれ、本宮への参拝への期待感で膨らむ。階段の石の大きさのスケール感が人が行き交う場所に適切な大きさであることがよく解る。（階段の目地を測ったのは、その大きさを確認するためだった。）

　一通り平面の実測を終えたころ、「階段、階段」と高尾さんが叫んで、急に三年生は、琴平の坂町の階段の幅、高さ、そして階段の石の目地の幅を測らされることになる。同時に坂の高低差や道筋を測るための測量も開始された。気がついてみると、当初は、坂町だけであったはずが参道の全て（階段や、石灯籠なども）を奥の院手前まで測っていたのではなかったろうか。「なんのためにそこまで？」というのがその時の率直な疑問であった。

■階段の目地（実測を終えてゼミ室で）

　当時の工学部は学園紛争のさなかで、宮脇ゼミは紛争で活動を休止したいくつかの室を許可を得てゼミ室として拡張し、真ん中にベニヤ板とビール箱を組み合わせて六帖ほどの広さの作業台を作り、そこを作業場にしていた。

　合宿から帰って夏休みが終わるころ再び招集がかかった。琴平で実測し作図した図面を貼り合わせ、それをもとに、ロールのトレペを作業台の上に流し、鉛筆で全体図を一〇〇分の一で作図し、合わないところを野帳を見ながら修正を加え、全体図を完成させることが主に三年生の仕事。四年生は、五〇分の一の平面詳細図や立面図を別の作業台で作図してゆく。

　ほとんどの図面を鉛筆で描き終えてから、ロットリングによる清書ということになるが、ここからは図面を最終的に二〇〇分の一以下に縮小するということもあって描き込みすぎず、しかし、大切なところは正確にという難しい作業を全員で行う。琴平の参道の立面を私たちが攻めあぐねていると、宮脇さんがやってきて、大門前の象徴的な樹を描き加えて、図面を完成させた。

その作業台に張られた全体平面や、全体屋根伏図（その大きさは幅一・八m、長さ四mにもなった）、立面図を外して壁に貼り付けて見たとき、だれもが「美しい」とため息をもらした。

売太神社境内で演じられたお神楽
境内に三々五々集まった人々の和やかな雰囲気の中で、舞い方と囃し手の絶妙な掛け合いを演じながら繰り広げられるお神楽。農作業の安全と豊作祈願のため周辺の集落を渡り歩き、春の訪れを感じさせる行事の一つと聞く。

あの時測った階段の目地がいきいきとしていた。その時ゼミ室は、半ば封鎖された校舎の中で私たちだけのささやかな広場だった。

■稗田へ

琴平のサーベイが終わると、次期調査地として環濠集落として完全な形を残している「大和郡山市稗田町」が決定する。

「どうも売太神社という神社があって、そこは稗田阿礼を祀っているらしい」とか、「慈光院という借景の素晴らしい仏閣があるらしい」と期待が膨らむなか、我々は四年になる年の春休みに前回の琴平で得た経験から、春休み中に全体の街路の平板測量を終え、夏の本調査で平面等その他の調査に力を入れようということで、事前調査に出かけることになる。

こんどは、鉄道での移動では機材の搬送が大変、車だと一度に行けて費用も安上がりだからと、我々のなかからマイクロバス、車を供出してくれそうな同僚の親を口説き落とし移動の手段を確保した。

■お神楽

予備調査では松尾寺というお寺の本堂に泊めていただき、宿舎での体制を整え、翌日からの調査に備え、各自の役割分担を決める。平板などの測量は全員でやるが、やはり出来るだけ写真でエレベーションなど実測が難しい部分を撮るということでまず写真班を決め、資料収集班、渉外担当、会計など、希望者をつのりながら決めていった。稗田は宿舎の松尾寺から車で二〇分ほどのところにあったため、朝、測量に出かけ、夕方寺に戻って来るという日課をこなしていった。

本来なら測量が終わった図を貼りあわせ、狂いを宿舎で修正する作業を行うのだが、春休みの短い期間だったので、貼りあわせ作業は大学に帰って新学期になってから行うことにした。

ある日、「今日はお神楽があるから」と売太神社の神主さんから案内があり、調査を早めに終え、見学することにする。お神楽という言葉や意味は知っていても、実際に見たことのなかった私には、境内で繰り拡げられた踊りや掛け合いは新鮮なものだった。写真班は当然、記録のために撮影し、彼らに触発され、私も夢中で写真を撮っていた。都会と違って人々が集う機会があることに感動した。同時期開催された万博のお祭り広場での催しのむなしさと、今日見てきた境内のお神楽とそこに集う人たちの姿が合わさっていた。

■守り続けること

夏の本調査は、大和盆地特有の暑さの中で行われたが、春の事前調査での平板測量の修正作業（測量のやりなおし）に手間どった。しかし、宿舎は春の調査で懇意になった売太神社の神主さんらの計らいで、集落の中にある社務所を宿舎にし、太子堂という小さな集会所を作業場としていたこともあって野帳取り、作図作業などは順調であった。

私は、資料班を掛け持ち、稗田を知る郷土史研究家の方達へのヒアリングやそこで見せられる古文書を通して、環濠の成立の歴史が当時の水利権争いや野盗の襲撃に備えるためといろいろ貴重な話が聞き出せた。私たちは、集落の内部のことがわかるにつれ、外にある畑や水田の所有のあり方に興味が移ってくる。

稗田の人たちの田畑の所有がどのように変化したか?それが環濠に囲まれ今もその姿を保ち続けているなぞ解きの一つになるのではないかと思い、実測した全体平面図上に外の部分の図を加え（公図など参考に貼りあわせる）、そこに年代の変化に応じて所有の変化を書き込んでいく、古文書や、登記簿などを読み込みながらの作業であった。そして足りない資料を手に入れるため再調査にでかけ補足するなど、卒論提出ぎりぎりまでやっていた。

そこでわかったことは、稗田に住む人たちが周囲の田畑を所有し守り続けたことで、すぐ間近に迫る新興住宅地による集落の破壊を食い止めていたことだった。しかし、いずれこの新興住宅の宅地化の波に呑み込まれるだろうというのが当時の正直な気持ちだった。

■自主的留年（五年生）

万博が終わり、学生運動が下火になった頃、「ディスカバージャパン」というキャンペーンのもと、若者達が地方の街を訪ね歩くことがブームになり、地方の街は、地域活性化＝観光という図式での町並み保存がすすんでいった。

私は、卒業を前にして、デザインサーベイの作業や調査が面白くなり、あと一年だけ、自主的に留年し、ゼミに残ることを決めた。一九七一年五月の半ば過ぎ、院生二人と私の三人で、その年のデザインサーベイの調査地を選考するための予備調査に出かけた。予備調査といっても、前年のゼミ費の残りと宮脇さんのポケットマネーから、多少のガソリン代と写真のフィルム代が出る程度で、宿泊費等は自前のため、

港をのぞむ山側からの室津の風景
入り込んだ湾に沿って家々が並び、小さな漁船が接岸しているこの景色は、おそらく中世以降ほとんど変わらない風景だったのではないだろうか。

調査地を巡る間の宿泊場所は車の中であった。

二人の院生が土地勘のある琵琶湖周辺の集落に焦点を絞り、地形図などと照らし合わせながら車を走らせたが、出発する前に、その地方に関する歴史的な背景などに目を通し、絞りこんだ集落に、私たちが思い描いたような所を見つけることが出来なかった。この年の調査地の選考はかなり難航していたように思う。

というのも、倉敷からはじまり、稗田まで一通りこれはと思う集落の調査を終えていたことと、「ここは?」と思うところは既に他大学に調査されていたり、景観が崩れてしまっていたことも原因の一つであった。

この年の調査地は最終的には兵庫県御津郡室津町に決まった。その理由とし、いままで港のある街の調査をしていなかったこと。室津の歴史的背景もあるが、今、調査しないとこの街の景観がますます崩れていくこと、さらに兵庫県から景観保存を目的とした調査の依頼があったことが大きい。

ただ、宮脇さんは、室津以外に東京近郊の新興住宅地のあり方に興味があったようだが、調査地を決定するとき、彼は我々に「旅がしたいか?」と聞き、皆、「したい」といった。「よし!室津にしよう」と彼が決断し、室津を調査することが決まった。

くずれそうな家並みの中での実測風景
ポールは立面や断面採取のため（時には地域の子供達のチャンバラの道具にも）、画板には方眼紙の野帳が挟みこまれている。背景の「たばこ」の看板のあるところは小さなお好焼き屋で、我々のたまり場の一つであった。右手奥には「お夏清十郎」の清十郎の生家が見える。

■気配と記憶（室津にて）

室津は、兵庫県の南西部、瀬戸内海沿岸の姫路市と相生市の中間に位置しており、その町の歴史は古く、「播磨国風土記」のなかに、「此の泊/風を防ぐこと/室の如し」とあり、天然の良港として知られていた。江戸時代には、参勤交代の西国大名、朝鮮通信使、北前船の寄港地として栄えるが、明治以降、室津本来が担っていた海上交通の拠点的役割がなくなり、沿岸漁業の

室津本通りを中心にした全体平面図
湾の地形に合わせて大きく湾曲した街路が作られ、それに面した形で間口が狭く、奥行きの深い家屋が密集している様子がよく伺える。家屋のすき間を抜けて山から湾に向かう細い路地は、風の通り道であり、また、住民にとっては重要な生活道でもあった。

基地へと、その役割が時代と共に変化してきた街である。

その年の八月、短い期間であったが室津の合宿に参加した。その最初の印象は、思ったより家屋の損傷が激しく、メインの通り（表通り）に面する本陣も、屋根が抜け落ち、柱が傾き、かろうじて雨露をしのいでいるものが大半で、中には、廃屋になっているものもあった。また、港の石積みの護岸は、コンクリートの護岸に変わりつつあった。私は、実測班の手薄なところを手伝いながら、「いま撮らないと、この風景は二度と見ることができない。実測するということは記録のためだけでなく、記憶のためでもあるのでは」ということに気づき、朝早く起きだし、街にでて、出漁する漁船でにぎわう港、朝の活気、昼の気だるさ、夜の静けさ、といった街の風景や人々が生活している姿の写真を撮るようになっていた。

私たちは、この地域を四つのブロックに分け、それぞれの地域がそれぞれの歴史を担いながら焦点を移動させて来たことを、建築の型、生活パターン、家屋の密集度といった内容に絞って調査し、移り住んできた人たちが時代の変化に伴ってどのような住まいかたをしてきたかを解明することを試みた。そして調査が進み、焦点が表通りから、山側に沿う裏の地域や新町の方へ移っていくにつれ、家屋の密集度が高く、同時に人付きあいの濃いことがわかってくる。

早朝の室津
朝の漁から帰ってきた船と停泊する漁船、背後の家並みの中で三角の千鳥破風を見せている家屋は「本陣肥後屋」で当時は廃屋寸前であった。「朝日のあたる家」という歌を思い出す。

昼下がりの港
船の手入れをする漁師やおかみさん。その傍らでのびのびと遊びまわる子供達。

港へ抜ける路地
家屋のすき間の路地から見える港はまぶしい。路地の脇をさっと風のように子供が駆け抜けていった。

そこは、家屋をつなぐ人ひとりがようやく通れるような道で、漁師が網の手入れをしていたり、子供達が走り回っていたり、いくつかある井戸端でたむろしていた婦人たちの屈託のない笑い声などがあふれており、それらの一つ一つが風景としてというよりも、人の営みかたに新鮮さを感じる場所であった。それは、町並みの美しさよりも、そういった街に住むことでなしえていたことだったのではなかったかと今は思う。

室津は、歴史が重なりあい、その中に見いだされる歴史の足跡、様々な人たちによって作られた町並みのたたずまいと構成は、単に古びた漁村として片づけることの出来ない街で、訪れた人を魅了する。しかし、なにかの手だてをこうじ、町並みの崩壊を食い止めることが必要と解っていても、外来者が保存を強要することが出来ないという無力感を感じた街でもあった。

その後、丹波篠山（御徒町、河原町）の予備調査にその年の秋に参加したことを最後に私のゼミ活動は終わった。

三つのサーベイで調査した街や集落は、人がそこで生活する上で大切なものがいっぱい詰まっていた。それが何かは、実測された図面に全てが語られている。

宮脇ゼミのデザインサーベイに参加したのはもう三十数年前になるわけで、思い出したくともなかなか難しいというのが本当のところだ。しかし、街のつくり方はバーズアイ的な都市計画手法だけではなく、キャッツアイ的な地に這うような形で、地域住民が参加しながらつくってゆく形があるはずと思い、地域のまちづくりのワークショップに参加し現在に至っている。

当時の激変してゆく時代を肌で感じながら、デザインサーベイの魅力にどっぷり浸かり、宮脇さんとの出会いや仲間達との共同作業を通して感じたことが、記憶とともに体の中にすり込まれたことが大きいのではないかと思う。

路地
室津の家屋の平面は細長い町家形式であるが、大半の家は中庭的なスペースがない程狭小である。そのため、家屋と家屋の間の細い路地が庭的であったり、コミュニケーションの場であったりする。

西嶋屋町の家並み（嶋屋の2階から）
1階部分が店舗などに使われ、2階部分は居室として使用されていた。狭い家屋や、密集地で海からの風の通りを考えたものと思われる。

あとがき――宮脇檀さんへ感謝を込めて

ことは、宮脇さんの「デザインサーベイをやる！」という一声で始まった。それ以来、倉敷を皮切りに、馬籠、五個荘、琴平、稗田など、各地の集落を測り、図面化する作業を続けてきた。その時はまだ、デザインサーベイという調査が学問的に認知されていたわけでもなく、また研究方法が確立されていたわけでもなかった。それなのに、私たちはそのような分野に何のためらいもなく足を踏み入れてしまったわけである。今になって考えれば無謀としか言いようがない。しかし、私たちの心と体を動かしたのは、「そこに美しく、心優しい人々が住む集落があり」それを実測する作業が「おもしろそうだ」という単純な理由であった。皆、ひたむきに集落の中を巻尺を持って走り回り、深夜まで図面の清書に力を注いだ。例えそれに意味がなかろうと、結果が見えなかろうと、われわれには問題ではなかった。なぜなら、私たちが想像した以上に集落も、住民の人たちも、そして測る事も私たちを魅了するに十分なものを秘めていたからである。

デザインサーベイ華やかなりし頃、幾つかの大学が集い、何回かシンポジウムを開いた。その集まりに学生の陣内さんが参加していたという。そして、嬉しいのはそうしたシンポジウムに参加していた陣内さんがその後、こうしたフィールドワークを主とした研究の道に進み、世界各地の集落を調査し活躍されていることである。

そして今回、その現役の陣内ゼミのグループと、かつての宮脇ゼミのグループとが協力してサーベイに関する本をまとめる機会を得たのは光栄の限りである。しかし、まとめるに際して私たち宮脇ゼミのメンバーは三十数年も昔のこと故、記憶を呼び戻すのに大変な労力と時間を要した。メンバーのなかには過去を思い出すために、昔の集落を訪ねていったものもいる。しかし、彼らが見たものは集落の変り様の大きさであった。道は舗装され、家々はこぎれいに修復され、農家は民宿や土産物屋に変わっていた。確かにわれわれが調査した時よりも生活は豊かになっているように見える。そうした新しい姿の集落を目の前にして、改めて共同体はどうあるべきか、伝統とは、修景とは何かという問題を目の前に突きつけられた思いであった。そして、彼らの口から出る言葉は現実にそこを調査した者でしかできない過去と現在を比較した、景観や共同体の在り方に対する地についた確かな視点であった。

最近身に沁みて感じることは、わが国には集落の姿をたったひと昔前までさえ遡ることができない村や町が何と多いことか。いざ現在の町並みの環境を論ずるにも、伝統的な町並みを修景しようにも、その「ものさし」となる資料や図面などほとんど存在していないのである。そんな時思い出すのは、かつて宮脇さんが「われわれの作成した図面は半世紀後に役立つ」と話していた言葉である。さらに今回、この本を書くにあたって私たちが実測調査した集落を訪れて感じたことは、半世紀を待つまでもなく、すでにそうした資料の必要性が目の前にせまっているという思いである。

最近、宮脇さんが残した数十冊のスケッチブックを見る機会があった。スケッチブックの一ページ一ページをめくりながら思うことは、宮脇さんにとって創ることは、「測り描く」「繰り返し描く」という飽くなき手の動きの積み重ねによって成り立っているということである。いわば、創造することはこうした手の動きの軌跡から浮かび上がってくるものであり、サーベイはこうした創造行為を増幅、高揚させるものであったのではないだろうか。一九九六年の十一月初旬、ネパールのカトマンドゥ盆地にある広場を二人で手分けして実測した。それが奇しくも宮脇さんの最後のサーベイになろうとは私自身思いもよらなかった。旅の最後の日は調子が悪いといって、一日中ホテルにいたが、それでも中庭に出てスケッチブックに鉛筆を走らせていた。帰国後病気が見つかり「具合が悪いから、実測した広場の図面の清書を手伝ってくれ」という。ある休日、代官山の書斎を訪ね、一枚の図面を額をつき合わせ、野帳と写真を見比べながら広場の北面と南面の壁面線をそれぞれフリーハンドで描き起こした。病に侵されても鉛筆を離さず、死の直前まで手を動かすことをやめなかった人であった。そして描くことも生きることも永遠にやめてしまったのは一九九八年一〇月二一日〇時五四分のことであった。

今、テクノロジーの進歩は目覚ましい。研究室や設計事務所から製図台が消え、それに代わってキーボードが置かれ、マウスが机の上を走り回っている。このような状況と死の直前まで手を動かしていた宮脇さんとを重ね合わせてみて、フィールドワークの重要性、手を動かすことの意味性、必要性をあらためて思い知らされるのである。

この書は「実測術」という題名通り、フィールドワークの技術的な部分に焦点を当てている。おそらく現在ならば優れた計測機器が手に入るから、昔より簡便に、しかも正確に実測できるだろう。しかし、われわれのやってきた「原始的な測り方」が決して劣っているとは思えない。それは、そうした行為のなかに重要な意味が隠されているからである。

この書は先程述べたように体験を通した実測の紹介が目的で、実測図を紹介するのが主旨ではないため、ここに掲載できた図面は私たちが作成した図面のほんの断片にすぎないことをお断りしておく。そのかわり、われわれが作成した図面や資料を広く人々に有効に使っていただけるように整理し、一冊にまとめて発刊する予定で現在作業を進めているところである。

最後に、われわれをデザインサーベイに導いてくれた宮脇さんに心を込めてこの書を捧げたい。これがわれわれ教え子たちができる精一杯のことであり、これがささやかな恩返しとなれば幸いである。さらに、陣内さん、そして陣内ゼミおよびＯＢの人たち、そして宮脇ゼミのみなさんには多大な協力をいただいた。この紙面を借りて御礼申し上げたい。

最後になったが、見落とされがちなフィールドワークに焦点を当て、こうした企画編集をしていただいた南風舎の小川格さん、南口千穂さんに感謝する次第である。なにしろ書き手が多いためその調整に並々ならぬ御苦労をかけた点をおわびしなければならない。そして出版を引き受けていただいた学芸出版社の京極迪宏さんには多大な労をおかけした。ここに御礼の気持ちを述べる次第である。

平成十三年四月

中山繁信

『北京―都市空間を読む』（共編、鹿島出版会、1998）

恩田重直（おんだ　しげなお）

1971年　東京都生まれ
1994年　法政大学工学部建築学科卒業
1998年　法政大学大学院工学研究科修士課程修了
2007年　法政大学大学院工学研究科博士課程修了、博士（工学）
2008年　法政大学大学院政策創造研究科講師
現　在　同研究科客員准教授

■主なサーベイ
1993～1994年　北京の建築・都市調査に参加
1995～1997年　中国政府給費留学生として中国福建省の厦門大学に留学
現在に到るまで、華南の建築・都市調査を実施中

■主な訳書・論考
『図説民居：イラストで見る中国の伝統住居』（監訳、科学出版社東京株式会社、2012）
「民国期厦門の都市改造―街路整備による新たな都市空間の創出」『年報　都市史研究』（山川出版社、2007年12月）

岩城考信（いわき　やすのぶ）

1977年　大阪府生まれ
1999年　法政大学工学部建築学科卒業
2002年　法政大学大学院工学研究科修士課程修了
2013年　呉工業高等専門学校准教授

■主なサーベイ
1999～2000年　タイ・バンコクの調査に参加

楠亀典之（くすかめ　のりゆき）

1975年　滋賀県生まれ
1999年　法政大学工学部建築学科卒業
2002年　法政大学大学院工学研究科修士課程修了
2003年　アルテップ勤務

■主なサーベイ
1998年　長浜街並み調査に参加
1999～2001年　バリ・クルンクンの調査に参加
2000年　山梨民家調査などに参加

山本（明石）秀代（やまもと　ひでよ）

1944年　東京都生まれ
1967年　法政大学工学部建築学科卒業
1976年　RIA建築総合研究所入社
1982年　東京大学建築史研究生
1986年　DEN住宅研究所開設
1991年より、法政大学デザイン工学部兼任講師

■主なサーベイ
倉敷（1966年）、馬籠峠（1967年）、五個荘（予備調査･1968年）

仁科和久（にしな　かずひさ）

1947年　神奈川県生まれ
1974年　法政大学大学院建設工学科建築専攻卒業
1973年　アール･アイ･エー入社
現　在　アール･アイ･エー顧問

■主なサーベイ
馬籠宿･峠（1967年）、五個荘、萩（1968年）、琴平（1969年）、稗田（1970年）室津（1971年）、丹波篠山（1972年）

高尾　宏（たかお　ひろし）

1947年　富山県生まれ
1970年　法政大学工学部建築学科卒業
1970年　連合設計社新橋事務所入社
1972年　宮脇檀建築研究室入社
1981年　高尾宏建築研究室開設

■主なサーベイ
五個荘（1968年）、琴平（1969年）、室津（1971年）

小島建一（こじま　けんいち）

1947年　埼玉県生まれ
1971年　法政大学工学部建築学科卒業
1971年　木村誠之助総合計画事務所入社
1981年　想設計工房開設、現在に至る

■主なサーベイ
琴平（1969年）、稗田（1970年）

冨田悦子（とみた　えつこ）

1948年　愛知県生まれ
1971年　法政大学工学部建築学科卒業
1971年　鹿島建設建築設計本部入社
1974年　HBC一級建築士事務所入社
1983年　TOM建築設計室開設、現在に至る

■主なサーベイ
琴平（1969年）、稗田（1970年）

■主な著書
『家づくり 気分一新のリフォーム』（共著、講談社、1998）

清瀬壮一（きよせ　そういち）

1948年　兵庫県生まれ
1972年　法政大学工学部建築学科卒業
1972年　AOI建築設計事務所、清水建築設計事務所勤務
1980年～　清瀬壮一建築研究室を設立
2000年　風総合計画研究所に名称変更、現在に至る
1983年～2003年　東京文化短期大学非常勤講師
1994年　第3回東京都町田市優秀建築賞受賞

■主なサーベイ
琴平（1969年）、稗田（1970年）、室津（1971年）

2000年　文明建築事務所主宰
■主なサーベイ
1986～1990年　モロッコ国内を隅々までくまなく調査
1990年　陣内研究室4人でモロッコを調査
1995年　南モロッコを調査
■主な著書
『迷宮都市モロッコを歩く』（NTT出版　1998）
『ワールドミステリーツアー 13　地中海編』（共著、角川書店、1999）

新井勇治（あらい　ゆうじ）
1965年　東京都生まれ
1993年　シリア・ダマスカスに留学。フランス・アラブ研究所、ダマスクス大学で3年間研究
1999年　法政大学大学院工学研究科博士課程単位取得退学
2014年　愛知産業大学造形学部建築学科教授
■主なサーベイ
1989年　トルコ都市調査に参加、以降、モロッコ、シリア、チュニジアなどの都市調査に参加
■主な論考（共同執筆）
「トルコ都市巡礼」『プロセスアーチテクチュア 93』1990
「ダマスクスの文化学」『季刊 iichiko』No.26（日本ベリエールアートセンター、1993）

鈴木茂雄（すずき　しげお）
1966年　新潟県生まれ
1989年　法政大学工学部建築学科卒業
1992年　法政大学大学院工学研究科修士課程修了
1992年　空間研究所入社
2000年　studio sync主宰
■主なサーベイ
1989年　モロッコの調査に参加
1989年　中国江南水郷鎮の調査に参加
1991年　ダマスクスの調査に参加
■主な論考（共同執筆）
「マラケシュ物語」『SD』（1991年4月号鹿島出版会）
「ダマスクスの文化学」『季刊　iichiko』1993

柘　和秀（つげ　かずひで）
1969年　東京都生まれ
1991年　ダマスクスの調査に参加
1992年　中国政府給費留学生として上海同済大学に留学
1995年　法政大学大学院工学研究科修士課程修了
1995年　病院システム勤務
■主なサーベイ
1992～1994年　中国新疆ウイグル自治区

笠井　健（かさい　けん）
1969年　群馬県生まれ
1993年　法政大学工学部建築学科卒業
1997年　法政大学大学院工学研究科修士課程修了
1994～1996年　中国政府給費留学生として北京清華大学に留学
現　在　かいアソシエイツ勤務
■主なサーベイ
1993～1994年　法政大学陣内研究室と清華大学朱研室との北京の調査に参加
■主な著書
『北京―都市空間を読む』（共著、鹿島出版会、1998）

田村廣子（たむら　ひろこ）
1969年　東京都生まれ
2003年　法政大学大学院工学研究科博士課程修了、博士(工学)
2011年　法政大学デザイン工学部兼任講師
■主なサーベイ
1993 ～ 1994年　北京の建築・都市調査に参加
1994 ～ 1996年　中国政府奨学金留学生として天津大学に留学
■主な論考
「平遥 山西省の住まいと文化1 ～ 6」『自然と文化』60 ～ 65号(日本ナショナルトラスト、1999.3 ～)
「中国華北の四合院」『アジアの都市住宅』（勉誠出版、2005年）
主な訳書に范毅舜（Nicolas Fan）『丘の上の修道院―ル・コルビュジエ最後の風景』（六曜社、2013年）。

高村雅彦（たかむら　まさひこ）
1964年　札幌生まれ
1989年　上海・同済大学留学
1996年　法政大学大学院工学研究科博士課程修了、博士（工学）
2008年　法政大学デザイン工学部教授
前田工学賞、建築史学会賞受賞
■主なサーベイ
1988年～　中国江南の蘇州など水郷都市を調査
1993年～　中国北京の都市空間に関する調査
1999年～　バリ島・クルンクンの都市建築を調査
タイの都市建築を調査
2003年　マカオの都市建築を調査
2004年　ベトナム・メコンデルタの建築を調査
2005年　中国寧波の住宅調査
2006年　ラオス・ルアンパバーンの建築調査
2009年　長崎県島原の建築調査
中国上海の里弄調査
2010年　インド・バラーナシの都市建築調査
2013年　鳥取県米子の水辺空間の調査
■主な著書
『タイの水辺都市　天使の都を中心に』（編著、法大学出版局、2011）
『アジアの都市住宅』（編著、勉誠出版、2005）
『中国江南の都市とくらし―水のまちの環境形成』（山川出版社、2000）
『中国の都市空間を読む』（山川出版社、2000）

■執筆者略歴

（執筆順）

陣内秀信（じんない　ひでのぶ）

1947年　福岡県生まれ
1973年　東京大学大学院工学系研究科修了・工学博士
1977年　法政大学工学部に赴任　89年より教授
2007年よりデザイン工学部教授　法政大学エコ地域デザイン研究所長
イタリア政府給費留学生としてヴェネツィア建築大学に留学、ユネスコのローマ・センターで研修
1986年　パレルモ大学契約教授
1995年　トレント大学契約教授
専門はイタリア建築史・都市史
イタリアをはじめとする地中海世界の都市、東京のまちを徹底的にフィールド調査し、その魅力を描き出す研究を行っている

■主な著書
『東京の空間人類学』（筑摩書房）、『都市を読む・イタリア』（法政大学出版局）、『都市と人間』（岩波書店）、『東京』（文芸春秋）、『ヴェネツィア——水上の迷宮都市』『南イタリアへ！』『イタリア——小さなまちの底力』（講談社）ほか

中山繁信（なかやま　しげのぶ）

1942年　栃木県生まれ
1966年　法政大学工学部建築学科卒
1971年　法政大学大学院建設工学科修士課程修了
宮脇檀建築研究室、工学院大学建築学科伊藤ていじ研究室助手を経て
1977年　中山繁信設計室（現TESS計画研究所）開設
1984～99年　工学院大学建築学科非常勤講師
1985～90年　法政大学建築学科非常勤講師
1993年　日本大学生産工学部建築学科非常勤講師
2000年～2010年　工学院大学建築学科教授
現　在　TESS計画研究所主宰

■主なサーベイ
倉敷（1966年）、馬籠宿·峠（1967年）、五個荘、萩（1968年）、琴平（1969年）、稗田（1970年）

■主な著書
『住まいの礼節』（学芸出版、2005）
『手で練る建築デザイン』（彰国社、2006）
『世界のスローハウス探検隊』（エクスナレッジ社、2008）
『世界で一番美しい住宅デザインの教科書』（エクスナレッジ社、2012）
『美しい風景の中の住まい学』（オーム社、2013）

中橋　恵（なかはし　めぐみ）

1973年　岐阜県生まれ
1997年　金沢大学工学部土木建設工学科卒業
1998～2000年　イタリア政府給費留学生、ロータリー財団奨学生としてナポリ·フェデリコ2世大学へ留学
2001年　法政大学大学院工学研究科修士課程修了
現　在　イタリア ナポリ在住

■主なサーベイ
1997年3月　イタリア・レッチェの調査に参加
1999年8月、2000年8月　イタリア・アマルフィの調査に参加
1998～2000年　イタリア・ナポリの調査に参加

■主な著書
『都市の破壊と再生』（共著、相模書房、2000）

服部真理（はっとり　まり）

1975年　東京都生まれ
1998年　法政大学工学部建築学科卒業
2001年　法政大学大学院工学研究科修士課程修了

■主なサーベイ
1998～1999年 イタリア・アマルフィの調査に参加

■主な論考
陣内秀信＋法政大学陣内研究室「アマルフィ—南イタリアの中世海洋都市」『造景』1999.6

日出間隆（ひでま　たかし）

1975年　埼玉県生まれ
1998年　法政大学工学部建築学科卒業
2001年　法政大学大学院工学研究科修士課程修了

■主なサーベイ
1998～1999年 イタリア・アマルフィの調査に参加

■主な論考
陣内秀信＋法政大学陣内研究室「アマルフィ—南イタリアの中世海洋都市」『造景』1999.6

柳瀬有志（やなせ　ゆうじ）

1969年　東京都生まれ
1995年　法政大学大学院工学研究科修士課程修了
1999年　アルテップ勤務

■主なサーベイ
1993～1995年　イタリア・サルデーニャ島の調査に参加

■主な論考
「サルデーニャの文化学」『季刊 iichiko』NO.32（日本ベリエールアートセンター、1994）

富川倫弘（とみかわ　みちひろ）

1975年　東京生まれ
1999年　武蔵野美術大学卒業
2002年　法政大学大学院工学研究科修士課程修了

■主なサーベイ
1999年　モロッコの調査に参加
1999年～スペイン・アンダルシアの調査に参加（継続中）

今村文明（いまむら　ふみあき）

1962年　鹿児島県生まれ
1986年　法政大学工学部建築学科卒業
1987年　青年海外協力隊参加
モロッコ文化省文化財管理局にて活動

ホームページ「宮脇ゼミ―デザインサーベイの軌跡」が公開されています。
http://msemi.web.fc2.com/

実測術　サーベイで都市を読む・建築を学ぶ

2001年6月30日　第1版第1刷発行
2023年7月10日　第1版第6刷発行

編著者　陣内秀信・中山繁信
発行者　井口夏実
発行所　株式会社 **学芸出版社**
京都市下京区木津屋橋通西洞院東入
〒600-8216　Tel（075）343-0811
編集協力・装丁：南風舎／印刷：イチダ写真製版／製本：山崎紙工

　Printed in Japan　ISBN978-4-7615-2265-0